Susanne Schnabel

Untersuchungen zur räumlichen und zeitlichen Variabilität hydrologischer und erosiver Prozesse in einem kleinen Einzugsgebiet mit silvo-pastoraler Landnutzung (Extremadura, Spanien)

BERLINER GEOGRAPHISCHE ABHANDLUNGEN

Herausgegeben von Margot Böse, Peter-Jürgen Ergenzinger, Dieter Jäkel, Hans-Joachim Pachur und Wilhelm Wöhlke.

Schriftleitung: Dieter Jäkel

Heft 62

Susanne Schnabel

Untersuchungen zur räumlichen und zeitlichen Variabilität hydrologischer und erosiver Prozesse in einem kleinen Einzugsgebiet mit silvo-pastoraler Landnutzung (Extremadura, Spanien)

130 Seiten, 73 Abbildungen, 41 Tabellen, 21 Photos

1996

Im Selbstverlag des Instituts für Geographische Wissenschaften der Freien Universität Berlin

ISBN 3-88009-063-7

Vorwort

Mein besonderer Dank gilt Herrn *Prof. Dr. Peter Ergenzinger* für die wissenschaftliche Betreuung und Unterstützung der vorliegenden Arbeit.

Ganz herzlich danken möchte ich all jenen Personen, die mir bei meinem mehrjährigen Aufenthalt in Spanien tatkräftig zur Seite gestanden haben. Insbesondere *Dionisia Gómez Amelia* für die Übernahme der nicht endenwollenden bürokratischen Arbeit bei der Beschaffung von Projektgeldern und bei der Durchführung des Projektes und *Remedios Bernet Herguijuela* für die unschätzbare Hilfe im Gelände.

Mein Dank gilt an dieser Stelle auch *Francesc Gallart* vom Instituto Jaume Almera in Barcelona und *Maria Sala* der Universität von Barcelona für ihre praktischen Anregungen zur Durchführung der wissenschaftlcihen Arbeit im Gelände.

Dem Besitzer der Finca Guadalperalón sei für die Genehmigung zu deren Nutzung gedankt.

Der Aufenthalt in Spanien wurde durch Stipendien des Deutschen Akademischen Austauschdienstes und der Junta de Extremadura ermöglicht.

Das Projekt wurde im ersten Jahr von der Umweltbehörde Extremaduras und in der folgenden Zeit vom spanischen Ministerium für Erziehung und Wissenschaften finanziert.

Mein Dank sei auch an das Departamento de Geografía der Universidad de Extremadura gerichtet, das mir alle dort vorhandenen Mittel zur Verfügung stellte.

Cáceres, im Januar 1996   Susanne Schnabel

Inhaltsverzeichnis

Vorwort 4
Abbildungsverzeichnis 7
Tabellenverzeichnis 10
Photographische Aufnahmen 12

1. FRAGESTELLUNGEN UND INHALTE DER ARBEIT 13

2. PHYSIO-GEOGRAPHISCHE AUSSTATTUNG DER UNTERSUCHUNGSREGION 16

2.1 Klima 16
2.1.1 Temperaturen 16
2.1.2 Insolation 18
2.1.3 Wind und relative Luftfeuchte 18
2.1.4 Niederschlag 18
    2.1.4.1 Niederschlagsmenge 18
    2.1.4.2 Intensität 20
    2.1.4.3 Vergleich von Daten unterschiedlicher Zeiträume 23
2.1.5 Potentielle Evapotranspiration 24
2.1.6 Zusammenfassende Klimacharakterisierung 24

2.2 Geologie und Geomorphologie 25
2.3 Böden 25
2.4 Vegetation und Landnutzung. 26

3. BESCHREIBUNG DES EINZUGSGEBIETS 29

3.1 Geographische Lage und Relief 29
3.2 Vegetation und Landnutzung 31
3.3 Böden 33

4. METHODEN 35

4.1 Auswahl des Einzugsgebiets 35
4.2 Erosion und Oberflächenabfluß auf Hängen 35
4.3 Vegetation 37
4.4 Hanglänge und Hangneigung 38
4.5 Gully Erosion 38
4.6 Hydrologie 40
4.7 Datenauswertung 41

5. ERGEBNISSE 42

5.1 Niederschlag während des Untersuchungszeitraums. 42

5.1.1 Qualität der Niederschlagsdaten 42
5.1.2 Vergleich mit den Daten von Cáceres 42
5.1.3 Niederschlagsmenge 43
5.1.3.1 Niederschlagsverteilung 43

5.1.3.2 Dürren 44
5.1.4 Intensität der Niederschläge 46

5.2 Die Bodenbedeckung 47

5.2.1 Jahreszeitliche Entwicklung der Krautschicht 47
5.2.2 Räumliche und zeitliche Variabilität der Bodenbedeckung 48
5.2.2.1 Definition der Vegetationseinheiten 52
5.2.2.2 Jahreszeitliche Entwicklung der Bodenbedeckung 56

5.3 Oberflächenabfluß 62

5.3.1 Variablen 62
5.3.2 Räumliche Variabilität 63
5.3.3 Niederschlagscharakteristiken und Abfluß 67
5.3.4 Mittlerer Abfluß 74
5.3.5 Abflußkoeffizienten und Infiltrationskapazität des Bodens 75

5.4 Abfluß im Gerinne und Wasserhaushalt des Einzugsgebiets 78

5.5 Bodenerosion auf Hängen 83

5.5.1 Abtrag von Gesteinsfragmenten 83
5.5.2 Mittel des Bodenabtrags von 27 Standorten 84
5.5.3 Räumliche Variabilität 84
5.5.4 Ursachen der zeitlichen Variabilität 88
5.5.5 Die Beziehung zwischen Vegetationsbedeckung und Bodenerosion 94
5.5.6 Oberflächenabfluß und Bodenabtrag 97
5.5.7 Zeitliche Variabilität der Vegetationsbedeckung und räumliche Abtragsvariationen 98
5.5.8 Einschätzung des Ausmaßes der Bodenerosion in Guadalperalón 101

5.6 Gully Erosion 102

5.6.1 Prozesse 102
5.6.2 Rückschreitende Erosion der Knickpunkte 110
5.6.3 Zeitliche Variabilität 111
5.6.4 Kritische Betrachtung der Berechnung der mittleren Abtragsrate 113
5.6.5 Entstehung des Gully 113

6. ZUSAMMENFASSUNG 115

7. SUMMARY 119

8. RESUMEN 122

9. LITERATURVERZEICHNIS 126

10. KARTENVERZEICHNIS 130

Verzeichnis der Abbildungen

1. Die Iberische Halbinsel mit den wichtigsten Gebirgszügen, Flüssen und ihrer Höhenverteilung. ... 17
2. Geographische Lage des Einzugsgebiets. ... 17
3. Jährlicher Niederschlag der meteorologischen Station in Cáceres von 1907 bis 1992 (hydrologische Jahre). ... 19
4. Arithmetisches Mittel und Mediane der Monatsniederschläge in Cáceres ... 20
5. Monatliche Niederschlagsmenge für verschiedene Perzentile. ... 20
6. Jährliche Verteilung der täglichen Niederschlagsmenge größer als 30 mm (Daten Cáceres 1907-1992). ... 21
7. Monatliche potentielle Evapotranspiration (Methode Thornthwaite) und Niederschläge in Cáceres. ... 24
8. Topographische Querprofile des Einzugsgebiets. ... 28
9. Das Einzugsgebiet Guadalperalón mit Dichte der Baumbedeckung und Lage der Meßinstrumente. ... 30
10. Installation eines Gerlach Kastens im Gelände. ... 36
11. Illustration der Methode zur Quantifizierung der Erosion (A) an einem Gully Querprofil zwischen den Zeitpunkten A und B. ... 39
12. Jährliche Niederschlagsverteilung in Cáceres und Perzentile der Monatsniederschläge. ... 44
13. Akkumulierte Abweichung der mittleren jahreszeitlichen Niederschläge in Cáceres (1907-1992) und Dürreperioden. ... 45
14. Monatliche Niederschläge in Guadalperalón (September 1990 bis November 1993) und Monatsmittel in Cáceres. ... 48
15. Verhältnis zwischen Krautbedeckung und der Summe aus nacktem Boden und Anstehendem im September 1991. ... 54
16. Verhältnis zwischen Krautbedeckung und der Summe aus nacktem Boden und Anstehendem im März 1992. ... 54
17. Verhältnis zwischen Krautbedeckung und der Summe aus nacktem Boden und Anstehendem im September 1992. ... 54
18. Bodenbedeckung der Vegetationseinheiten im September 1991. ... 56
19. Bodenbedeckung der Vegetationseinheiten im März 1992. ... 56
20. Bodenbedeckung der Vegetationseinheiten im September 1992. ... 56
21. Einteilung des Einzugsgebiets in Vegetationseinheiten. ... 57
22. Entwicklung der Bodenbedeckung der Vegetationseinheit G1 (am Beispiel des Hangprofils K22). ... 58
23. Entwicklung der Bodenbedeckung der Vegetationseinheit AK (am Beispiel des Standorts K5). ... 58
24. Entwicklung der Bodenbedeckung der Vegetationseinheit G2 (am Beispiel des Standorts K13). ... 58
25. Entwicklung der Bodenbedeckung der Vegetationseinheit G3 (am Beispiel des Standorts K8). ... 58
26. Geschätzte Entwicklung des Anteils an nacktem Boden während eines Jahres mit mittleren Regenmengen für verschiedene Vegetationseinheiten im Einzugsgebiet. ... 59
27. Hangprofil der Bodenbedeckung des Standorts K22 als Beispiel der Vegetationseinheit G1 im März 1991. ... 60

28. Hangprofil der Bodenbedeckung des Standorts K25-26 als Beispiel der Vegetationseinheit G2 im März 1991. 60

29. Verhältnis zwischen mittlerem Abfluß (A) bzw. mittlerem Abflußkoeffizienten (B) und dem Anteil an nacktem Boden und anstehendem Schiefer der 27 verschiedenen Standorte. 65

30. Korrelationskoeffizient (R^2) der unabhängigen Variable PTOT im Verhältnis zum Korrelationskoeffizienten der unabhängigen Variable H2 (A) bzw. I30 (B) der verschiedenen Standorte. 67

31. Verhältnis zwischen Oberflächenabfluß und maximaler 2-Stunden Intensität (H2) des Standorts K5 mit Regressionsgeraden. 69

32. Niederschlagsverteilung der Ereignisse E32, E60 und E26 (zeitliche Auflösuns 5 Minuten). 71

33. Niederschlagsverteilung verschiedener Ereignisse (zeitliche Auflösung 5 Minuten). 72

34. Niederschlagsverteilung verschiedener Ereignisse (zeitliche Auflösung 5 Minuten). 73

35. Beziehung zwischen geschätzten und gemessenen Abflußwerten des StandortsK10 auf der Basis der multiplen linearen Regression zwischen Abfluß und Niederschlagsmenge, Regendauer und der maximalen 2-Stunden Intensität. 74

36. Beziehung zwischen geschätzten und gemessenen mittleren Abflußwerten von 19 Standorten auf der Basis der multiplen linearen Regression zwischen Abfluß und Niederschlagsmenge, Regendauer und der maximalen 2-Stunden Intensität. 75

37. Summenkurve des Niederschlags (5-Minuten Intervalle) vom 19.2.1992 (E29) zur Veranschaulichung der Methode für die Berechnung der Infiltrationskapazität. 77

38. Das Verhältnis zwischen Abflußmenge (Q) und maximalem 5-Minuten Abfluß (Q-max), sowie Regressionsgerade (Q = 6,074 * $QMAX^{0,737}$, R = 0,94). 79

39. Verhältnis zwischen Niederschlagsmenge und Gesamtabfluß. 79

40. Verhältnis zwischen maximaler 2-Stunden Niederschlagsintensität und Abflußmenge. 79

41. Niederschlag und Abfluß während des Ereignisses E58 vom 24. 4. 1993 (5-Minuten Intervalle). . . 81

42. Niederschlag und Abfluß während des Ereignisses E31 vom 26. 9. 1992 (5-Minuten Intervalle). . . 81

43. Wasserhaushalt des Einzugsgebiets (Angaben in Prozentanteilen des Niederschlags). 82

44. Mittlere Abtragsrate ($gm^{-1}a^{-1}$) der Vegetationseinheiten für mineralische und organische Substanz. 88

45. Mittlere Abtragsrate ($gm^{-2}a^{-1}$) der Vegetationseinheiten für mineralische und organische Substanz. 88

46. Bodenabtrag der Niederschlagsereignisse vom Herbst 1990 bis Herbst 1993 des Standorts K6 und Krautbedeckung. 89

47. Bodenabtrag der Niederschlagsereignisse vom Herbst 1990 bis Herbst 1993 des Standorts K14. . . 89

48. Verhältnis zwischen maximaler 30-Minuten Niederschlagsintensität und Bodenabtrag des Standorts K6. 90

49. Verhältnis zwischen maximaler 30-Minuten Niederschlagsintensität und Abtrag des Standorts K6 der Ereignisse, die nicht während der Dürre stattfanden. 91

50. Verhältnis zwischen maximaler 30-Minuten Niederschlagsintensität und Abtrag des Standorts K6 der Ereignisse, die während der Dürre stattfanden, jedoch ohne jene vom August bis Oktober 1992, die mit dem Höhepunkt der Dürre übereinstimmen. 91

51. Verhältnis zwischen maximaler 30-Minuten Intensität und Abtrag des Standorts K6 für Ereignisse der Monate August bis Oktober 1992. 92

52. Verhältnis zwischen maximaler 30-Minuten Niederschlagsintensität und Bodenabtrag des Standorts K14. 92

53. Residuen des auf linearer multipler Regression basierenden Modells zwischen Abtrag des Standorts K14 und den Variablen PTOT, DUR und I30, sowie der Anteil an nackter Boden oberfläche. 93

54. Verhältnis zwischen maximaler 30-Minuten Niederschlagsintensität und Bodenabtrag des Standorts K10. 94

55. Verhältnis zwischen Krautbedeckung und Abtrag des Standorts K6 mit Regressionsgeraden $Y=\exp(4,589-0,0407X)$. 95

56. Verhältnis zwischen geschätztem Abtrag als Anteil des bei vollständig nackter Bodenoberfläche produzierten und Krautbedeckung des Standorts K6. 95

57. Verhältnis zwischen nackter Bodenoberfläche und Abtrag des Standorts K14 mit Regressionsgeraden $Y=\exp(0,4056+0,0484X)$. 95

58. Verhältnis zwischen geschätztem Abtrag als Anteil des bei vollständig nackter Bodenoberfläche produzierten und vegetationsfreiem Anteil des Standorts K14. 95

59. Verhältnis zwischen Abtrag [gm^{-1}] (Summe des Herbstes 1992 und Mittel aus der Summe des Herbstes 1990, 1991 1993) und Anteil an nacktem Boden (Daten Frühherbst 1991 und 1992) der 27 Parzellen. 96

60. Verhältnis zwischen Abtrag [gm^{-2}] (Summe des Herbstes 1992 und Mittel aus der Summe des Herbstes 1990, 1991 1993) und Anteil an nacktem Boden (Daten Frühherbst 1991 und 1992) der 27 Parzellen. 96

61. Verhältnis zwischen geschätztem Abtrag (Anteil an dem bei vollständig nackter Oberfläche produzierten Abtrags) und vegetationsfreier Fläche. 97

62. Beziehung zwischen Oberflächenabfluß und Bodenabtrag des Standorts K14 mit Regressionsgeraden. 97

63. Jahreszeitlicher Anteil des Abtrags am Gesamtabtrag der Vegetationseinheiten G2 und G3. 99

64. Jahreszeitlicher Anteil des Abtrags am Gesamtabtrag der Vegetationseinheiten G3 und AK. 99

65. Abtragsrate der Vegetationseinheiten während des nicht von der Dürre betroffenen Zeitraums. 100

66. Abtragsrate der Vegetationseinheiten während des von der Dürre betroffenen Zeitraums. 100

67. Erosion und Akkumulation der verschiedenen Gully Querprofile. 102

68. Längsprofil des Gerinnebetts bzw. Talbodens. 103

69. Entwicklung des Querprofils 10 mit Unterschneidung und folgendem Zusammenbruch der Uferböschung. 104

70. Entwicklung des Gully: A) vor rezenter Einschneidung, B) unmittelbar unterhalb der Stufe, mit starker Erosion, C) teilweise Auffüllung des Grundes und Verbreiterung, mit Abnahme der Erosionsrate. 108-109

71. Profil 8 mit Vegetationsbedeckung während des Jahres 1992-93. 110

72. Netto-Erosion bzw. -akkumulation im Gerinne während der verschiedenen Untersuchungszeiträume. 112

73. Schema der raum-zeitlichen Variationen und ihr Einfluß auf das Prozeßgeschehen im Einzugsgebiet. 117

Verzeichnis der Tabellen

1. Mittlere und absolute Monatstemperaturen von Cáceres (1931-1960); aus FONT TULLOT, 1983. . 16
2. Globalstrahlung - Radn (INM, 1991), relative Luftfeuchte - RH und potentielle Evapotranspiration - ETp, nach THORNTHWAITE in Cáceres. 18
3. Variabilität der jährlichen Niederschlagssumme von Cáceres (1907-1992). 18
4. Arithmetisches Mittel, Median und Maximum der Monatsniederschläge in Cáceres (1907-1992). . . 20
5. Jährliche Verteilung der täglichen Niederschlagsmengen (mm) (Cáceres 1907-1992). 21
6. Niederschlag (X) für unterschiedliche Auftrittsperioden (RI), Standardfehler (SE), untere und obere Konfidenzgrenzen (Lower X, upper X, für ein Konfidenzintervall von 95%) der a) 24-h Niederschlag, b) 30-Min. Intensitäten und c) 10-Min. Intensitäten. 22
7. Geschätzte jährliche Maxima der 30-Minuten Niederschlagsintensität (mm/h) verschiedener Auftritts intervalle ausgewählter spanischer Orte (RI, Jahre). 22
8. Häufigkeitsverteilung der maximalen täglichen 10-Minuten Intensitäten (1980-1992). Die Tabelle zeigt die Summe der Ereignisse von 13 Jahren. 23
9. Vergleich der Niederschlagsdaten des Zeitraums 1907-1992 mit 1980-1992. 24
10. Ergebnis der Bodenanalysen. 34
11. Jährliche Niederschlagsmengen (mm) in Cáceres (CC) und Guadalperalón (GU). 42
12. Regenintensitäten in Cáceres (CC) und Guadalperalón (GU). 43
13. Dürreperioden in Cáceres zwischen 1907 und 1992. 46
14. Niederschlag in Guadalperalón, 24-h Niederschlagsmenge (Tag), maximale 10-und 30-Minuten Intensitäten (I-10 bzw. I-30). 47
15. Niederschlagsereignisse im August 1992. 47
16. Mittlere Bodenbedeckung verschiedener Hangprofile im September 1991. 52
17. Bodenbedeckung verschiedener Hangprofile im März 1992. 53
18. Bodenbedeckung verschiedener Hangprofile im September 1992. 53
19. Bodenbedeckung (%) der Vegetationseinheiten während A) September 1991, B) März 1992, C) September 1992. 55
20. Mittlerer Abfluß und mittlerer Abflußkoeffizient verschiedener Standorte bei 70 Niederschlags ereignissen, sowie angenommene Einzugsgebietsgrößen. 63
21. Mittlere Abflüsse und mittlere Abflußkoeffizienten geordnet nach Gruppen verschiedener Standorte, sowie Mittelwerte der einzelnen Gruppen. Die Häufigkeit des vollständigen Füllens der Auffangbehälter ist ebenfalls dargestellt. 64
22. Mittlerer Abfluß und mittlerer Abflußkoeffizient und zugehörige Standardabweichungen sowie Variationskoeffizienten der verschiedenen Vegetationseinheiten und der Gesamtheit der Auffangkästen. 65
23. Beobachtete Mindestmengen von abflußproduzierendem (≥2 l) Niederschlag (Min PTOT) und 2-Stunden Intensität (Min H2). H2 stellt die 2-Stunden Intensität dar, bei deren Erreichen oder Überschreiten immer Abfluß produziert wurde. 66
24. Korrelationskoeffizienten (R^2) der linearen Regression zwischen Oberflächenabfluß der

verschiedenen Standorte (N = 53) und a) Regenmenge (PTOT), b) 2-Stunden Intensität (H2), c) 30-Minuten Intensität (I30) und multiple lineare Regression mit den unabhängigen Variablen d) Regenmenge und Dauer (P, DUR) und e) Regenmenge, Dauer und H2 (P, DUR, H2). 68

25. Die wichtigsten Abflußereignisse des Standorts K5. 70

26. Mittlerer Abfluß von 19 Standorten (RUN), Abflußkoeffizienten (KOEF) und Niederschlagsvariablen der wichtigsten Ereignisse. P-A entspricht der Differenz von Niederschlag und Abfluß (mm). 76

27. Gemessene und geschätzte Abflüsse (A_x, A_y), gemessene und geschätzte Abflußkoeffizienten (K_x, K_y). 78

28. Abfluß (Q), maximaler Abfluß (QMAX), Abflußkoeffizient (KOEFQ), Regenmenge (PTOT) und 30-Minuten Intensität (I30) der wichtigsten Niederschlagsereignisse (E) der Jahre 1991-92 und 1992-93. 80

29. Korrelationskoeffizienten der linearen Regression zwischen Abfluß und Niederschlagsvariablen (N=42). 81

30. Mittel des jährlichen Abtrags von Gesteinsfragmenten (>2 g) und dessen Anteil am Gesamtabtrag der 27 Standorte. 83

31. Gesamtabtrag der Parzellen von September 1990 bis November 1993 für mineralische und organische Substanz, sowie des Ereignisses E38 (Maßeinheit: Gramm pro Hangmeter). 85

32. Gesamtabtrag der Parzellen von September 1990 bis November 1993 und Anteil an organischer Substanz. Getrennt aufgeführt sind anorganisches sowie organisches Material und der Abtrag des Starkregenereignisses vom 7.8.1992 (E38) 86

33. Mittlere Abtragsrate der Vegetationseinheiten für mineralische und organische Substanz sowie des Ereignisses E38. 87

34. Mittlerer Abtrag und zugehörige Standardabweichung sowie Variationskoeffizient der Vegetationseinheiten und der Gesamtheit der Auffangkästen. 88

35. Ergebnisse der linearen Regression zwischen Abtrag und I30 bzw. Abtrag und PTOT, I10 für verschiedene Gruppen von Ereignissen. 91

36. Ergebnis der Regressionsanalysen zwischen Abtrag und Anteil nackter Bodenoberfläche. 96

37. Anteil (%) des jahreszeitlichen Abtrags am Gesamtabtrag der verschiedenen Vegetationseinheiten. 98

38. Abtragsrate der Vegetationseinheiten während des nicht von der Dürre betroffenen Zeitraums. ... 100

39. Abtragsrate der Vegetationseinheiten während des von der Dürre betroffenen Zeitraums. 100

40. Rückschreitende Erosion von drei Knickpunkten (m) während der verschiedenen Untersuchungszeiträume und jährliches Mittel. 110

41. Die wichtigsten Abflußereignisse während der Jahre 1991-92 und 1992-93. 112

Photographische Aufnahmen

1. Gerinne im unteren Teil des Einzugsgebiets mit Querprofil Nr. 6; im Bildhintergrund Steineichen. 29

2. Blick vom oberen Teil des Einzugsgebiets in Richtung Süden. Im vorderen Teil des Bildes sind Hänge mit einer Strauchbedeckung von Lavendel zu erkennen, auf denen der anstehende Schiefer an vielen Stellen freiliegt. Im Talboden, über einer rund 1 m mächtigen Sedimentschicht ist eine dichte Krautschicht entwickelt. Im Bildhintergrund baumbestandene Hänge. 31

3. Hang mit sehr geringmächtiger und teilweise fehlender Bodendecke und Dominanz von *Lavandula stoechas*, mit Gerlach Kasten K9 und Abgrenzung des zugehörigen Einzugsgebiets (6.11.1991). 32

4. Gerlach Kästen K5 und K7; beachte unregelmäßige Bodenoberfläche und Viehgangeln. 37

5. Bestimmung der Bodenbedeckung (Standorte K2 und K1, siehe auch Pflugspuren der ehemaligen Ackernutzung). 38

6. Meteorologische Station. 40

7. Pegelstation mit H-flume. 41

8. Standort K24 im September 1990 (Bereich unmittelbar oberhalb des Ablaufblechs). 49

9. Standort K24 im August 1992. 49

10. Standort K24 im März 1992. 50

11. Standort K24 im Mai 1992. 50

12. Standort K24 im Mai 1993. 51

13. Standort K24 im Dezember 1994. 51

14. Standort K18-19 im September 1990. 61

15. Standort K18-19 im September 1992, mit einer fast nackten Bodenoberfläche. 61

16. Standort K18-19 im Dezember 1993 mit dichter Krautbedeckung nach reichhaltigen Niederschlägen im Herbst. 62

17. Stufe im Gerinnebett, die aktive rückschreitende Erosion verzeichnet (oberhalb Querprofil 10). 105

18. Aktivster Bereich des Gully mit rückschreitender Erosion der Knickpunkte, laterale Bankunterschneidung und Kollapsierung der Uferböschung (Spätsommer 1990). 106

19. Siehe Photo 18, im April 1991. 106

20. Siehe Photo 18, im Dezember 1994. 107

21. Zwei der Depressionen in fluvio-kolluvialen Sedimenten des Talbodens. 111

1. FRAGESTELLUNGEN UND INHALTE DER ARBEIT

Die Auswahl des vorgestellten Forschungsprojekts wurde hauptsächlich von zwei Motiven bestimmt. Einerseits die noch immer herrschende Knappheit an Informationen über das aktuelle Bodenerosionsgeschehen im Mediterranraum und andererseits die Bedeutung, die der hier ausgewählte Landnutzungstyp, die sogenannte 'Dehesa', für die Iberische Halbinsel besitzt.

Beschleunigte Bodenerosion ist der wohl bedeutendste Prozess der Degradation mediterraner Landschaften, deren Ursachen in der natürlichen Prädisposition und der langen Geschichte anthropogener Einflußnahme dieses Naturraums begründet sind (DI CASTRI & MOONEY, 1973; THORNES, 1976; BRÜCKNER, 1986; BRÜCKNER & HOFFMANN, 1992).

Bei den natürlichen Faktoren ist zunächst das semiaride Klima mit trockenem und heißem Sommer und feuchtem, kühlen Winter, zu nennen. Dieses bewirkt die jahreszeitlichen Variationen in der Vegetationsentwicklung, mit einem Minimum der Produktion im Sommer und einem Maximum im Winter bzw. Frühjahr. Intensive Regenfälle sind am häufigsten gegen Ende der Trockenperiode und im Herbst, wenn die natürliche Vegetationsbedeckung ein Minimum erreicht. Die dann verzeichneten Niederschlagsintensitäten sind im Mittel höher als in den nördlichen Teilen Europas.

Die Vegetationsbedeckung ist unter natürlichen Bedingungen dicht. So wird für den größten Teil des mediterranen Spanien ein immergrüner Eichenwald angenommen, der einen dichten Unterwuchs mit Sträuchern aufweist (COSTA et al., 1990). Weite Gebiete wurden im Verlaufe der Geschichte entwaldet und einer vielfältigen Landnutzung unterworfen. Es entstand eine Kulturlandschaft, die von jahrtausendelanger und wechselhafter Nutzung geprägt ist (BAUER, 1980).

Die teilweise oder vollständige Entfernung der Pflanzendecke ist der Hauptfaktor in der Beschleunigung der erosiven Prozesse (HUDSON, 1981; STOCKING, 1988). Hierbei wirkt sich nicht nur der fehlende Schutz der Bodenoberfläche gegen den direkten Aufprall der Regentropfen negativ aus, sondern in Folge der Reduzierung der Pflanzendecke kommt es zu einer Erhöhung der Erodibilität und einer Abnahme der Infiltrationskapazität des Bodens. Die Degradation des Bodens, verursacht durch eine Reduktion der Vegetation, ist besonders unter semiaridem Klima wirkungsvoll. Sie hat eine Erhöhung der Bodenaridität zur Folge, die zu einem schnelleren Abbau der organischen Bodensubstanzen und somit zu einer verminderten Aggregatstabilität führt. Außerdem ist die Zufuhr organischer Substanzen bei verminderter Vegetationsbedeckung geringer. Dies sind die Hauptursachen einer erhöhten Erodierbarkeit und einer reduzierten Infiltrationskapazität der Böden (IMESON, 1988). Diese Prozesse bewirken eine Zunahme der Produktion von Oberflächenabfluß und erhöhte Erosion durch den direkten Effekt der Regentropfen ('splash erosion'). Die bei Starkregenereignissen produzierten großen Mengen von oberflächenhaft abfließendem Wasser sind sehr erosionswirksam (MORGAN, 1986).

Trotz der deutlich negativen Konsequenzen der Degradation der mediterranen Landschaften (Verminderung der Bodenproduktivität, Stauraum-sedimentation, Landschaftszerstörung, Überschwemmungen etc.), begannen die Forschungen zu diesem Thema erst spät. Ab Anfang der 80iger Jahre erfuhr die Bodenerosionsforschung im Mittelmeerraum, insbesondere in Italien, Portugal und Spanien, einen starken Auftrieb. Von einigen Ausnahmen abgesehen (z.B. COUTINHO & TOMAS, 1990), konstituierten sich erst im Verlaufe dieser Zeit wissenschaftliche Projekte, die die aktuellen erosiven Prozesse im Gelände untersuchten.

Hier wird nicht näher auf die sehr vielfältigen Forschungsarbeiten eingegangen, doch die Forschungstendenzen ergeben sich bereits aus den Titeln einiger wichtiger Seminare und Konferenzen:

1. IGU Commission on Measurement, Theory and Application in Geomorpholoy (COMTAG): *Geomorphological Processes in Environments with Strong Seasonal Contrasts,* September 1986, Barcelona, Murcia und Granada, Spanien (IMESON & SALA, 1988; HARVEY & SALA, 1988),

2. European Society for Soil Conservation: *Interaction between Agricultural Systems and Soil Conservation in the Mediterranean Belt*, September 1990, Lissabon, Portugal.

3. *First International Congress of the European Society for Soil Conservation*, April 1992, Silsoe,

Großbritannien, (RICKSON, 1994).

4. European Society for Soil Conservation: *Workshop on Soil Erosion in Semi-arid Mediterranean Areas*, Oktober 1993, Taormina, Italien.

5. IGU Study Group MED (Erosion and Desertification in Regions of Mediterranean Climate): *Conference on Erosion and Land Degradation in the Mediterranean*, Juni 1995, Aveiro, Portugal (COELHO, 1995).

Forschungsprojekte im mediterranen Spanien sind weitestgehend auf die Küstenregionen beschränkt. Im Inneren und Westen Spaniens wurden keine Prozeßstudien durchgeführt. Im Vergleich mit der Küstenregion weisen diese Gebiete markante Unterschiede auf. Das mediterrane Klima besitzt kontinentale und atlantische Einflüsse. Im Westen und Südwesten Spaniens sowie dem östlichen Portugal ist ein Landnutzungstyp weit verbreitet, der eine Anpassung an die nährstoffarmen, auf saurem Ausgangsgestein (vorwiegend Schiefer und Granite) entwickelten Böden darstellt. Es handelt sich um offene Baumlandschaften, in denen Kork- und Steineichen vorherrschen, die in der spanischen Sprache als **Dehesas** bezeichnet werden. Weide- und Forstnutzung steht im Vordergrund (siehe Kapitel 2.4).

Dehesas sind von großer ökonomischer und ökologischer Bedeutung auf der Iberischen Halbinsel (CAMPOS PALACIN & MARTIN BELLIDA, 1987). In Spanien entspricht das Gebiet, das von baumbestandenen Dehesas eingenommen wird, 29% der Forstfläche (ICONA, 1975). In den westlichen und südwestlichen Provinzen besitzen sie eine flächenmäßige Ausdehnung von 70.210 km^2 und ihr Anteil an der landwirtschaftlichen Nutzfläche beträgt 52% (CAMPOS PALACIN, 1993).

Ihr ökologischer Wert liegt in der hohen Artenvielfalt von Flora und Fauna begründet. Einige vom Aussterben bedrohte Tierarten sind in den Dehesas anzufinden, wie Luchse, Kaiseradler und Großtrappen.

Die Degradation dieser Landschaft findet ihren Ausdruck in den geringmächtigen, verarmten Böden. Sie sind die Folge von übermäßig starker Entwaldung und Überweidung. Ein Problem der heutigen Stein- und Korkeichenwälder ist ihre geringe Reproduktivität durch mangelhafte Bewirtschaftung, wodurch die meisten Baumbestände überaltert sind (CAMPOS PALACIN & MARTIN BELLIDA, 1987).

Intensive Rodungen für die Ackernutzung fanden in den 50iger und 60iger Jahren statt. Während 1956 rund 20% der Flächen ackerbaulich genutzt wurden, reduzierte sich deren Anteil auf 10% im Jahre 1986 (CAMPOS PALACIN, 1993). Die Aufgabe der Ackernutzung in vielen Gebieten hängt mit der geringen Produktivität der Böden zusammen, die wahrscheinlich teilweise eine Folge der früheren intensiven Nutzung ist. Während traditionell nur Gebiete mit tiefgründigen Böden ackerbaulich genutzt wurden und dies in einer 4-Jahre Brache-Wirtschaft, so fand nach dem spanischen Bürgerkrieg eine Übernutzung vieler Dehesa Gebiete statt. Es liegen keine Untersuchungen zu diesem Thema vor. Entsprechende Informationen im Zusammenhang mit einer möglicherweise ehemals starken Überweidung fehlen ebenfalls.

Ergebnis der beschleunigten Erosion in der Vergangenheit sind Böden mit sehr geringem Humusanteil und geringer Mächtigkeit. Die Trockentäler erster Ordnung sind gefüllt mit fluviokolluvialen Sedimenten, die wahrscheinlich das Produkt des rezenten Bodenabtrags sind.

Da keine Informationen über aktuelle Abtragsraten vorliegen, ist unbekannt, ob die Bodenerosion heute in diesen Gebieten ein Problem darstellt. Kenntnisse über die erosiven Prozesse, sowie die Interaktion der beteiligten Faktoren in diesem Ökosystem von lichten Wäldern mit Weidenutzung, sind sehr gering.

Ziel dieser Arbeit ist daher die Bestimmung der aktuellen Rate der Bodenerosion in Dehesas sowie die Erklärung der Zusammenhänge, die zwischen den erosiven Prozessen und den beteiligten Faktoren bestehen.

Untersuchungen dieser Art benötigen Daten, die durch die direkte Messung von Oberflächenabfluß und Bodenabtrag im Gelände auf der Basis von Niederschlagsereignissen erhoben werden. Da kein Personal zur Verfügung stand, mußte die anfallende Arbeit weitestgehend von einer Person, das heißt der Autorin, geleistet werden. Dies bedeutet, daß die Datenaufnahme auf ein kleines Gebiet zu beschränken war.

Im Westen und Südwesten Spaniens bestehen jedoch sowohl Unterschiede im Dehesa-Nutzungssystem als auch in der physio-geographischen Ausstattung. Deshalb wurde eine in dieser Region weitverbreitete Landschaftseinheit ausgewählt. Die größte Verbreitung besitzen Peniplains mit Schiefer als vorherrschendem Ausgangsgestein. In diesen Gebieten treten besonders Dehesas mit Steineichen auf, die von Schafen beweidet werden. Das ausgewählte Einzugsgebiet Guadalperalón (35 ha), im Nordosten der Provinzhauptstadt Cáceres gelegen, kann als repräsentativ für diese Einheit angesehen werden.

Die Entscheidung, Untersuchungen in einem kleinen Einzugsgebiet durchzuführen, wurde von mehreren Beweggründen bestimmt:

a) Mit dieser Arbeit wird ein auf längere Zeiträume geplantes Projekt initiiert, das in umfassendem Maße hydrologische und sedimentologische Prozesse in einem kleinen Einzugsgebiet studiert.

b) Ein Einzugsgebiet stellt eine Einheit mit klar umgrenztem 'Input' (Niederschlag) und 'Output' (Abfluß und transportiertes Sediment) dar. Es eignet sich insbesondere, um Wasser- und Sedimentbilanzen zu studieren (BORMANN & LIKENS, 1979; DIETRICH & DUNNE, 1978).

c) Es eignet sich ebenfalls, um den Einfluß räumlicher Variationen der Faktoren auf das Prozeßgeschehen zu untersuchen (Variationen, die innerhalb eines Einzugsgebietes bestehen und charakteristisch für eine Region sind).

d) Es besteht ein Zusammenhang zwischen Gully Erosion und den hydrologischen und sedimentologischen Vorgängen, die in dessen Einzugsbereich wirken (TRIMBLE, 1974, 1977; BOCCO, 1991).

Die wichtigsten erosiven Prozesse der Peniplains im Südwesten Spaniens sind flächenhafter Abtrag auf den Hängen und fluviale Erosion (Gullies) der mit Sedimenten gefüllten Talböden erster und zweiter Ordnung. Rillenerosion tritt vorherrschend auf beackerten Flächen auf. Das Projekt beschränkt sich auf Dehesa-Nutzung ohne Kultivierung, die am weitesten verbreitet ist. Dies auch, um zusätzliche Komplexität des Themas zu vermeiden.

Somit ergeben sich für die vorliegende Arbeit die folgenden Themenschwerpunkte:

1. Bodenerosion und Oberflächenabfluß auf Hängen,

2. Erosion im Gerinne,

3. Wasserhaushalt des Einzugsgebiets

Die Fragestellungen umfassen im Einzelnen:

1. Bodenerosion und Oberflächenabfluß auf Hängen

- Abschätzung einer mittleren Erosionssrate,

- Zusammenhang zwischen Eigenschaften der Niederschlagsereignisse und Oberflächenabfluß bzw. Abtrag,

- Ursachen der räumlichen Variabilität (Vegetationsbedeckung, Relief und Boden),

- Zeitliche Variabilität und ihre Ursachen (hierbei finden Variationen des Niederschlags, der Vegetation und der antezedenten Bodenfeuchte Berücksichtigung),

- Anthropogene Einflüsse auf vergangene und gegenwärtige Bodenabtragung

2. Gully Erosion

- Bestimmung der mittlen Erosionsrate,

- Bestimmung der unterschiedlichen beteiligten Prozesse,

- Beziehung zwischen Niederschlag, Abfluß und Gully Erosion,

- Ursachen der Gully Erosion.

3. Wasserhaushalt des Einzugsgebiets

- Abfluß im Gerinne und dessen Beziehung zu Niederschlagscharakteristiken, sowie dem Oberflächenabfluß auf Hängen und der Infiltration,

- Bestimmung des Abflußkoeffizienten auf Hängen und am Ausgang des Einzugsgebiets,

- Abschätzung der Evapotranspiration.

2. PHYSIO-GEOGRAPHISCHE AUSSTATTUNG DER UNTERSUCHUNGSREGION

2.1 Klima

Der Hauptfaktor, der das Klima in Spanien bestimmt, ist die Nord-Süd Oszillation der Luftmassen im Verlaufe des Jahres. Das trocken heiße Wetter des Sommers unterliegt dem Einfluß des Azorenhochs und der regenreiche, kühle Winter wird von der Südverlagerung der Polarfront bestimmt. Bedeutend ist auch der Einfluß der Orographie auf das Klimageschehen der Iberischen Halbinsel. Verschiedene Gebirgszüge, besonders die Kantabrische Kordillere, das Zentralmassiv und die Pyrenäen schirmen den südlichen Teil Spaniens gegen die Luftmassen vom Norden ab. Im Gegensatz dazu ist der Westen und Südosten offen für das Eindringen der atlantischen Luftmassen (Abb. 1).

Im Sommer bestimmt das Azorenhoch, häufig mit einem Hoch über dem Süden der Iberischen Halbinsel und Nordafrika, das Klima. Ein Hoch über dem Zentrum Spaniens verursacht trockenes, kaltes Wetter, hauptsächlich im Januar und Dezember, mit hohen täglichen Temperatur-oszillationen. Hochdruck über Zentraleuropa im Winter ist ebenfalls verantwortlich für trocken kaltes Wetter. Die wichtigsten regenbringenden Luftmassenbewegungen sind an Tiefdruck über dem Atlantik geknüpft. Gewitter werden hauptsächlich durch die konvektive Bewegung der aufgeheizten bodennahen Luftschicht während der warmen Jahreszeiten verursacht.

Zur Charakterisierung des Klimas wird auf Daten der meteorologischen Station von Cáceres zurückgegriffen, die in 24 km Entfernung vom Einzugsgebiet liegt und eine vergleichbare Höhe über dem Meeresspiegel aufweist (Abb. 2).

2.1.1 Temperaturen

Die mittlere jährliche Temperatur ist 16,1°C, mit einem Maximum von 26,0°C im Juli und einem Minimum von 7,7°C im Januar. Tabelle 1 zeigt die jährliche Temperaturverteilung, sowohl der Mittel, als auch der absoluten Maxima und Minima. Sie zeigen die sehr hohen Temperaturen der Monate Juli und August mit über 30°C mittleren Tagesmaxima. Temperaturen um 40°C sind relativ häufig während dieses Zeitraums. Die kältesten Monate sind Dezember bis Februar mit mittleren Tagesminima um 4°C. Die Anzahl der Frosttage ist mit 9 pro Jahr gering und Frost ist nur zwischen November und März zu erwarten (ROLDAN FERNANDEZ, 1985).

	Mittel			Absolut	
Monat	Tag	Max.	Min.	Max.	Min.
Sep	22,3	28,5	16,1	39,0	4,8
Okt	16,9	21,8	12,0	34,4	3,0
Nov	11,7	15,7	7,7	25,2	-1,0
Dez	8,1	11,6	4,6	18,0	-4,0
Jan	7,7	11,3	4,0	20,6	-5,0
Feb	9,0	13,4	4,7	25,0	-5,8
Mär	11,7	16,2	7,1	26,2	-1,6
Apr	14,4	19,7	9,0	32,4	1,6
Mai	17,4	23,3	11,5	36,6	2,8
Jun	22,5	29,2	15,8	41,2	6,0
Jul	26,0	33,5	18,6	44,0	10,2
Aug	25,6	32,7	18,5	44,0	11,0
Jahr	16,1	21,4	10,8	44,0	-5,8

Tab. 1: Mittlere und absolute Monatstemperaturen von Cáceres (°C) (1931-1960); aus FONT TULLOT, 1983.

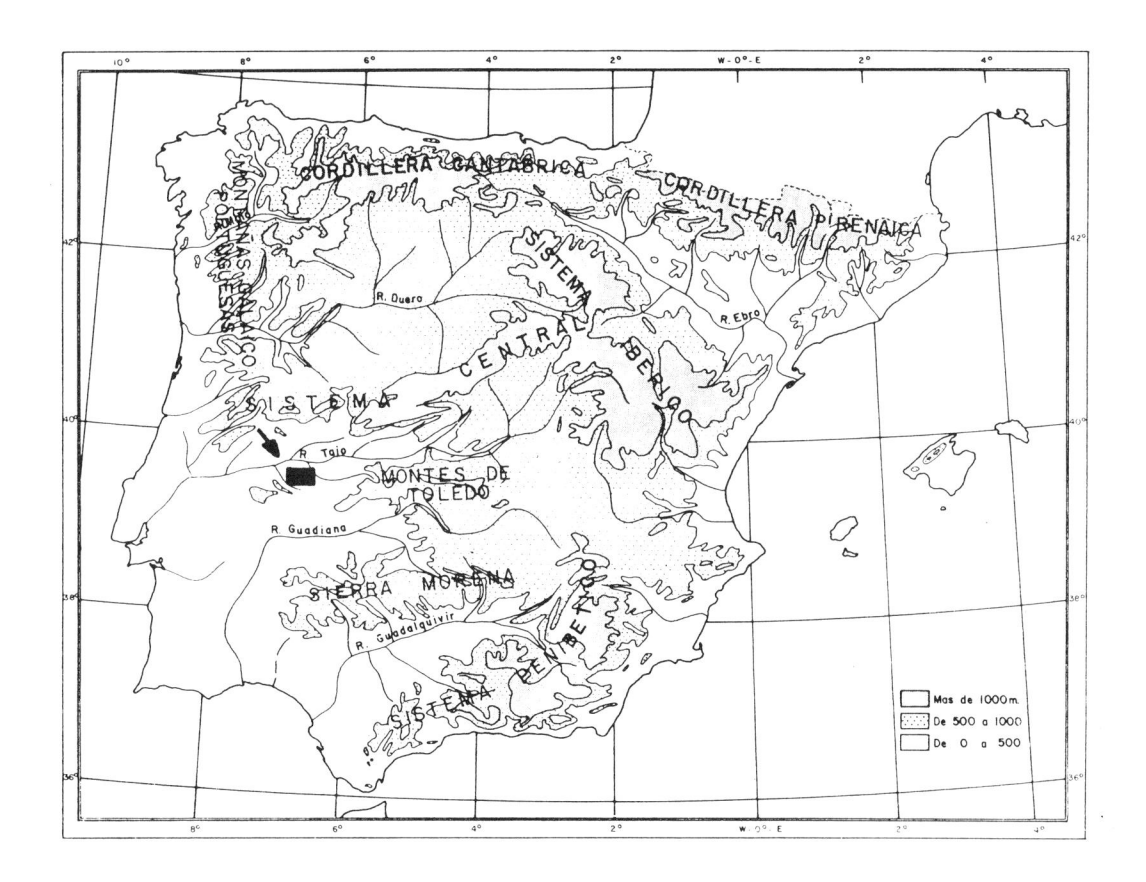

Abb. 1: Die Iberische Halbinsel mit den wichtigsten Gebirgszügen, Flüssen und ihrer Höhenverteilung (Markiertes Rechteck Lage des Untersuchungssgebiets, aus FONT TULLOT, 1983).

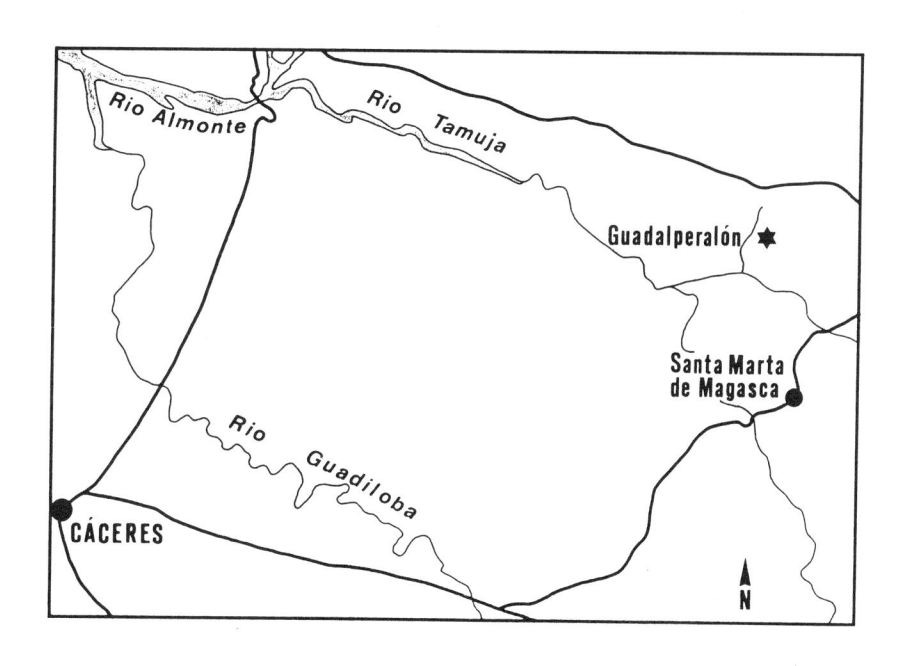

Abb. 2: Geographische Lage des Einzugsgebiets.

2.1.2 Insolation

Daten der durchschnittlichen Sonnenscheindauer für Cáceres liegen nicht vor, doch wird sie auf rund 3000 Stunden im Jahr geschätzt (FONT TULLOT, 1983) und lagen für den Untersuchungszeitraum von drei Jahren bei 2909 Stunden (INM, 1993). Das Gebiet gehört somit zu den Regionen Spaniens mit der höchsten Anzahl von Sonnenscheinstunden.

Globalstrahlung wird seit 1983 gemessen. Leider sind die Jahre 1991-92 und 1992-93 unvollständig, so daß sich die Mittelwerte auf einen Zeitraum von nur 8 Jahren beschränken. Das Jahresmittel beträgt 16.493 $KJm^{-2}d^{-1}$ mit Höchstwerten im Juni und Juli und einem Minimum im Dezember (INM, 1991, 1992, 1993) (Tab. 2).

2.1.3 Wind und relative Luftfeuchte

Die durchschnittliche jährliche Windgeschwindigkeit beträgt 11,1 kmh^{-1}, mit relativ geringer Variation (Minimum 9,4 kmh^{-1} im September und Maximum 13,3 kmh^{-1} im April). Cáceres gehört somit zu den Gebieten Spaniens mit geringen Windgeschwindigkeiten (ROLDAN FERNANDEZ, 1985). Interessant ist die Fluktuation des Windes, mit höheren Werten während des Tages und niedrigeren nächtlichen Werten (FONT TULLOT, 1983). Diese Erscheinung tritt besonders an Tagen mit hohen Temperaturschwankungen auf. Sie dürfte eine Erhöhung der Evapotranspiration zur Folge haben. Die durchschnittliche relative Luftfeuchte beträgt 57%, mit den Extremwerten von 77% im Januar und 33% im Juli (Tab. 2; ROLDAN FERNANDEZ, 1985).

2.1.4 Niederschlag

Bei der Betrachtung der Niederschläge wird als Einheit das hydrologische Jahr benutzt, das in Spanien den Zeitraum von September bis August umfaßt, da im September die ersten Niederschläge nach der sommerlichen Trockenperiode zu erwarten sind. Wenn nicht anders erwähnt, bezieht sich zum Beispiel 1990 auf das hydrologische Jahr 1990-91.

Niederschlagsdaten liegen für Cáceres seit 1907 vor, doch 24-Stunden Maxima nur seit 1931 und maximale tägliche 10-, 30- und 60-Minuten Intensitäten seit 1980.

Auf publizierte Niederschlagsanalysen wurde kaum zurückgegriffen, da sie sich in der Regel auf eine Datenbasis von 30 Jahren oder weniger beschränken, was meines Erachtens wegen der hohen Variabilität der Niederschläge zu kurz ist. Dies ist nur sinnvoll, wenn Vergleiche mit anderen Regionen Spaniens gemacht werden. Alle hier dargestellten Abbildungen oder Tabellen, beruhen auf eigener Bearbeitung.

2.1.4.1 Niederschlagsmenge

Der mittlere jährliche Niederschlag beträgt 511 mm. Zur Erklärung der Variabilität wird nicht die Standardabweichung benutzt, da die Häufigkeitsverteilung rechtsschief ist, das heißt, Jahre mit

Monat	Radn ($KJm^{-2}d^{-1}$)	RH (%)	ETp (mm)
Sep	1838	46	105
Okt	1250	59	63
Nov	774	71	29
Dez	630	77	15
Jan	767	77	14
Feb	1030	68	18
Mär	1605	66	35
Apr	1868	57	53
Mai	2375	52	84
Jun	2642	42	127
Jul	2634	33	164
Aug	2378	35	149
Jahr	1649	57	856

Tab. 2: Globalstrahlung - Radn (INM, 1991), relative Luftfeuchte - RH (ROLDAN FERNANDEZ, 1985) und potentielle Evapotranspiration -ETp, nach THORNTHWAITE (ALMARZA MATA, 1984) in Cáceres.

N	86
Mittel	511,1
Median	495,4
Minimum	247,2
Maximum	980,9
Perzentile (%)	
10	327,6
20	365,8
40	457,7
60	525,2
80	649,7
90	736,1

Tab. 3: Variabilität der jährlichen Niederschlagsmenge von Cáceres (1907-1992).

niedriger Menge sind häufiger als solche mit großer Menge. Deshalb werden Perzentile vorgezogen, die in Tabelle 3 dargestellt sind. Sie zeigen die hohe Variabilität der Niederschläge. Der Median liegt bei 495mm und nur 20% der Jahre verzeichnen Niederschläge zwischen 458 und 525 mm. Eine Häufigkeit von 0,2 haben Jahre mit weniger als 366 und ebenso Jahre mit mehr als 650 mm. Abbildung 3 zeigt die jährlichen Niederschläge seit 1907. Auffallend sind die hohen Mengen der Jahre 1910 bis 1912. Sie sind der Grund für eine negative Tendenz (lineare Tendenzanalyse). Benutzt man hingegen nur die Jahre seit 1913, so läßt sich keine Tendenz feststellen. Das arithmetische Mittel sinkt hierbei auf 497 mm. Der Einfluß auf die Perzentile ist weniger bedeutend.

Das Spanische Meteorologische Institut benutzt die Häufigkeit (f) zur Charakterisierung der Niederschlagsmenge eines Jahres oder Monats (INM, 1991):
sehr trocken: $f < 0,2$
trocken: $0,2 < f < 0,4$
normal: $0,4 < f < 0,6$
feucht: $0,6 < f < 0,8$
sehr feucht: $f > 0,8$

Diese Einteilung wird auch hier benutzt (siehe Abb. 3). Die jährliche Niederschlagsverteilung (Tab. 4 und Abb. 4) weist ein Minimum von Juni bis September auf. Die Monate Juli und August sind extrem trocken. Die höchsten Regenmengen verzeichnen November und Dezember mit jeweils 68,4 und 66,8 mm, doch ist das winterliche Maximum nicht stark ausgeprägt. Hohe Niederschläge fallen zwischen Oktober und März.

Da die Häufigkeitsverteilung der Monatsniederschläge rechtsschief ist, sind die Zentralwerte zum Teil erheblich niedriger (Tab. 4). Den größten Unterschied weist Dezember auf, mit einem Median, der 20,8 mm niedriger als das Mittel ist. Die jährliche Verteilung der Mediane besitzt ein Maximum im November und ein sekundäres Maximum im März (Abb. 4).

Abbildung 5 zeigt die starke Variabilität der Monatsniederschläge. Dezember weist die größte Streuung auf und November ist in Anbetracht des höheren Medians und der geringeren Streuung der "regensicherste" Monat. Bei allen Monaten der Regenperiode ist die Wahrscheinlichkeit groß, daß geringe oder hohe Niederschläge fallen. Hohe Regenmengen während der Zeit von Juni bis September sind selten.

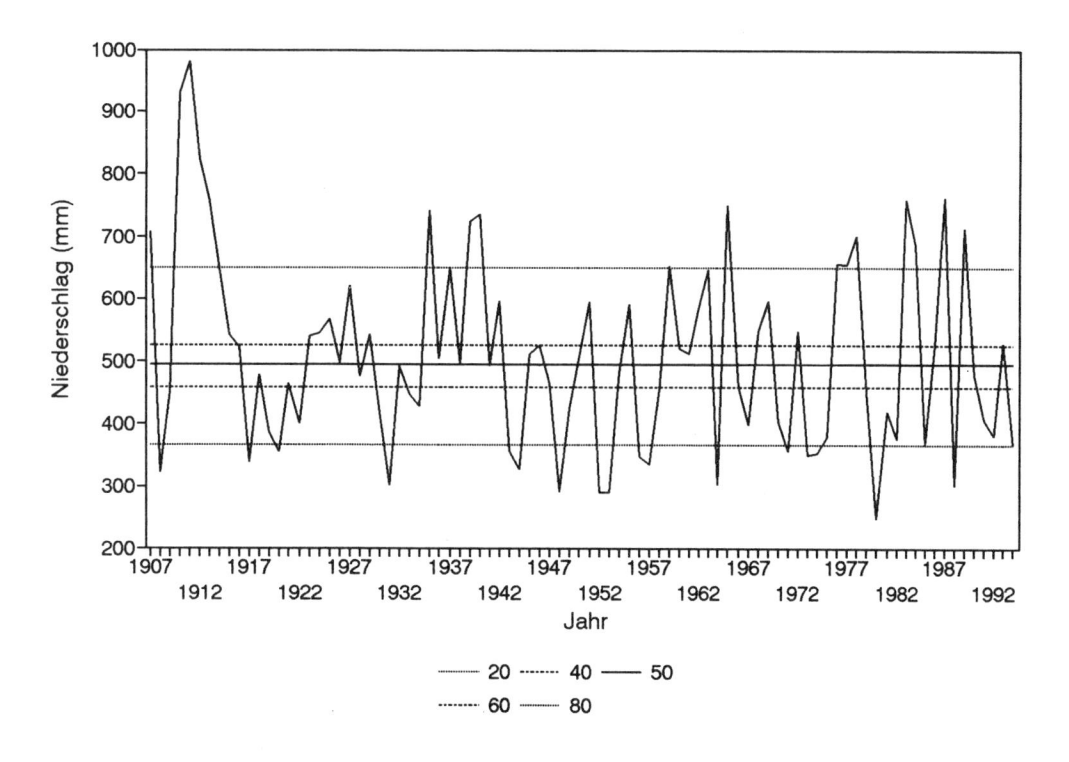

Abb. 3: Jährlicher Niederschlag der meteorologischen Station in Cáceres von 1907 bis 1992 (hydrologische Jahre). Die horizontalen Linien stellen die Niederschlagsmenge für unterschiedliche Perzentile (%) dar.

Monat	Mittel	Median	Min	Max
Sep	25,4	19,1	0	139,1
Okt	54,2	41,1	0	236,3
Nov	68,4	60,8	0	242,1
Dez	66,8	46,0	0	283,8
Jan	55,4	46,1	0	268,2
Feb	57,1	44,7	0	294,0
Mär	58,8	51,8	0	172,6
Apr	43,4	39,1	0	148,5
Mai	41,4	36,5	0	157,0
Jun	25,9	16,9	0	132,0
Jul	4,3	1,2	0	28,6
Aug	6,4	0,9	0	60,4

Tab. 4: Arithmetisches Mittel, Median, Minimum und Maximum der Monatsniederschläge in Cáceres (1907-1992).

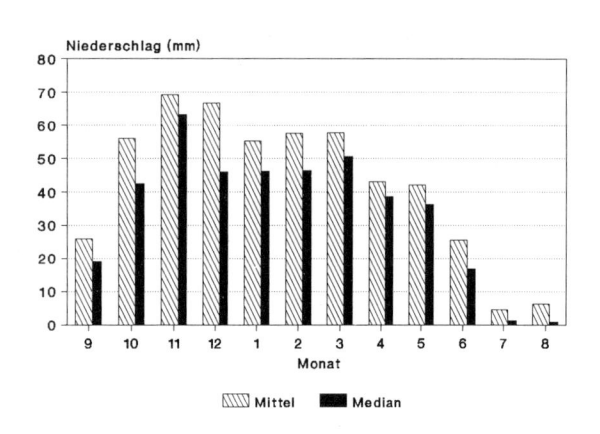

Abb. 4: Arithmetische Mittel und Mediane der Monatsniederschläge in Cáceres (1907-1992).

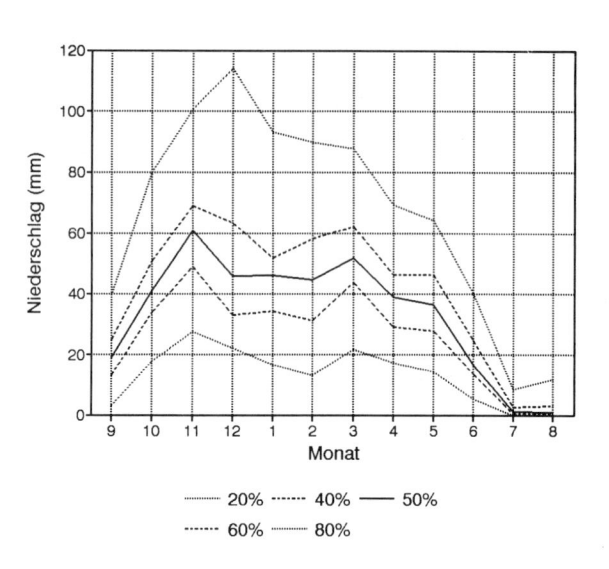

Abb. 5: Monatliche Niederschlagsmenge für verschiedene Perzentile (Cáceres 1907-1992).

2.1.4.2 Intensität

Im Zusammenhang mit hydrologischen und erosiven Prozessen ist besonders die Niederschlagsmenge von Ereignissen, deren Intensität und der Zeitpunkt ihres Auftretens von Bedeutung.

Die mittlere Anzahl der Regentage beträgt 102, wobei dies 17 Tage mit Spuren von Regen (< 0,1 mm) einschließt. Läßt man diese unberücksichtigt, so ergibt sich eine durchschnittliche tägliche Menge von 6 mm, bei 85,5 Regentagen. Der größte Anteil entfällt auf Tage mit weniger als 10 mm und nur 16,3 Tage verzeichnen Regenmengen von mehr als 10 mm (Tab. 5).

Für Starkregen unterschiedlicher Magnitude ergeben sich die folgenden mittleren Häufigkeiten (f):

> 30 mm	1,447
> 50 mm	0,259
> 70 mm	0,035

Dies enspricht den folgenden mittleren Auftrittsperioden (RI = 1/f [Jahre]):

> 30 mm	0,7
> 50 mm	3,9
> 70 mm	28,6

Die Analyse der jährlichen Verteilung der Niederschläge zeigt, daß moderate Regenfälle (10-30 mm) am häufigsten während der Monate November und Dezember und am seltensten in den Monaten Juni bis September sind (Tab. 5).

Starkregen (>30 mm) weisen ein Maximum im November, gefolgt von Dezember und ein Minimum im Juli auf (Abb. 6). August, April und September verzeichnen niedrige Werte. Betrachtet man nur Niederschläge über 50 mm, so zeigt sich deren Fehlen im Februar, März und Juli. Das Maximum besitzt November. Auch wenn die Wahrscheinlichkeit ihres Auftretens in den verbleibenden Monaten gering ist, so kann doch mit ihm gerechnet werden.

Zur Abschätzung der Wahrscheinlichkeit des Auftretens von Niederschlägen hoher Intensität wurde die Gumbel EVI Extremverteilung angewandt (SHAW, 1988), die nur die jährlichen Maxima berücksichtigt.

Tabelle 6 zeigt die Intensitäten für verschiedene Auftrittsperioden der 24-Stunden, 30-Minuten und 10-Minuten Maxima, sowie deren Standardfehler und obere und untere Konfidenzgrenzen. Es sei darauf hingewiesen, daß für die 30- und 10-Min. Intensitäten nur Daten von 38 Jahren vorliegen, für 24-h Maxima hingegen 85 Jahre. Im Vergleich mit dem spanischen Mittelmeerraum weist Cáceres geringe Intensitäten auf. So liegen die Werte für die Levante-Küste (Barcelona,

Valencia) ungefähr um das Doppelte höher als im Untersuchungsgebiet (Tab. 7). Die Intensitäten im nördlichen, dem Atlantik zugewandten Teil Spaniens, sind mit denen von Cáceres vergleichbar.

Die Extremverteilung von jährlichen Maxima Werten läßt zwar Aussagen über die Wahrscheinlichkeit von außergewöhnlichen Ereignissen zu, doch bleiben Niederschläge mit höheren Probabilitäten unberücksichtigt.

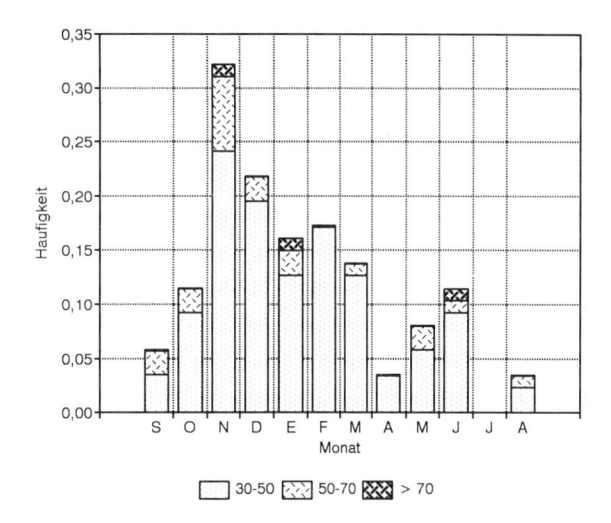

Abb. 6: Jährliche Verteilung der täglichen Niederschlagsmenge größer als 30 mm (Daten Cáceres 1907-1992).

Monat	> 30	10-30	1-10	0,1-1	Summe
Sep	0,06	0,75	2,56	0,99	4,4
Okt	0,12	1,86	4,56	1,49	8,0
Nov	0,32	1,93	5,51	1,79	9,6
Dez	0,22	2,07	5,62	2,59	10,5
Jan	0,16	1,51	5,81	2,54	10,0
Feb	0,16	1,79	5,52	1,82	9,3
Mär	0,14	1,68	6,33	2,12	10,3
Apr	0,04	1,35	5,01	2,12	8,5
Mai	0,07	1,05	4,78	1,73	7,6
Jun	0,12	0,68	2,69	1,13	4,6
Jul	0,00	0,08	0,88	0,41	1,4
Aug	0,04	0,14	0,71	0,49	1,4
Summe	**1,45**	**14,87**	**49,99**	**19,22**	**85,5**

Tab. 5: Jährliche Verteilung der täglichen Niederschlagsmengen (mm) (Cáceres 1907-1992)

a)

RI	X (mm)	SE	Lower X	Upper X
2	37,3	1,7	34,1	40,5
5	52,0	2,8	46,5	57,4
10	61,6	3,7	54,3	68,9
20	70,9	4,7	61,7	80,2
30	76,6	5,3	66,1	87,0
50	83,4	6,1	71,5	95,3
100	92,2	7,1	78,4	106,1

b)

RI	X (mm)	SE	Lower X	Upper X
2	25,4	1,5	22,4	28,4
5	34,5	2,6	29,4	39,6
10	40,5	3,5	33,6	47,3
20	46,2	4,4	37,6	54,9
30	49,7	5,0	40,0	59,5
50	54,0	5,7	42,9	65,1
100	59,4	6,6	46,6	72,3

c)

RI	X (mm)	SE	Lower X	Upper X
2	47,5	2,4	42,8	52,3
5	61,8	4,1	53,8	69,8
10	71,2	5,5	60,5	81,9
20	80,3	6,9	66,7	93,8
30	85,8	7,8	70,5	101,1
50	92,4	8,9	75,0	109,8
100	101,0	10,3	80,8	121,2

Tab. 6: Niederschlag (X) für unterschiedliche Auftrittsperioden (RI), Standardfehler (SE), untere und obere Konfidenzgrenzen (lower X, upper X, für ein Konfidenzintervall von 95%) der a) 24-h Niederschlag, b) 30-Min. Intensitäten und c) 10-Min. Intensitäten (Methode: Gumbel EVI Extremwertverteilung, SHAW 1988).

RI	5	10	50	100
Cáceres	34,5	40,5	54,0	59,4
Barcelona	69,2	84,4	117,6	131,8
Valencia	53,6	76,6	133,0	149,4
Alicante	58,6	72,0	101,6	112,4
Almería	44,4	56,0	81,6	92,4
La Coruna	34,0	40,8	56,0	62,6

Tab. 7: Geschätzte jährliche Maxima der 30-Minuten Niederschlagsintensität (mm/h) verschiedener Auftrittsintervalle ausgewählter spanischer Orte (RI, Jahre). Nach ELIAS CASTILLO & RUIZ BELTRAN, 1979 (Daten von Cáceres eigene Berechnung).

Diese Ereignisse geringerer Magnitude oder Intensität können durchaus erosionswirksam sein (MORGAN, 1980). Deshalb wurde die Häufigkeitsverteilung der maximalen 10-Min und 30-Min. Intensitäten (im Folgenden I-10, I-30) des Zeitraums 1980 bis 1992 untersucht. Die Daten beschränken sich auf nur 13 Jahre, da sie erst seit 1980 vorliegen. In Anbetracht dieser beschränkten Datenbasis (1009 Regentage) sei darauf hingewiesen, daß Fehler in der Bestimmung von mittleren Häufigkeiten, insbesondere für Niederschläge geringer Wahrscheinlichkeit, groß sein können (siehe folgendes Kapitel). Tabelle 8 zeigt das Ergebnis der Analyse der I-10 Werte. Fast 60% der Ereignisse weisen Intensitäten kleiner 10 mmh^{-1} auf. Im Mittel ist 6,6 mal pro Jahr mit I-10 größer 20 mmh^{-1} zu rechnen, die am häufigsten im Mai, gefolgt von November und September, sind. Gering ist ihr Auftreten im Februar, März und Juli. Bei Intensitäten > 40 mmh^{-1} liegt das Maximum im September, Dezember und Juni.

2.1.4.3 Vergleich von Niederschlagsdaten unterschiedlicher Zeiträume

Tabelle 9 vergleicht die Niederschlagsdaten des kurzen Zeitraums 1980-92, die für die Analyse der jährlichen Verteilung von Regenintensitäten herangezogen wurden, mit den langjährigen Daten. Auffallend ist, daß in den letzten 13 Jahren weniger Niederschlag verzeichnet wurde. Dabei verzeichnen März und Februar weit geringere Mengen, als ihr langjähriges Mittel. November, Dezember und April waren feuchter. Vergleicht man hingegen die Anzahl von Tagen mit über 30 mm Niederschlag, so liegt diese bei der kurzen Datenbasis mit 1,92 über der des langjährigen Mittels mit 1,45. Ursache war ihr häufigeres Auftreten im November und Dezember. Das heißt, die letzten 13 Jahre waren zwar trockener, doch Ereignisse mit großer Menge häufiger.

Die jährliche Verteilung der Niederschläge größer 30 mmd^{-1} ist bei beiden Datengruppen ähnlich. Deshalb wird angenommen, daß die jährliche Verteilung der maximalen 30- oder 10-Minuten Intensitäten, die auf der kurzen Datenbasis beruht, etwa dem langjährigen Mittel entspricht. Die obige Ausführung verdeutlicht außerdem die Problematik der Verwendung einer kleinen Datenmenge in Gegenden mit stark variierenden Niederschlägen.

mm/h	> 50	40-50	30-40	20-30	10-20	5-10	< 5	Summe
Sep	1	4		7	9	5	22	48
Okt	1		2	4	22	20	52	101
Nov	1	1		11	22	27	56	118
Dez	2	2	1	4	21	29	70	129
Jan		1	1	3	13	17	69	104
Feb				1	10	29	72	112
Mär					1	8	24	45	78
Apr	1	1		5	18	29	77	131
Mai		2		7	9	15	12	54	99
Jun	3	1	1	2	8	11	27	53
Jul		1		1	3	3	10	18
Aug	1	1	2		2	4	8	18
Summe	12	12	14	48	151	210	562	1009
N/a	0,92	0,92	1,08	3,69	11,62	16,15	43,23	77,61

Tab.8: Häufigkeitsverteilung der maximalen täglichen 10-Minuten Intensitäten (1980 - 1992). Die Tabelle zeigt die Summe der Ereignisse von 13 Jahren. N/a - durchschnittliche jährliche Häufigkeit.

	1907-1992	1980-1992
N	86	13
Mittel (mm)	511,1	494,0
Median (mm)	495,4	419,5
Regentage	85,5	77,6
MI (mm/d)	6,0	6,4
f >30mm	1,45	1,92
Sep	25,4	26,3
Okt	54,2	48,1
Nov	68,4	85,5
Dez	66,8	78,7
Jan	55,4	51,5
Feb	57,1	39,6
Mär	58,8	28,3
Apr	43,4	57,8
Mai	41,4	43,1
Jun	25,9	23,0
Jul	4,3	6,8
Aug	6,4	5,4

Tab. 9: Vergleich der Niederschlagsdaten des Zeitraums 1907-1992 mit 1980-1992 (MI = mittlere Intensität, f >30mm = Häufigkeit der Niederschläge > 30 mm pro Tag; Sep, ... = mittlere Monatsniederschläge).

2.1.5 Potentielle Evapotranspiration

Die einzigen vorhandenen Werte zur potentiellen Evapotranspiration (ETp) beruhen auf der Methode nach THORNTHWAITE (1948), mit einer Jahresmenge für Cáceres von 856 mma^{-1} (ALMARZA MATA, 1984). Obwohl diese Methode in ariden und semi-ariden Gebieten gemessene Werte unterschätzt (DUNNE 1978; SANCHEZ TORIBIO, 1992), wurden die Monatswerte der ETp in Abbildung 7 im Vergleich zum Jahresgang der Niederschläge dargestellt. Sie zeigt, daß in den Monaten Juni bis September ein Wasserdefizit herrscht. Die Menge des Niederschlags liegt nur in der Zeit von November bis März klar über der Menge der potentiellen Evapotranspiration.

2.1.6 Zusammenfassende Klimacharakterisierung

Der UNESCO (1979) Index der Aridität wurde benutzt, um die hygrischen Verhältnisse des Untersuchungsgebietes zu klassifizieren:

$$AI = P/ETp \qquad (1)$$

wobei

AI   -Index der Aridität. Werte zwischen 0,20 und 0,50 sind als semi-arid klassifiziert,
P   -mittlerer jährlicher Niederschlag (mm),
ETp   -potentielle Evapotranspiration (mm).

UNESCO (1979) benutzt Werte der potentiellen Evaporation, die auf der Basis der PENMAN-Formel berechnet wurden. Da diese für Spanien nicht vorliegen, wird der von FONT TULLOT (1983) vorgeschlagene Umrechnungsfaktor von 1,33 für ETp nach THORNTHWAITE herangezogen. Der so berechnete Ariditäts-Index beträgt 0,45, das heißt **semi-arides Klima.**

Das Klima von Cáceres ist **mediterran mit abgeschwächt kontinentalem Charakter** (FONT TULLOT, 1983). Dieses ist gekennzeichnet durch trocken heiße Sommer und Niederschläge während der kühlen Jahreszeit (mediterranes Klima). Der kontinentale Charakter, das heißt eine hohe Amplitude zwischen Sommer- und Wintertemperaturen ist weniger stark ausgeprägt als in Zentralspanien, doch größer, als in der mediterranen Küstenregion.

Charakteristisch für die Niederschlagsverhältnisse ist die hohe **Variabilität, sowohl der jährlichen, als auch der monatlichen Regenmengen.**

Wenn auch die Intensität der Niederschläge nicht hoch ist, treten dennoch Ereignisse auf, die abfluß- und erosionswirksam sein können:

- **Mittlere jährliche Häufigkeit von 1,45 für Tagesniederschläge > 30 mm,**

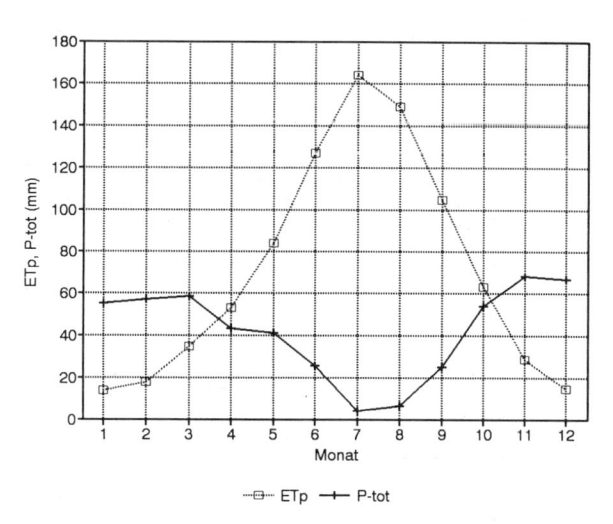

Abb. 7: Monatliche potentielle Evapotranspiration (Methode Thornthwaite) und Niederschläge in Cáceres.

- I-10 beträgt für eine Auftrittsperiode von 10 Jahren 71,2 mmh^{-1},

- mittlere Häufigkeit von 6,6 pro Jahr für 10-Minuten Intensitäten > 20 mmh^{-1}.

Niederschlagsereignisse großer Menge sind am häufigsten während der Monate November und Dezember. Das Auftreten hoher Intensitäten ist hingegen am wahrscheinlichsten im September, Dezember und Juni.

2.2 Geologie und Geomorphologie

Bis zum Karbon war Extremadura Teil einer Geosynklinale. Während der herzynischen Orogenese kommt es zur Faltung der präkambrischen und kambrischen Sedimente, die die Schiefer, Grauwacken und Quarzite der Region bilden. Daneben kommt es zur Formation von Batholiten, die überwiegend aus Graniten bestehen (VEGAS, 1971).

Der westliche Teil des herzynischen Massivs ist seit dem Karbon Festland. Es folgt eine lange Periode der Erosion, die eine Denudation der Antiklinalen zur Folge hat. Die Synklinalen, die teilweise aus Quarziten bestehen, bilden die heutigen Gebirgszüge und die Antiklinalen aus Schiefer und Grauwacken eine Erosionsfläche, die sogenannte "Penillanura de Cáceres" (GOMEZ AMELIA, 1985).

Spät-heryznische Verwerfungen modifizieren die Landschaft. Während der alpinen Orogenese kommt es zu Bruchbildungen und die herzynischen Verwerfungen werden aktiviert (ITGE, 1980). Während des Miozän erfolgt ein Absenken der Gräben der Flüsse Tajo und Guadiana sowie die Hebung der Gebirgszüge, wie der Montes de Toledo und des Spanischen Zentralmassivs (ITGE, 1980).

Gegen Ende des Miozän wird das alte herzynische Massiv in Richtung des Atlantischen Ozeans geneigt. Es wird angenommen, daß erst seit dieser Zeit der Atlantik der Vorfluter der Flüsse Tajo und Duero bildet (MENDUIÑA FERNANDEZ, 1978). Die Flächenbildung erfaßt neben den Schiefern und Grauwacken auch die Granite, die in weiten Gebieten Extremaduras anstehen.

Eine intensive Zerschneidung der Erosionsfläche findet seit dem Ende des Pleistozän statt (GUTIERREZ ELORZA, 1994). Das heutige Landschaftsbild der "Penillanura de Cáceres" ist somit von einer schwach gewellten Fläche geprägt, durchzogen von Tälern, deren Hänge mit Annäherung an die Vorfluter eine Zunahme der Hangneigung aufweisen. Die Flächen sind in den oberen Bereichen von flachen dellenartigen Tälern erster Ordnung durchzogen, die nur einen episodischen Abfluß aufweisen. Sie sind mit Sedimenten geringer Mächtigkeit (1-2 m) aufgefüllt. Es wird angenommen, daß diese Akkumulation das Produkt beschleunigter Bodenerosion ist, die im Zusammenhang mit der Entwaldung bzw. Lichtung des ursprünglichen Steineichenwaldes steht.

2.3 Böden

Für die Region steht nur die Bodenkarte der Provinz Cáceres im Maßstab 1:200.000 zur Verfügung (CSIC, 1970). die zur Bodenklassifizierung das System von KUBIENA (1953) heranzieht. Die hier gemachten Ausführungen beruhen, soweit nicht anders angegeben, auf der Beschreibung der Böden in CSIC (1970).

In der "Penillanura de Cáceres" ist eine Braunerde, die sogenannte "Tierra parda meridional" verbreitet. Diese Böden besitzen die Horizonte Ah, (B), C und sind mit 25-50 cm nur wenig mächtig. Der B-Horizont zeichnet sich durch einen etwas höheren Anteil der Tonfraktion aus. Jedoch ist fragwürdig, ob es sich dabei um einen Tonanreicherungshorizont handelt, oder ob eine Verarmung des A-Horizonts durch teilweise Wegfuhr der Tonfraktion mit dem Oberflächenabfluß stattfand.

Die Böden sind generell arm an organischem Material. Der Gehalt im oberflächennahen Horizont liegt bei 2 bis 4%, und auf beackerten Standorten unter 2%. Bei den Tonmineralen treten vorherrschend Illite, neben Kaoliniten und Chloriten auf.

Die Mächtigkeit der Böden ist räumlich sehr variabel. Auf Hängen mit starker Neigung (> 10%) sind sie generell geringmächtig und es ist nur ein A-Horizont entwickelt. Auf den leicht gewellten Flächen schwankt die Mächtigkeit auf kleinstem Raum, im Zusammenhang mit der unregelmäßigen Oberfläche des anstehenden Schiefers. In weiten Bereichen fehlt ein B-Horizont und die entsprechenden Böden sind Xeroranker oder Lithosole. Die Textur der Böden ist meist ein schluffiger bis sandiger Lehm. Ihr pH Wert liegt zwischen 5,3 bis 6,5 im oberen Horizont und zwischen 5,0 bis 5,9 im B-Horizont. Es sind in der Regel nährstoffarme Böden, mit einem geringen Gehalt an pflanzenverfügbarem Kalzium und Phosphor.

Die Bodenstruktur ist meist nur schwach ausgebildet. Sie besitzt ein krümeliges- bis subpolyedrisches Gefüge. Die Aggregate weisen eine geringe Stabilität auf (DORRONSORO FERNANDEZ, 1992). Die schwach ausgebildete Bodenstruktur und geringe Aggregatstabilität hängen wahrscheinlich zum großen Teil mit dem niedrigen Gehalt an organischem Material zusammen. Doch dürfte auch der niedrige pH und der geringe $CaCO_3$-Gehalt eine gewisse Rolle spielen.

Der Wassergehalt dieser Böden liegt bei Feldkapazität in einem Bereich von 20-35 Vol%, wobei der Anteil an pflanzenverfügbarem Wasser mit 11-21 Vol% angegeben wird (DORRONSORO FERNANDEZ, 1992). Von Nachteil für das Pflanzenwachstum ist die geringe Mächtigkeit des Bodens. Geht man von einer maximalen Bodenfeuchte von 30 Vol% aus, so entspricht dies bei einer Bodendecke von 20 cm einem Wassergehalt von 60 mm · m^{-2}. Dies verdeutlicht, daß bei trockenem, sonnigem Wetter, und somit hoher Evapotranspiration, das pflanzenverfügbare Wasser schnell erschöpft ist und ein Wasserdefizit auftritt. Dieser besteht in durchschnittlichen Jahren von Juni bis September. Während der feuchten Jahreszeit wirken sich deshalb regenfreie Phasen besonders nachteilig auf die Entwicklung der Krautschicht aus. Bäume, mit ihren tiefreichenden Wurzeln, sind jedoch nicht stark von einer solchen Situation betroffen.

2.4 Vegetation und Landnutzung

Als potentielle natürliche Vegetation wird ein mediterraner Hartlaubwald angenommen, in dem die Steineiche (*Quercus ilex var. ballota*) und in feuchteren Lagen die Korkeiche (*Quercus suber*) dominiert (PEINADO LORCA, 1987). Nach der Einteilung von RIVAS MARTINEZ (1987) gehört sie zur Serie luso-extremadurense der Steineiche der mesomediterranen Stufe.

Die sehr artenreiche Pflanzengemeinschaft ist zum überwiegenden Teil immergrün und setzt sich aus einer Kraut-, Strauch- und Baumschicht zusammen. Wichtige Vertreter sind neben den dominierenden Eichen, der wilde Ölbaum (*Olea europea var. sylvestris*), der Erdbeerbaum (*Arbutus unedo*) und die schmalblättrige Steinlinde (*Phillyrea angustifolia*). Charakteristische Sträucher sind *Erica arborea*, *Rosmarinus officinalis*, *Juniperus oxycedrus*, *Pistacia terebinthus* und *P. lentiscus*.

Die *dehesas* entstanden durch eine Rodung des Unterwuchses des mediterranen Hartlaubwaldes und der teilweisen Entfernung von Bäumen. Die höhere Belichtung mit direkter Sonnenstrahlung zwischen den stehengebliebenen Bäumen, sowie die Viehbeweidung, begünstigten die Verbreitung von krautigen Pflanzen. Der kontinuierliche Fraß von jungen Trieben, vornehmlich durch Ziegen und Schafe, verhindert das Aufkommen von Sträuchern (MONTOYA OLIVER, 1983). Es wird angenommen, daß bereits vor über 4000 Jahren die in der Extremadura ansässigen Iberer begannen, Wälder zu roden und in die parkartigen Stein- und Korkeichenbestände umzuwandeln (BAUER, 1980). Jedoch kann zu dieser Zeit noch keine großflächige Landnahme erwartet werden (MÜLLER-HOHENSTEIN, 1972).

Während der Römerzeit hat eine Zunahme der Entwaldung stattgefunden. Von großem Einfluß auf die weite Verbreitung der *dehesas* war die Wiedereroberung Spaniens durch christliche Herrscher. Nach der Vertreibung der Mauren teilte die spanische Krone das wiedereroberte Land unter Hochadel, Kirche und Ritterorden auf. Es entstand der noch heute verbreitete Großgrundbesitz und die extensive Viehzucht erlangte große Bedeutung (BAUER, 1980). Die Produktion von Fleisch und Merinoschafwolle, für die Spanien das Monopol besaß, stellten eine Haupteinnahmequelle dieser Zeit dar. Die Züchter mit ihrer im 13. Jahrhundert gegründeten Vereinigung, der sogenannten "Mesta", waren weit einflußreicher als die Land- und Waldbauern, was die Umwandlung riesiger Gebiete in Viehweiden zur Folge hatte.

Die *dehesa* ist ein vielseitiges Landnutzungssystem, wobei die Viehhaltung im Vordergrund steht. Hauptnahrungsquelle von Schafen, Ziegen und Kühen ist die Krautschicht, doch werden auch Zweige und Blätter der Eichen und anderer Sträucher genutzt. Die Früchte der Eichen spielen besonders bei der Ernährung der Schweine eine Rolle. Die Eichen werden ungefähr alle zehn Jahre beschnitten, wodurch eine erhöhte Eichelproduktion bewirkt wird. Aus den anfallenden Ästen wird Holzkohle produziert und die Blätter und kleinen Zweige dienen als Futter für Schafe und Ziegen.

Wo der Boden tiefgründig genug und das Relief nicht

zu unregelmäßig ist, wird Getreide oder heute zunehmend Grünfutter angebaut. Da die nährstoffarmen Böden schnell erschöpft sind, werden Felder in einem 3-Jahre Rhythmus bewirtschaftet. Im Frühjahr wird das Feld umgepflügt und zu Beginn der Trockenperiode eingeebnet, um die Verdunstung herabzusetzen. Die Aussaat ist im Herbst und die Ernte im Frühjahr. Es folgen zwei Brachejahre, während der eine Beweidung stattfindet.

Eine wichtige Einkommensquelle stellt die Korkproduktion, sowie die Jagd von Hoch- und Niederwild dar. Zu nennen sind noch weitere Produkte aus der *dehesa*, die von untergeordneter Bedeutung sind, wie Honig, Wildpilze, wilder Spargel und Kräuter.

Die vielseitige Landnutzung und die unterschiedliche physio-geographische Ausstattung der Landschaftsräume haben zur Folge, daß es eine Vielzahl von verschiedenen Dehesa-Typen gibt. Dies verdeutlicht, daß es in einem solch großen Gebiet, wo dieses Landnutzungssystem verbreitet ist (Südwesten Spaniens und Teile Portugals), nicht möglich ist, eine einzige "typische *dehesa*" als stellvertretend für dieselbe auszuwählen.

Mit den ersten Regenfällen im September beginnt der jährliche Zyklus der Weide, wobei die mehrjährigen Kräuter, wie das weit verbreitete Gras *Poa bulbosa*, am schnellsten wachsen. Normalerweise steht ab Anfang bis Mitte Oktober das erste frische Futter zur Verfügung. Die einjährigen Kräuter wachsen langsamer. Von Bedeutung sind verschiedene Leguminosenarten, wie *Trebol subterraneum* und *Medicago polymorpha*. Die Zusammensetzung der Krautschicht ist eine Anpassung an die Beweidung (MONTOYA OLIVER, 1983). Der Abfraß der ersten Gräser begünstigt das Wachstum der Leguminosen, die in Konkurrenz mit den mehrjährigen Kräutern stehen.

Im Winter sinkt die Produktion der Kräuter, bedingt durch niedrige Temperaturen und geringere Sonnenstrahlung. Ein Maximum erreicht die Produktion der Weide im Frühjahr (GRANDA LOSADA, 1981). Mit Beginn der Trockenzeit im Mai bis Juni setzt das Vertrocknen der Kräuter ein. Das Problem des geringen Futterangebots während des Sommers wird traditionell durch die Transhumanz gelöst, die heute stark in Rückgang begriffen ist. Die Tiere werden, sobald das Gras verdorrt, in die nördlich gelegenen Gebirgsregionen getrieben und kommen im Herbst in die niederen Gebiete zurück. Heutzutage verbleibt das Vieh meist in den *dehesas*, so daß im Sommer Futter dazugekauft werden muß, um seine Ernährung zu gewährleisten.

Die als Futter sehr wichtigen Leguminosen haben einen höheren Nährstoffanspruch als andere Kräuter und treten deshalb bevorzugt dort auf, wo das Vieh durch seine Exkremente zur Düngung des Bodens beiträgt (GONZALEZ DE TANAGO, 1984). Eine zu geringe Viehdichte hat deshalb eine Veränderung der Zusammensetzung der Krautschicht und eine Abnahme der Produktion von nährstoffreichem Futter zur Folge.

Eine sehr geringe Viehdichte oder die Abschaffung der Viehhaltung führt zur Verbreitung von Sträuchern. Eine Überweidung bewirkt ebenfalls eine Verarmung der Krautschicht und führt zur Verbreitung von Sträuchern, die für das Vieh nicht genießbar sind (MONTOYA OLIVER et al., 1988). Es gibt bis jetzt noch kein theoretisches Modell, das eine gute Abschätzung der optimalen Viehzahl für ein bestimmtes Gebiet gewährleistet. Die Ursachen dafür sind unter anderen 1) die räumliche Variabilität der Weideproduktion, 2) die gleichzeitige Nutzung durch verschiedene Tierarten und 3) jahreszeitliche und jährliche Variabilität des Futterangebots. Beste Ergebnisse beruhen meist auf der langjährigen Erfahrung von ansässigen Hirten (GRANDA LOSADA, 1981).

Ein Dehesa-Grundbesitz, der in der Regel eine Größe von einigen hundert Hektar und häufig weit mehr als 1000 ha aufweist, zeichnet sich normalerweise durch verschiedene Vegetationsgemeinschaften aus, die sowohl auf die physio-geographische Ausstattung als auch auf die landwirtschaftliche Nutzungsweise zurückgeführt werden können.

Die Dehesa-Weidewirtschaft ist ein sehr komplexes Thema und kann hier nicht näher erörtert werden. Die Art der Wirtschaftsweise hat im Verlaufe der Zeit Veränderungen erfahren, die mit den sozioökonomischen Gegebenheiten der Region zusammenhängen (CAMPOS PALACIN & MARTIN BELLIDA, 1987). Die Anpassung der *dehesa* Wirtschaft an die jeweiligen gesellschaftlichen Verhältnisse hat einen direkten Einfluß auf die Degradation des Ökosystems oder die Verbesserung des naturräumlichen Potentials (Biodiversität, Bodenqualität). Die traditionelle Wirtschaftsweise, die auf einer extensiven und vielseitigen Nutzung des Naturraums beruht (verschiedene Tierarten, kontrollierte Beweidung, Ausnutzung der verschiedenen Futterquellen, angemessene Viehdichte) ermöglicht die Erhaltung sowohl einer hohen Artenzahl von Flora und Fauna, als auch eine gute Bodenbedeckung. Letztere ermöglicht eine, wenn auch langsame, Verbesserung des in vielen Gebieten degradierten Bodens.

Von Nachteil ist, daß diese Wirtschaftsweise sehr arbeitsintensiv ist, also hohe Unkosten für den Betrieb verursacht. Insbesondere seit den sechziger Jahren sahen sich viele Bauern deshalb gezwungen, ihre Betriebe zu intensivieren oder aufzugeben. Dies führte zur Emigration vieler Menschen in andere Regionen Spaniens oder ins Ausland. Von Nachteil für die *dehesas* waren auch gesunkene Preise ihrer Produkte, wie Fleisch und Getreide.

In der Gegenwart kündigt sich eine erneute Veränderung an. Bei der gegebenen Überproduktion von landwirtschaftlichen Produkten in der Europäischen Gemeinschaft, sowie erhöhten Energiepreisen, die eine Verteuerung von Düngern, Tierfutter und Transportkosten (Transhumanz wird teilweise mit Lastwagen durchgeführt) bewirken, ist eine intensive Wirtschaftsweise, die zudem auf einen Energie-Input (Dünger, Futter, etc.) beruht, fragwürdig geworden.

Andererseits sind die Produkte der *dehesa* von hoher Qualität und erreichen eine gehobene Wertschätzung bei den Käufern. Hier sei als Beispiel die ausgezeichnete Qualität des Fleisches der Iberischen Sau erwähnt, die in den *dehesas* freilebend aufwächst. Von Bedeutung ist auch der hohe ökologische Wert der *dehesas*. So ist anzunehmen, daß die finanzielle Unterstützung einer extensiven, angepaßten Wirtschaftsweise, die durchaus produktiv ist und gleichsam zur Erhaltung der Vielfalt des Ökosystems beiträgt, sinnvoller ist, als viele der bisher durchgeführten partiellen Subventionen. Eine zukünftige Einkommensquelle für die Regionen wie der Extremadura ist der ländliche Tourismus, der auf dem "ökologischen Wert" dieser Gebiete beruht. Der Erhalt der *dehesas* ist nur möglich, wenn die Einkünfte der ländlichen Bevölkerung gesichert sind. Deshalb ist die touristische Nutzung wahrscheinlich auch von Vorteil für den Naturschutz dieser Räume.

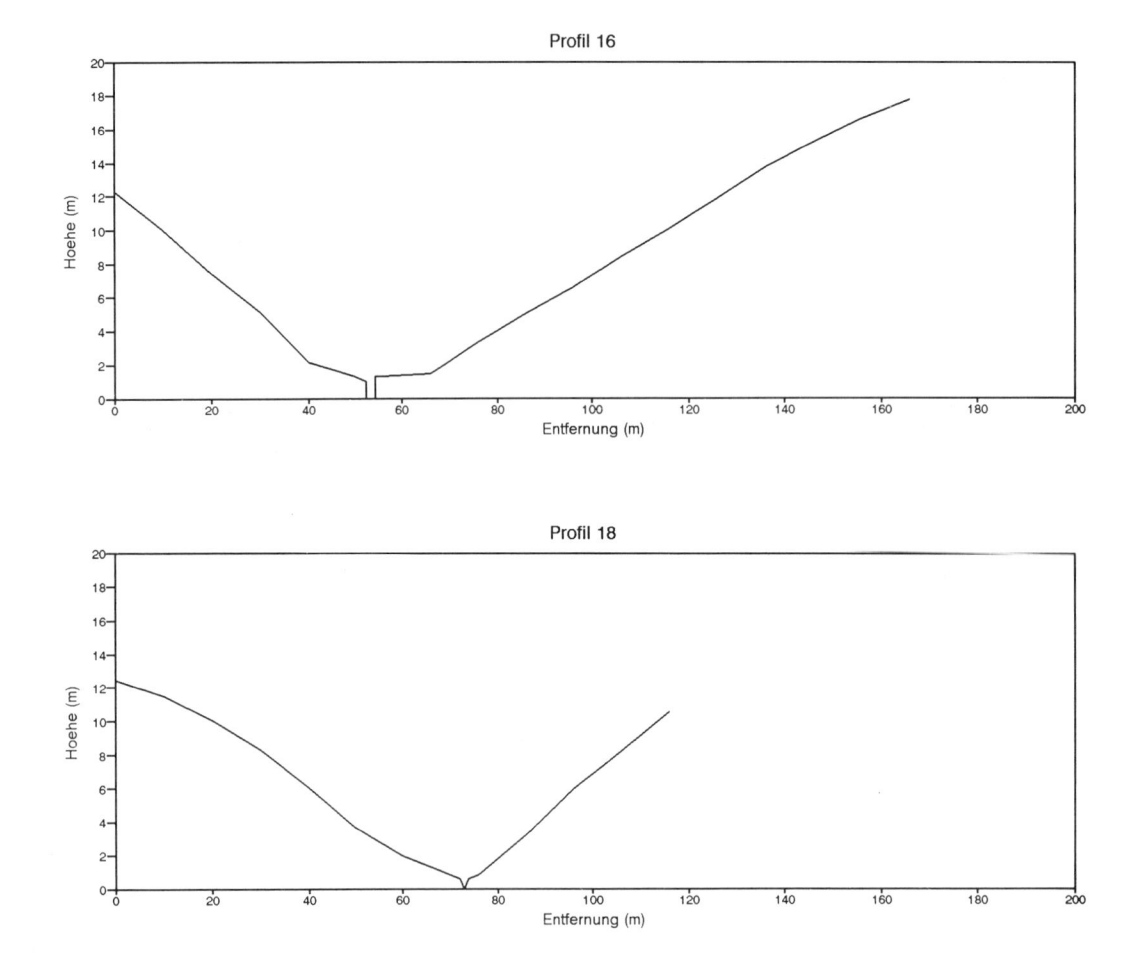

Abb. 8: Topographische Querprofile des Einzugsgebietes (Lage der Profile siehe Abbildung 8).

3. BESCHREIBUNG DES EINZUGSGEBIETS

3.1 Geographische Lage und Relief

Das Einzugsgebiet Guadalperalón liegt 24 km nordöstlich der Stadt Cáceres (Abb. 2, 9). Seine maximale Höhe beträgt circa 400 m (Topographische Karte 1:50.000). Die Pegelstation liegt auf einer Höhe von 340 m. Somit ergibt sich ein Höhenunterschied von 60 m, der bei einer Länge des Einzugsgebiets von 1050 m einem Gradienten von 0,057 entspricht. Die mittlere Breite beträgt 376 m und die maximale Breite 510 m.

Guadalperalón gehört zum Flußnetz des Tajo. Die obere Hälfte des Untersuchungsgebiets wird durch zwei Einzugsgebiete gebildet, deren flache dellenartige Täler mit einer maximal 1 m mächtigen Sedimentschicht aufgefüllt sind. Nach der Vereinigung dieser beiden Täler folgt eine Talverengung mit einer nur unbedeutenden Menge von Sediment und der Freilegung des anstehenden Schiefers im Bachbett. Unterhalb davon bis zum Ausgang des Einzugsgebietes folgt ein Talabschnitt, der mit einer 1 - 1,5 m mächtigen Sedimentschicht gefüllt ist und in die der Bach in Form eines Gully eingeschnitten ist (Abb. 9, Photo 1). Das gesamte Einzugsgebiet ist durchzogen von kleinen muldenartigen Seitentälchen, die in ihrem Zentrum häufig eine kolluviale Sedimentdecke von höchstens 0,5 m aufweisen. Dies hat zur Folge, daß viele Hänge kurz sind. Maximale Hanglängen mit 100 m treten im unteren Drittel des Einzugsgebiets auf. Die meisten Hänge sind jedoch nicht länger als 40 - 60 m. Die mittlere Neigung von 20 Hangprofilen in der unteren Hälfte des Einzugsgebiets beträgt 21%, mit einem Minimum von 16,1% und einem Maximum von 25%. Im oberen Bereich des Guadalperalón liegen die Hangneigungen zwischen 10% und 15%.

Die Form der Hänge ist im unteren und mittleren Teil geradlinig bis konvex. Die Hangschultern sind konvex. Konkave Formelemente treten nur auf, wo am Hangfuß kolluviale bzw. fluviale Sedimente abgelagert sind. Abbildung 8 zeigt zwei charakteristische Querprofile des Einzugsgebiets. Die Hänge weisen eine ausgeprägte Mikromorphologie auf, verursacht durch die unregelmäßige Oberfläche der nahezu vertikal gerichteten Schiefer.

Photo 1: Gerinne im unteren Teil des Einzugsgebiets mit Querprofil Nr. 6; im Bildhintergrund Steineichen.

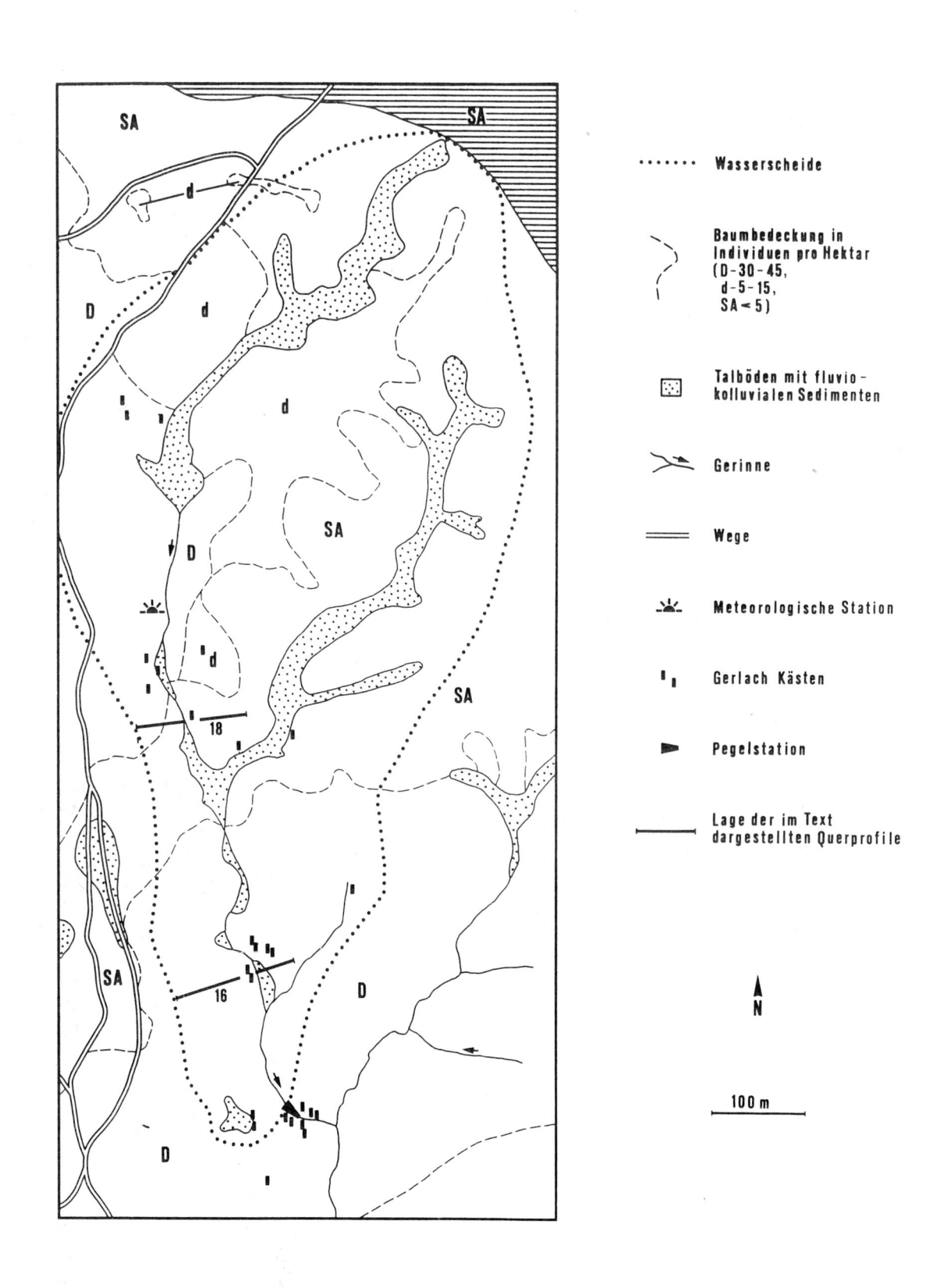

Abb. 9: Das Einzugsgebiet Guadalperalón mit Dichte der Baumbedeckung und Lage der Meßinstrumente.

3.2 Vegetation und Landnutzung

Im Einzugsgebiet lassen sich drei Vegetationseinheiten unterscheiden. Hänge mit Steineichen (*Quercus ilex var. ballota*) kontrastieren mit baumlosen Gebieten, in denen der Zwergstrauch Lavendel (*Lavandula stoechas var. pedunculata*) vorherrscht (Photo 2). In Letzteren sind die Böden sehr geringmächtig und an vielen Stellen ist der anstehende Schiefer freigelegt. Die Krautschicht ist spärlich und es treten, unter anderen, die Arten *Silene micropetala*, *Paronychia argentes* und *Sedum brevifolium* auf (Photo 3).

In Bereichen, in denen Steineichen verbreitet sind, lassen sich verschiedene Baumdichten nachweisen, die in Abbildung 8 dargestellt sind. Im unteren und im westlichen Teil des Untersuchungsgebiets liegt die Dichte bei 30 bis 45 Bäumen pro Hektar (Photo 1) und im oberen Teil des Einzugsgebiets befindet sich eine Zone mit nur 5 bis 15 Individuen pro Hektar. Lavendel ist hier weitgehend auf Hangbereiche beschränkt, die eine geringe oder fehlende Bodendecke aufweisen. Kräuter sind dominant. Neben *Quercus ilex* tritt in geringer Anzahl der wilde Olivenbaum (*Olea europea var. sylvestris*) auf.

Die mit Sedimenten aufgefüllten Talböden sind weitgehend baumlos und mit einer dichten Krautschicht bedeckt. Steineichen meiden Gebiete mit hoher Bodenfeuchte. Deshalb fehlen sie an Standorten, die während der feuchten Jahreszeit einen hohen Wassergehalt des Bodens aufweisen.

Die Artenzusammensetzung der Krautschicht wurde während der Jahre 1991 und 1992 untersucht (BERNET HERGUIJUELA, 1994). Von den 93 verschiedenen Arten, die im gesamten Untersuchungs-

Photo 2: Blick vom oberen Teil des Einzugsgebiets in Richtung Süden. Im vorderen Teil des Bildes sind Hänge mit einer Strauchbedeckung von Lavendel zu erkennen, auf denen der anstehende Schiefer an vielen Stellen freiliegt. Im Talboden, über einer rund 1 m mächtigen Sedimentschicht, ist eine dichte Krautschicht entwickelt. Im Bildhintergrund baumbestandene Hänge.

gebiet auftreten, sind nur 9% mehr-jährig. Häufig vertreten sind verschiedene Leguminosenarten, wie *Medicago polymorpha*, *Ornithopus compressus*, *Trifolium cheleri*, *T. campestre* und *T. subterraneum*. Häufig treten im Einzugsgebiet ebenfalls die Gräser *Poa agrus*, *Avena sterilis* und *Bromus madritensis* und die Kräuter *Bellis annua*, *Ranunculus bullatus* und *Echium plantagineum* auf. Die bestimmten Arten entsprechen der für diese Region typischen Artenzusammensetzung, die nach der Einteilung von RIVAS GODAY & RIVAS MARTINEZ (1963) als *mesomediterrane oligotrophe Weide über Silikatgestein mit einjährigen Therophyten* bezeichnet wird.

Das Einzugsgebiet gehört zu einer 377 ha großen Finca. Detaillierte Informationen zur früheren Landnutzung liegen leider nicht vor. Zwar weiß man, daß das Gebiet im vorigen Jahrhundert silvo-pastoral genutzt wurde, doch ist nicht bekannt, wie lange es bereits dieser Landnutzung unterliegt. In einem Teil der Finca wurde in der Vergangenheit Getreide angebaut. Kultiviert wurden Gebiete geringer Hangneigung, das heißt die höher gelegenen flachen Bereiche und an verschiedenen Stellen im Taboden. Seit wann eine Kultivierung und in welcher Zeit die Deforestation durchgeführt wurde ist unbekannt. Eine intensive Landnutzung fand nach dem spanischen Bürgerkrieg (1939) statt, mit der Kultivierung von Getreide und der Beweidung mit 700 bis 800 Ziegen und 1600 Schafen.

Am Anfang der 60iger Jahre wurde der Getreideanbau aufgegeben und die Viehzahl auf 200 Ziegen und 650 Schafe reduziert. Im Jahre 1989 wurde ebenfalls die Ziegenhaltung aufgegeben. Die heutige Viehdichte, mit 1,7 Schafen pro Hektar, ist nach GRANDA LOSADA (1981) gering. Es ist jedoch zu berücksichtigen, daß die Produktivität der Weide niedrig ist (L. OLEA, pers. Mitt.).

Photo 3: Hang mit sehr geringmächtiger und teilweise fehlender Bodendecke und Dominanz von *Lavandula stoechas*, mit Gerlach Kasten K9 und Abgrenzung des zugehörigen Einzugsgebiets (6. 11. 1991).

Auch wenn, wie weiter oben bereits erwähnt wurde, eine Bestimmung der optimalen Viehdichte (insbesondere ohne ein Studium der Produktivität der Weide) für Guadalperalón nicht möglich ist, so kann trotzdem festgestellt werden, daß die Viehzahl während des Zeitraums von ca. 1940 bis 1965 überhöht war und sie heute in etwa angemessen ist.

Pflugspuren der ehemals kultivierten Bereiche sind noch heute zu erkennen und das Artenspektrum der dort wachsenden Kräuter entspricht dem einer degradierten Weide geringer Produktivität (BERNET HERGUIJUELA, 1994).

3.3 Böden

Im Einzugsgebiet sind nur wenig entwickelte Ah-C Böden vertreten. Unterschiedliche Bodentypen sind auf variierende Mächtigkeiten zurückzuführen. Nach der FAO-Bodenklassifizierung (FAO, 1990) handelt es sich um Regosole (Mächtigkeit > 30cm) und Leptosole (Mächtigkeit < 30 cm).
Die unregelmäßige Oberfläche des anstehenden Schiefers bewirkt eine starke Variabilität der Bodentiefe. Auf einer Distanz von nur wenigen Metern, findet man deshalb Bodentiefen, die zwischen 0 und 40 cm schwanken. Mit Ausnahme der kolluvialen Bereiche und des Talbodens liegt die mittlere Bodentiefe bei 10-20 cm.

Eine Analyse von Bodenproben wurde im *Laboratorio Agrario de Extremadura* vorgenommen. Dabei wurden die Textur, der Gehalt an organischer Substanz, die Kationenaustauschkapazität, Phosphor, Gesamtstickstoff, Natrium, Kalium, Magnesium, Kalzium und pH bestimmt. Proben wurden an fünf Standorten entnommen, wobei sie sich jeweils aus einem Gemisch von 5 Teilproben verschiedener Stellen zusammensetzten. Soweit möglich wurde eine Probe aus 0-5 cm und 5-10 cm Tiefe entnommen. An einem Standort mit kolluvialer Sedimentdecke wurden zusätzlich Proben aus 20-25, 40-45 und 60-65 cm Tiefe entnommen.

Die beprobten Standorte sind:

A - im unteren Teil des Einzugsgebiets, Hang mit Steineichen, Orientation W,
A.1 - wie A, jedoch unter der Bedeckung einer Baumkrone,
B - Hang mit Steineichenbedeckung, Orientation E, geringere Krautbedeckung als A,
C - Hang im oberen Bereich des Einzugsgebiets, der früher kultiviert wurde, fehlende oder geringe Baumbedeckung,
D - Hangfuß mit kolluvialer Sedimentdecke, frühere Kultivierung.

Die Ergebnisse der Bodenanalyse sind in Tabelle 10 dargestellt. Mit Ausnahme des Standorts D ist die Korngrößenzusammensetzung der verschiedenen Böden ähnlich. Es handelt sich um schluffig lehmigen Sand. Die obersten 5 cm des Bodens weisen einen höheren Anteil an organischer Substanz und einen etwas geringeren Tonanteil auf.

Den höchsten Humusgehalt verzeichnen die Proben A und A.1. Ehemals beackerte Bereiche (Probe C und D) zeichnen sich durch einen sehr geringen Gehalt an organischer Substanz aus.

Von Einfluß auf den Humusgehalt der Böden ist wahrscheinlich nicht nur die Zufuhr von organischem Material durch Steineichen und die Krautschicht, sondern auch die Orientation des Hanges. Erhöhte Sonneneinstrahlung bewirkt einen schnelleren Abbau des Humusmaterials. Es ist deshalb zu erwarten, daß Böden auf den west bzw. südwest-orientierten Hängen des Einzugsgebiets einen geringeren Humusanteil als die auf den ost- bzw. nordost-orientierten Hängen aufweisen. Im Gelände lassen sich nur die sehr schattigen Standorte durch ihren höheren Gehalt an Humus von den restlichen unterscheiden. Eine umfassendere Untersuchung der Böden wäre notwendig, um den Einfluß der Exposition auf den Humusgehalt nachzuweisen.

Der am Hangfuß entwickelte Boden (D) weist einen höheren Ton- und einen niedrigeren Sandanteil auf. Er ist dicht, hat keine klare Aggregatstruktur, eine Bodenhorizontierung ist nicht nachzuweisen. Dies und der geringe Gehalt an organischer Substanz sind typisch für einen sehr schwach entwickelten Boden. Die anderen Böden haben eine schwach entwickelte krümelige Struktur, zurückzuführen auf den geringen Anteil von Ton und organischer Substanz (SCHEFFER & SCHACHTSCHABEL, 1970).

Die Textur, der geringe Humusgehalt und die geringe Strukturausbildung sind typisch für Böden mit hoher Erodibilität (EVANS, 1980). Die Böden auf ehemals beackerten Flächen, sowie auf Hängen mit einer degradierten Krautschicht sind wahrscheinlich leichter erodierbar als solche auf Standorten mit dichter Kraut- und Baumbedeckung.

Die Böden auf Hängen (Profile A, A.1, B) sind schwach bis mäßig sauer, die Standorte in den ehemals beackerten Bereichen (Profile C und D) sind stark sauer (Klassifizierung nach SCHEFFER & SCHACHTSCHABEL, 1970). Die Böden sind arm an Kalzium, und der Gehalt an Magnesium-Ionen schwankt zwischen arm bis mittel (Klassifikation des *Laboratorio Agrario Extremeño*). Der Gehalt an assimilierbarem Phosphor zeigt eine große Schwankungsbreite, die nicht erklärt werden kann. Es können deshalb keine Aussagen über den P-Versorgungsgrad der Böden im Einzugsgebiet gemacht werden. Die Kationen-Austauschkapazität zeigt ebenfalls höhere Werte für Profile A und A.1. Der hohe Gesamtstickstoffanteil und der niedrige Gehalt an organischer Substanz ergeben ein niedriges C/N Verhältnis (im Bereich von 2 bis 3), was auf eine hohe N-Mineralisierung des organischen Materials schließen läßt. Zusammenfassend läßt sich sagen, daß die schlechtesten Standorte im Einzugsgebiet die ehemals beackerten Flächen sowie die stark erodierten Hänge mit fehlender Bodendecke darstellen. Die Bereiche im Einzugsgebiet, wo eine Weideverbesserung durch den Input von Tierexkrementen durchgeführt wird, zeichnen sich durch Böden mit einem höheren Nährstoffgehalt aus.

Standort	Tiefe (cm)	Sand (%)	Schluff (%)	Ton (%)	O.M. (%)
A	0-5	43,7	48,8	7,5	3,8
	5-10	42,2	48,2	9,6	1,3
A.1	0-5	46,0	46,9	7,1	4,1
	5-10	42,7	47,5	9,8	1,6
B	0-5	52,0	40,9	7,1	2,3
C	0-5	42,1	50,2	7,7	1,8
	5-10	48,1	42,6	9,3	0,2
D	0-5	45,4	46,4	8,2	2,4
	5-10	36,2	50,4	13,4	0,2
	20-25	39,4	48,5	12,1	0,4
	40-45	38,5	50,9	10,6	0,5
	60-65	41,0	40,1	18,8	0,5

Standort	Tiefe (cm)	pH	K.A.K. (meq/100g)	N-gesamt (%)	P (ppm)
A	0-5	6,17	19,3	0,60	15
	5-10	5,61	13,3	0,29	51
A.1	0-5	5,95	22,9	0,35	13
	5-10	5,84	17,4	0,32	3
B	0-5	5,98	14,0	0,13	4
C	0-5	4,91	12,0	0,35	15
	5-10	4,52	9,3	0,47	24
D	0-5	5,88	16,9	0,50	7
	5-10	4,53	10,0	0,25	17
	20-25	4,49	10,0	0,15	10
	40-45	4,51	10,4	0,14	23
	60-65	4,71	10,5	0,12	22

Tab. 10: Ergebnis der Bodenanalysen. **A** - Hang im unteren Bereich, **A.1** - wie A, aber unter der Baumkrone, **B** - Hang im mittleren Bereich, **C** - Fläche im oberen Bereich des Einzugsgebiets, **D** - Kolluvium am Hangfuß (durchgeführt von *Laboratorio Agrario Extremeño* in Cáceres). O.M. - organisches Material, P - assimilierbarer Phosphor, KAK - Kationen-Austauschkapazität..

4. METHODEN

4.1 Auswahl des Einzugsgebietes

Bei der Auswahl des Einzugsgebietes waren die folgenden Faktoren entscheidend:

- Nähe zu Cáceres (47 km),
- privater Besitz eines Bauernhofes; Gewährleistung einer gewissen Kontrolle und somit Sicherheit der Geräte im Gelände,
- ein kleines, klar umgrenztes Einzugsgebiet,
- einheitliches geologisches Ausgangsmaterial: Schiefer, typisch für die Penillanura von Extremadura,
- Dehesa mit Viehnutzung, doch ohne Getreideanbau,
- Variabilität der Vegetationsbedeckung im Einzugsgebiet.

4.2 Erosion und Oberflächenabfluß auf Hängen

Zur Quantifizierung von Erosion und Oberflächenabfluß wurde als Methode die direkte Messung im Gelände mittels Auffangkästen in unbegrenzten Parzellen gewählt. Die "Erosion pin" Methode (SCHUMM, 1967), das heißt Messung der Erniedrigung der Bodenoberfläche unter Zuhilfenahme von in den Boden eingebrachten Meßstäben, ist zu ungenau. Sie ist nur in Gegenden mit hohen Abtragsraten anwendbar (>1 mm a^{-1}), womit im Untersuchungsgebiet nicht gerechnet werden kann (LOUGHRAN, 1989). Außerdem erlaubt sie nicht, Einzelereignisse zu erfassen.

Wichtig bei der Methodenwahl ist die Entscheidung, ob offene oder geschlossene Parzellen benutzt werden. Offene Parzellen haben den Vorteil, daß sie die natürlichen Bahnen des Oberflächenwassers nicht beeinträchtigen und keine Randeffekte auftreten, die von der Abgrenzung einer geschlossenen Parzelle produziert werden können. Von Nachteil ist hingegen, daß die Größe des Einzugsgebietes des Auffangkastens nicht bekannt ist. Es ist deshalb schwierig, die Menge von Abluß oder Bodenabtrag auf eine Flächeneinheit zu beziehen. Jedoch ist zu bedenken, daß bei geschlossenen Parzellen möglicherweise nur ein Teil der Parzellenfläche Abfluß produziert. Als Einzugsgebiet einer offenen Parzelle wird gewöhnlich das Produkt aus der Breite des Auffangkastens und der Hanglänge betrachtet. Man geht davon aus, daß eventuell auftretende Verluste dieser Fläche von Gewinnen aus benachbarten Flächen in etwa ausgeglichen werden (MORGAN, 1986). Um Fehler gering zu halten, werden möglichst geradlinige Hangabschnitte ausgewählt. Da die Hänge eine ausgeprägte Mikromorphologie aufweisen führt diese Forderung im Untersuchungsgebiet zu Schwierigkeiten. Einerseits resultiert aus der dünnen Bodendecke ein "Durchpausen" der unregelmäßigen Oberfläche der anstehenden Schiefer. Andererseits verlaufen die Viehgangeln mehr oder weniger hangparallel (Photo 4). Beide Unebenheiten verursachen, daß oberflächlich abfließendes Wasser nicht paralel zur Hangneigung fließt.

Ein weiterer Vorteil der Gerlach Kästen ist, daß sie wenig kosten und einfach zu handhaben sind. Diese Meßtechnik erlaubt, an vielen Stellen zu messen.

Insgesamt wurden 27 Kästen installiert, deren Verteilung im Einzugsgebiet auf der Einteilung unterschiedlicher Boden- und Vegetationseinheiten beruht (siehe Kapitel 4):

Einheit	Kasten-Nummer
Im Bereich des Kolluviums	5, 6, 18, 19, 20, 21
Vorherrschen von Anstehendem ohne Baumbedeckung, *Lavandula stoechas* dominant	3, 9, 10, 17
Hang mit Baumbedeckung, in direktem Einflußbereich einer Baumkrone	2, 11, 12, 15, 22
Hang mit Baumbedeckung, nicht in direktem Einflußbereich einer Baumkrone	1, 7, 8, 13, 14, 16, 23, 24, 25, 26
Oberer Hangbereich	4, 27

An fünf Stellen wurden Kästen paarweise angebracht, um eventuelle Unterschiede bei gleichen Ausgangsfaktoren zu erfassen.

Die Auffangkästen wurden aus Plastikdachrinnen gefertigt und besitzen eine Länge von 0,5 m (abgewandelt nach GERLACH, 1967). Ein mit Scharnieren befestigter Metalldeckel verhindert das Eindringen von Regenwasser. Über eine 1 cm breite Öffnung im Boden des Kastens, verbunden mit einem Plastikschlauch, wird das einfließende Abflußwasser in einen Kanister geleitet. Auf gleicher Höhe der Bodenoberfläche ist ein 0,5 m langes und 0,15 m breites Abflußblech angebracht und mit Zement und zwei Nägeln befestigt (Abb. 10). Es ist besonders wichtig, daß sich das Abflußblech auf der gleichen Höhe der Bodenobfläche befindet und der Kontakt zwischen Blech und Boden dicht ist. In den meisten Studien wird das Blech horizontal in den Boden eingeführt. Hierdurch entsteht eine Stufe, die zu nachfolgender Erosion führt und somit eine Fehlerquelle darstellt. Außerdem ist der Boden im Einzugsgebiet dicht und hart, so daß bei der Einbringung die Struktur zerstört wird und wahrscheinlich eine höhere Erosion verursacht werden würde. Deshalb wurde das Blech auf der Längsseite gefalzt (1 cm) und in eine vorher in den Boden geformte Rille, die mit Zement ausgefüllt wurde, eingepaßt (Abb. 10). Der Kontakt zwischen Boden und Blech ist eben und dicht, und selbst nach vier Jahren noch einwandfrei.

Um zu verhindern, daß der Abfluß des Kastens durch grobes Material, vor allem Blätter, verstopft wird, wurde ein Filter aus Plastik-Moskitonetz in der Form eines Trichters hergestellt und in das Abflußloch eingesetzt. Er ist herausnehmbar und leicht zu säubern. Zu Beginn der Untersuchung wurden Kanister mit einem Volumen von 20 und 25 l verwandt, eine Größe, die häufig in Spanien benutzt wird (SALA, pers. Mitt.). Für mehrere Standorte waren sie zu klein und wurden durch 60 l und 100 l fassende Plastikfässer ersetzt.

Die Kontrolle der Kästen erfolgte nach jedem Niederschlagsereignis. Das Material in den Kästen wurde entnommen und sein Trockengewicht bestimmt. Nach Homogenisierung des Wassers im Kanister wurde eine 1 Liter Probe entnommen, im Trockenofen bei 105°C verdunstet und das zurückbleibende Sediment gewogen. Die Gesamtmenge des Abtrags eines Regenereignisses ergibt sich aus:

Sediment des Kastens + (Konzentration der 1 l Probe x Menge des Abflußwassers).

Bei den Kästen 3, 9, 10 und 17 wurde die Einzugsgebietsgröße abgeschätzt. Bei diesen Standorten ist die Bodenoberfläche, aufgrund des in weiten Teilen oberflächennah anstehenden Schiefers sehr uneben, der Verlauf der lokalen Wasserscheide ist deshalb erkennbar. Die Wasserscheide wurde mit großen Nägeln abgesteckt und eine Schnur entlang deren Verlauf gespannt (Photo 3). Ausgehend vom Auffangkasten wurden Längsmessungen senkrecht zum Hang in regelmäßigen Abständen von 0,1 m bis zur oberen Wasserscheide durchgeführt. Die Gesamtfläche des Einzugsgebiets ergibt sich aus der Summe der Einzelflächen, die sich aus dem Produkt von 0,1 m und dem Mittel zweier benachbarter Längsmessungen ergibt.

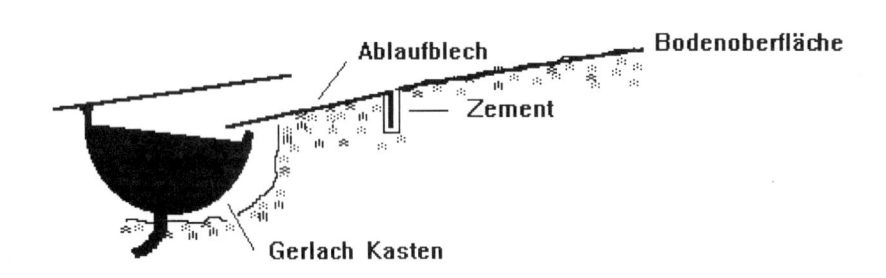

Abb. 10: Installation eines Gerlach Kastens im Gelände.

4.3 Vegetation

Um die Entwicklung der lokalen Vegetationsbedeckung zu dokumentieren wurden seit Herbst 1990 wiederholt photographische Aufnahmen der Bereiche oberhalb der Sediment-Auffangkästen gemacht. Dabei werden an den verschiedenen Standorten jeweils oberhalb des Abflußbleches, unter anderem, ein Photo aus senkrechter Position gemacht.

Ein detailliertes Studium der Bodenbedeckung wurde während des Jahres 1991-92 durchgeführt. Hierbei wurde ein quadratischer Aluminiumrahmen von 1 m² Größe und einem Gitternetz von 0,1 x 0,1 m angesetzt. An den Kreuzpunkten des Gitters sind Löcher, so daß sich 100 Meßpunkte für eine Fläche von 1 m² ergeben. Ein Metallstab wird durch diese Öffnung senkrecht nach unten geführt und die Art der Bodenbedeckung am Punkt des Kontaktes mit der Oberfläche aufgezeichnet (Photo 5). Unterschieden wurde zwischen nacktem Boden, grünem Kraut, trockenem Kraut, Strauch, Distel, Moos, Gesteinsfragment (> 5 cm) und Anstehendem. Diese Messungen wurden auf den ersten beiden Quadratmetern oberhalb der Gerlachkästen durchgeführt und bei einem großen Teil der Standorte zusätzlich entlang des gesamten Hangprofils in Abständen von 5 m. Die Aufnahmen erfolgten am Ende des Sommers, Beginn und Ende des Herbstes, Winter und Frühjahr des Jahres 1991-92 und am Ende des Sommers des Jahres 1992. Unter Zuhilfenahme der photographischen Luftaufnahme des Jahres 1980 (Maßstab 1:18.000 und vergrößert auf 1:2.000) wurde eine Karte des Einzugsgebietes erstellt, die die folgenden Vegetations- und Bodeneinheiten enthält (siehe Abb. 8):

1. Baumbestandene Hänge (wobei die Dichte des Baumbestandes bestimmt und die beiden Gruppen dicht und wenig dicht unterschieden wurden),

2. Baumlose Bereiche mit sehr geringmächtiger oder fehlender Bodendecke und Vorherrschen von *Lavandula stoechas*,

3. Talboden und kolluviale Bereiche mit 0,5 bis 1,5 m Sedimentschicht und dichter Krautbedeckung, weitestgehend baumlos.

Photo 4: Gerlach Kästen K5 und K7; beachte unregelmäßige Bodenoberfläche und Viehgangeln.

Photo 5: Bestimmung der Bodenbedeckung (Standorte K2 und K1, siehe auch Pflugspuren der ehemaligen Ackernutzung).

4.4 Hanglänge und Hangneigung

Die Länge und Neigung der Hänge wurde an den Standorten der Sediment-Auffangkästen bestimmt, wobei in Abständen von 5 m die Neigung mit einem Klinometer gemessen wurde. Zusätzlich wurden diese Parameter entlang 11 weiterer Hangabschnitte bestimmt. Diese Daten dienten der allgemeinen Charakterisierung von Morphologie und Hangneigung des Einzugsgebiets (siehe Kapitel 3.1).

4.5 Gully Erosion

Zum Studium der Gully Erosion wurden topographische Querprofilvermessungen des Gerinnes jährlich oder, falls erforderlich, in kürzeren Abständen durchgeführt. Als Fixpunkte eines Profils dienten Eisenstäbe, die auf beiden Uferseiten in den Boden eingeschlagen wurden. Zur Aufnahme des Profils wird eine Schnur horizontal und straff gespannt, wobei diese bei jeder wiederholten Messung auf dem gleichen Niveau über der Bodenoberfläche angelegt werden muß. Ein Maßband wird ebenfalls angebracht (Photo 1). In Abständen von 0,1 m wird die Distanz zwischen Schnur und Untergrund gemessen. Mit Hilfe dieser Daten wird das Profil graphisch dargestellt und Erosion bzw. Akkumu- lation, die während der verschiedenen Meßperioden stattgefunden hat, quantifiziert. Letzteres wird mit Hilfe des Tabellen-Kalkulationsprogramms LOTUS auf folgende Weise berechnet (siehe Abb. 11):

$$A = \frac{C_1 + C_2}{2} * 0{,}1 + \frac{C_2 + C_3}{2} * 0{,}1 + \frac{C_{n-1} + C_n}{2} * 0{,}1 \qquad (2)$$

wobei

A - Erosion bzw. Akkumulation des Profils (m²),

$$C_n = P_nA - P_nB \qquad (3)$$

P_nA und P_nB ist die Distanz zwischen der Horizontalen und der Bodenoberfläche zum Zeitpunkt A und B (m).

Zur Abschätzung von Erosion bzw. Akkumulation (m³) zwischen zwei Querprofilen wird das Mittel der berechneten Werte der beiden Profile (m²) mit deren Distanz (m) zueinander multipliziert. Aus der Summe der Gerinneabschnitte ergibt sich Netto-Erosion bzw. -Akkumulation für den gesamten untersuchten Teil des Gullies.

Diese Methode weist verschiedene Fehlerquellen auf.

Die Auswahl der Standorte und deren Anzahl ist kritisch, da die erosiven Prozesse räumlich sehr variabel sind. Es sei darauf hingewiesen, daß angenommen wird, daß das Mittel zweier Profile der mittleren Erosion im Abschnitt zwischen diesen entspricht. Es wurde versucht, die Profile in regelmäßigen Abständen von 15 m durchzuführen. Jedoch war dies nicht immer möglich. Außerdem war es notwendig, an Stellen offensichtlich sehr aktiver

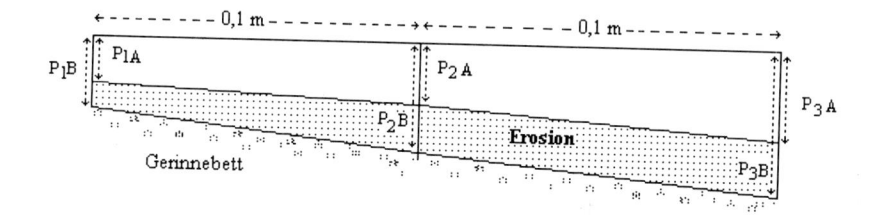

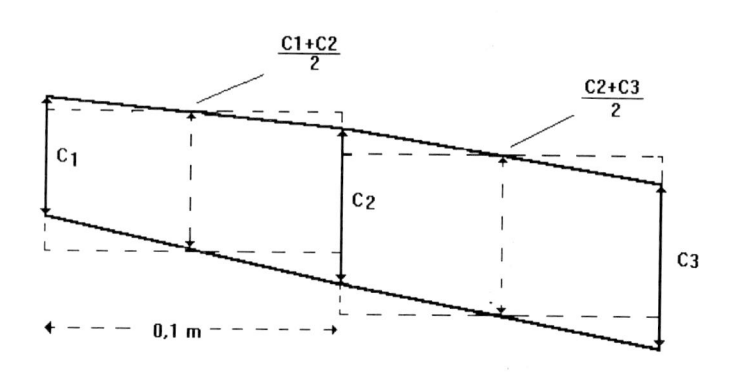

Abb. 11: Illustration der Methode zur Quantifizierung der Erosion (A) an einem Gully Querprofil zwischen den Zeitpunkten A und B:

$$A = \frac{C_1 + C_2}{2} * 0{,}1 + \frac{C_2 + C_3}{2} * 0{,}1 + \frac{C_{n-1} + C_n}{2} * 0{,}1$$

($P_1A, P_2A, ... P_nA$ und $P_1B, P_2B, ... P_nB$ - Tiefenmessungen (m); $C_n = P_na - P_nB$).

Gully Erosion, in geringeren Abständen zu messen. Die Auswahl der Standorte unterliegt deshalb einer gewissen Subjektivität.

Fehler treten auch bei der Durchführung der topographischen Aufnahme auf. Es ist schwierig, die Schnur exakt auf dem gleichen Niveau wie im Vorjahr anzubringen, zumal sich die Bodenoberfläche an den Fixpunkten leicht erniedrigt oder erhöht haben kann. Dieser Fehler wird auf maximal +/- 0,5 cm geschätzt und entspricht bei einer Länge des Profils von 5 m einem Fehler von 0,025 m^2.

An drei Standorten wurden die Querprofile wiederholt durchgeführt, um Meßungenauigkeiten abzuschätzen. Bei der Tiefenmessung (Abstand zwischen Schnur und Boden) ist der Fehler umso größer, je höher die Neigung des Untergrundes ist. Er liegt zwischen 0,1 und 2 cm. Jedoch zeigte sich, daß sich positive und negative Fehler ausgleichen. Für das gesamte Profil liegt er bei ungefähr 3%, was durchaus akzeptabel ist. Die topographische Lage und die Höhe der Fixpunkte, sowie weitere Punkte entlang des Gerinnebettes, wurden mit einem Infrarot-Theodolith bestimmt, um eine Karte und ein Längsprofil des Gerinnes zu erstellen.

4.6 Hydrologie

Niederschlag wird automatisch mit einem Pluviometer (Modell ARG 100) aufgezeichnet, der über eine Kippwaage mit 0,2 mm Volumen verfügt. Er ist an einen Datalogger der Marke UNIDATA angeschlossen. Die Daten werden in 5-Minuten Intervallen gespeichert und mit einem tragbaren Computer im Gelände entnommen. Das Niederschlagsmeßgerät wurde nach seiner Installation im Gelände kalibriert und danach in jährlichen Abständen. Die Kalibrationen ergaben Korrekturfaktoren im Bereich von +/- 2%. Ein Niederschlagstotalisator befindet sich in unmittelbarer Nähe des automatischen Regenschreibers, um dessen Funktionieren zu kontrollieren
Die meteorologische Station (Photo 6) verfügt ebenfalls über Sensoren zur Messung der Lufttemperatur, relativen Luftfeuchte und Globalstrahlung (UNIDATA).

Abfluß wird am Ausgang des Einzugsgebietes bestimmt. Die Pegelstation besteht aus einem H-Flume von 3 Fuß Höhe (Photo 7). Der Abfluß (ls^{-1}) ergibt sich aus seinem Verhältnis mit der Wassertiefe, die

Photo 6: Meteorologische Station.

von einem Sensor ("Capacitive Depth Sensor" der Marke UNIDATA) gemessen wird. Die Meßgenauigkeit dieses Gerätes beträgt +/- 1 mm. Die Abmessungen des H-Flumes sowie die Relation zwischen Wassertiefe und Abfluß wurden aus U.S. DEPARTMENT OF AGRICULTURE (1979) entnommen. Die Wassertiefe wird in 15-Sekunden Abständen gemessen und das Maximum, Minimum und Mittel für Intervalle von 5 Minuten abgespeichert. Die maximale Kapazität der Pegelstation beträgt 860 ls^{-1}.

Die Datalogger verfügen über eine Speicherkapazität von 64 K. Die Daten werden in 7- bis 10- tägigen Abständen entnommen. Die Stromversorgung, sowie die der angeschlossenen Sensoren, erfolgt über alkaline Batterien, die im Datalogger untergebracht sind und eine Lebensdauer von einem Jahr haben. Sowohl der Pluviometer, als auch die Datalogger, erwiesen sich als zuverlässig, jedoch stellte sich der Sensor der Pegelstation, die im Dezember 1990 fertiggestellt wurde, als funktionsunfähig heraus und mußte ausgewechselt werden. Deshalb stehen Abflußdaten erst seit dem hydrologischen Jahr 1991-92 zur Verfügung. Probleme ergaben sich auch mit dem Sensor der relativen Luftfeuchte, der sich nach Frösten bereits im ersten Jahr als untauglich herausstellte und durch ein anderes Modell derselben Marke ausgetauscht wurde. Doch auch dieser versagte einige Monate nach seiner Installation. Finanzielle Mittel zur Anschaffung eines besseren Gerätes standen nicht zur Verfügung. Wegen der schlechten Qualität der meteorologischen Daten wurde deshalb keine Berechnung der potentiellen Evapotranspiration durchgeführt.

4.7 Datenauswertung

Die verfügbaren Daten wurden mit dem Tabellen-Kalkulationsprogramm LOTUS verarbeitet. Die statistische Auswertung wurde mit STATSGRAPH durchgeführt und Graphiken mit den Programmen LOTUS und HARVARD GRAPHICS erstellt.

Photo 7: Pegelstation mit H-flume.

5. ERGEBNISSE

5.1 Niederschlag während des Untersuchungszeitraums

5.1.1 Qualität der Niederschlagsdaten

Der Niederschlagstotalisator, der sich in unmittelbarer Nähe des automatischen Regenschreibers befindet, verzeichnete einen etwas höheren Gesamtniederschlag als die automatisch aufgezeichneten und korrigierten Daten. Er beträgt für die einzelnen Jahre:

    1990-91   + 0,9 mm
    1991-92   + 3,3 mm
    1992-93   + 10,7 mm.

Der Unterschied zwischen beiden Meßgeräten ist bei Einzelereignissen meist kleiner als +/- 0,3 mm und ist selten größer als 1 mm.

Eine Fehlerquelle des Regenschreibers besteht darin, daß bei Beendigung eines Regenereignisses in einer der beiden Kippwaagenhälften ein Wasserrest enthalten ist, der in der folgenden Zeit verdunsten kann. Da das Volumen einer Kippwaagenhälfte einer Niederschlagsmenge von 0,2 mm entspricht, liegt der mögliche durchschnittliche Fehler bei 0,1 mm. Zur Abschätzung des dadurch auftretenden Gesamtfehlers, wurde die Anzahl der Regenereignisse bestimmt, die von mindestens einem regenfreien Tag gefolgt werden und mit 0,1 mm multipliziert. Dies ergibt für die einzelnen Jahre:

    90-91   2,4 mm
    91-92   3,0 mm
    92-93   3,3 mm.

Bei diesen Werten handelt es sich um einen maximalen Fehler, da sicherlich der Wasserrest in der Kippwaage nicht immer vollständig verdunstete und somit beim darauffolgenden Ereignis miteingeschlossen wurde. Dieser Fehler entspricht nur 0,6 - 0,9% des Jahresniederschlags. Die oben gegebenen Ausführungen weisen auf eine relativ gute Qualität der Niederschlagsdaten hin.

5.1.2 Vergleich mit den Daten von Cáceres

Da der gemessene Niederschlag mit den langjährigen Daten der meteorologischen Station in Cáceres verglichen wird, ist es notwendig zu wissen, ob die Niederschlagscharakteristika der beiden Standorte tatsächlich ähnlich sind.

Die Jahresniederschläge dieser Stationen während des Untersuchungszeitraums sind in Tabelle 11 dargestellt. Mit Ausnahme des Jahres 1990-91, das 66 mm weniger Niederschlag als in Cáceres verzeichnete, sind die Mengen vergleichbar.

	90-91	91-92	92-93
CC	477,2	406,6	379,8
GU	411,3	389,6	383,5

Tab. 11: Jährliche Niederschlagsmengen (mm) in Cáceres (CC) und Guadalperalón (GU).

Die monatlichen Niederschläge hingegen zeigen beträchtliche Unterschiede. Die mittlere Differenz während der 39 untersuchten Monate betrug 7,8 mm, wobei während 3 Monaten der Unterschied größer als 20 mm war. Der Korrelationskoeffizient (R^2) der linearen Regression zwischen beiden Standorten beträgt nur 0,88, mit einem Standardfehler von 10,97. Dies bestätigt die starke räumliche Variabilität der Niederschläge im mediterranen Raum, selbst bei geringer Entfernung, wie in diesem Fall von 24 km.

Ein Vergleich der Niederschlagsintensitäten ist in Tabelle 12 dargestellt. Cáceres verzeichnete eine größere Anzahl von Tagesniederschlägen größer als 20 mm (12 im Vergleich zu 8). Hingegen sind I-30 Werte größer als 10 mm h^{-1} häufiger in Guadalperalón aufgetreten. Letzteres ist etwas erstaunlich, da hohe I-10 Werte häufiger in Cáceres auftraten. Die Ursache dieses Widerspruchs ist wahrscheinlich in der unterschiedlichen Meßmethode der beiden Stationen zu suchen. Das aufgezeichnete 5-Minuten Maximum eines

Ereignisses bei einem Gerät mit Kippwaage, entspricht nicht dem realen, da die Niederschlagsspitze meist nicht mit dem festgelegten Zeitintervall (5 Minuten) übereinstimmt. Dies bedeutet, daß die aufgezeichneten I-5 Werte, besonders bei hoch zeitvariablen Ereignissen, niedriger sind als die tatsächlichen. In Cáceres wird ein Niederschlagsschreiber mit kontinuierlicher Aufzeichnung verwandt, so daß dieses Problem nicht auftritt. Jedoch ist zu bedenken, daß Meßfehler bei der manuellen Auswertung der Papierstreifen, insbesondere bei kurzen Zeitintervallen, hoch sein dürften.

Ein Zeitraum von 39 Monaten ist sicher zu kurz, um beurteilen zu können, ob die Regencharakteristika beider Stationen vergleichbar sind. Die vorhandenen Daten weisen auf etwas niedrigere Niederschlagsmengen als auch -intensitäten in Guadalperalón hin. Die Erweiterung der Meßeinrichtung im Einzugsgebiet (ein zusätzliches Gerät mit einer Auflösung von 0,1 mm sowie 5 weitere Totalisatoren) und ein längerer Untersuchungszeitraum werden die Datenbasis verbessern und eine Überprüfung der festgestellten Tendenzen im Unterschied beider Stationen erlauben.

5.1.3 Niederschlagsmenge

Die hydrologischen Jahre 1990 bis 1992 verzeichneten Niederschlag unter dem langjährigen Mittel. Nach der Einteilung von INM (1991, siehe Kapitel 3.1.4) waren das Jahr 1990-91 normal und die beiden Jahre 1991-92 und 1992-93 trocken. Im gesamten Südspanien herrschte während dieses Zeitraums Wassermangel. Es kam zu erheblichen Ernteausfällen, sowohl auf bewässerten als auch auf unbewässerten landwirtschaftlichen Nutzflächen. Auch die auf Weidenutzung angewiesene Viehwirtschaft litt erheblich unter der Dürre. In der Stadt Cáceres wurde für mehrere Monate das Wasser während der Abend- und Nachtstunden gesperrt. Im Einzugsgebiet war die Auswirkung der Dürre auf die Produktion der Weide und den Grad der Bodenbedeckung, wie weiter unten näher ausgeführt wird, erheblich. Deshalb wird im folgenden eine nähere Analyse des Ausmaßes der Dürre, sowie eine Abschätzung der Auftritts-wahrscheinlichkeit von Trockenperioden vorgenom-men. Hierfür werden Daten der meteorologischen Station in Cáceres herangezogen.

5.1.3.1 Niederschlagsverteilung

In Abbildung 12 sind die monatlichen Niederschlagsmengen zusammen mit den jeweiligen Perzentilen dargestellt. Das hydrologische Jahr 1990-91 begann mit überdurchschnittlich hohen Regenmengen im Herbst. Der Dezember war trocken und die Monate Januar, Februar und März verzeichneten überdurchschnittlich hohen Niederschlag. Bereits ab Mitte März kommt es zu einer Abnahme der Regenfälle und die Monate April und Mai sind sehr trocken.

Das folgende Jahr 91-92 beginnt mit einem feuchten Oktober, doch ist es bis März, mit Ausnahme von Dezember, trocken. Die Frühjahrsniederschläge setzen sehr verspätet ein, mit einem feuchten April und Mai.

Das Jahr 92-93 zeigt eine ähnliche Verteilung wie das Vorjahr, mit sehr trockenem November und Januar, sowie trockenem Februar und März. Die Frühjahrsniederschläge treten ebenfalls verspätet auf, mit großen Mengen im April und Mai. Das folgende Jahr 93-94 beginnt mit einem sehr feuchten Oktober und einem feuchten November.

	Tag (mm)		I30 (mmh^{-1})		I10 (mmh^{-1})	
	CC	GU	CC	GU	CC	GU
>50					0	1
40-50					1	1
30-40	3	2	1	1	7	2
20-30	9	6	0	1	16	12
10-20	41	39	21	24	38	29
5-10	45	45	42	35	54	51

Tab. 12: Regenintensitäten in Cáceres (CC) und Guadalperalón (GU), Tag = 24-Stunden Niederschlag, I30, I10 = 30- bzw. 10-Minuten Maximum.

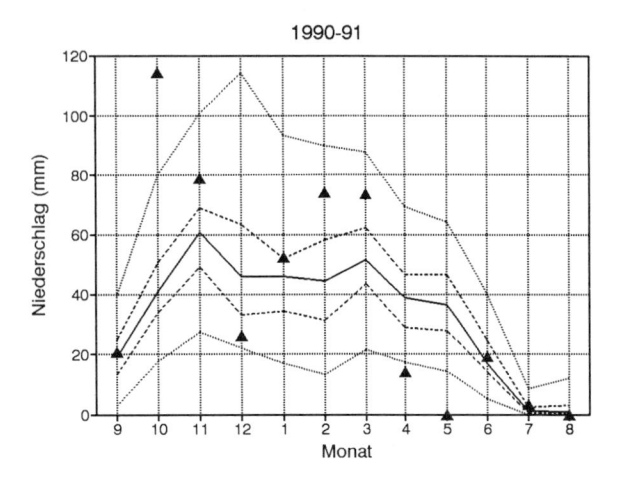

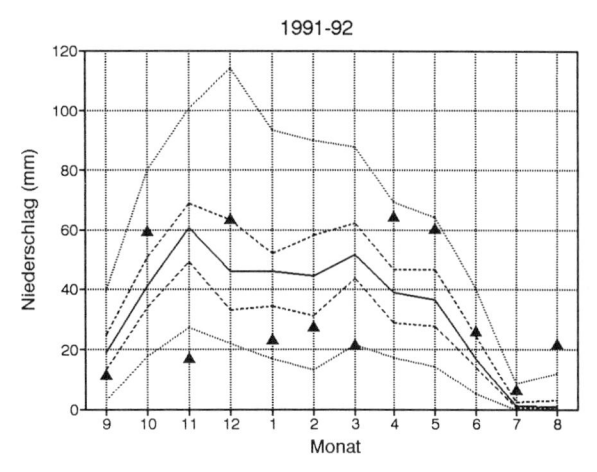

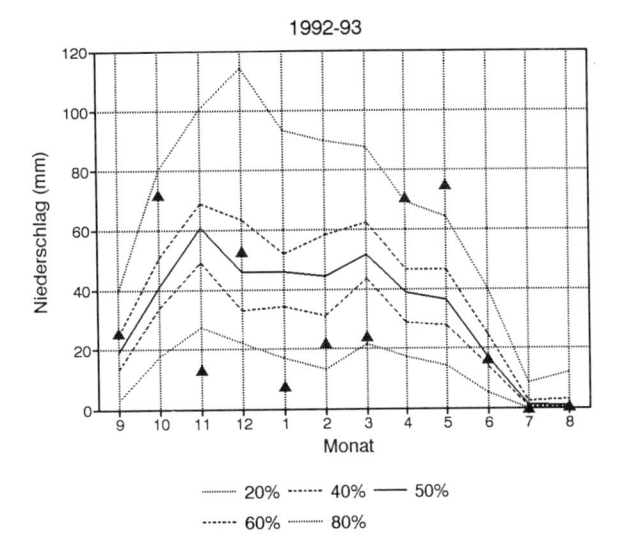

Abb. 12: Jährliche Niederschlagsverteilung in Cáceres und Perzentile der Monatsniederschläge.

5.1.3.2 Dürren

Eine Dürre ist hier definiert als eine Periode, während der der Niederschlag unterhalb der zu erwartenden Menge liegt, und dadurch das natürliche Wachstum der Vegetation beschränkt, bzw. Ernteausfälle in der Landwirtschaft verursacht werden. Hier sollen nur Dürren Berücksichtigung finden, die von längerer Dauer sind. Nicht berücksichtigt werden kurze Trockenperioden, die durchaus zu Ernteausfällen führen können, wie zum Beispiel geringe Frühjahrsniederschläge. Von Interesse sind für unsere Fragestellung langanhaltende Wasserdefizite, die zu einer erheblichen Reduktion der Krautschicht führen können (siehe Kapitel 6.2).

Zur Definition von Dürren während des Zeitraums 1907 bis 1992 wurde die mittlere Niederschlagsmenge für die einzelnen Jahreszeiten bestimmt (Herbst: September-November, Winter: Dezember-Februar, Frühjahr: März-Mai, Sommer: Juni-August) und die Abweichung der jahreszeitlichen Niederschläge vom langjährigen Mittel in einer Massenkurve dargestellt (SHAW, 1988). Ein positiver Kurvenverlauf gibt überdurchschnittliche und ein negativer Kurvenverlauf defizitäre Regenmengen wieder. Unter Zuhilfenahme dieser graphischen Darstellung wurden die verschiedenen Dürrephasen zeitlich abgegrenzt (siehe Abb. 13). Wasserdefizit und Dauer der verschiedenen Perioden wurden auf der Basis der Daten der Summenkurve mit dem Tabellen-Kalkulationsprogramm LOTUS berechnet (Tab. 13). Fünfzehn Dürreperioden lassen sich erkennen. Zur Definition von langanhaltenden Dürren, die mit der zuletzt aufgetretenen in ihrem Ausmaß vergleichbar sind und unter der Annahme, daß sie ähnliche negative Auswirkungen auf die Entwicklung der Krautschicht haben, wurde als Grenzwert ein Wasserdefizit von 300 mm festgelegt, der in einem Zeitraum von höchstens 2,5 Jahren auftritt. Dürren von längerer Dauer weisen ein höheres Niederschlagsdefizit auf.

Auf der Grundlage dieser Definition ergeben sich für den Zeitraum von 86 Jahren 11 Dürren, was einer mittleren Häufigkeit von 7,8 Jahren entspricht (ausgeschlossen sind die Dürrephasen 8, 9, 13 und 14).

Eine Periodizität ist bei dieser Zeitreihe nicht erkennbar, doch treten trockene bzw. feuchte mehrjährige Phasen auf. So zeigen sich zwei Zeiträume großer Dauer mit dicht aufeinanderfolgenden Dürren: die vierziger und fünfziger Jahre, sowie die erste Hälfte der siebziger Jahre. Ein Großteil der Dürren war von größerem Ausmaß als die zuletzt aufgetretene. Eine der extremsten Trockenperioden fand während der Jahre 1979-82 statt.

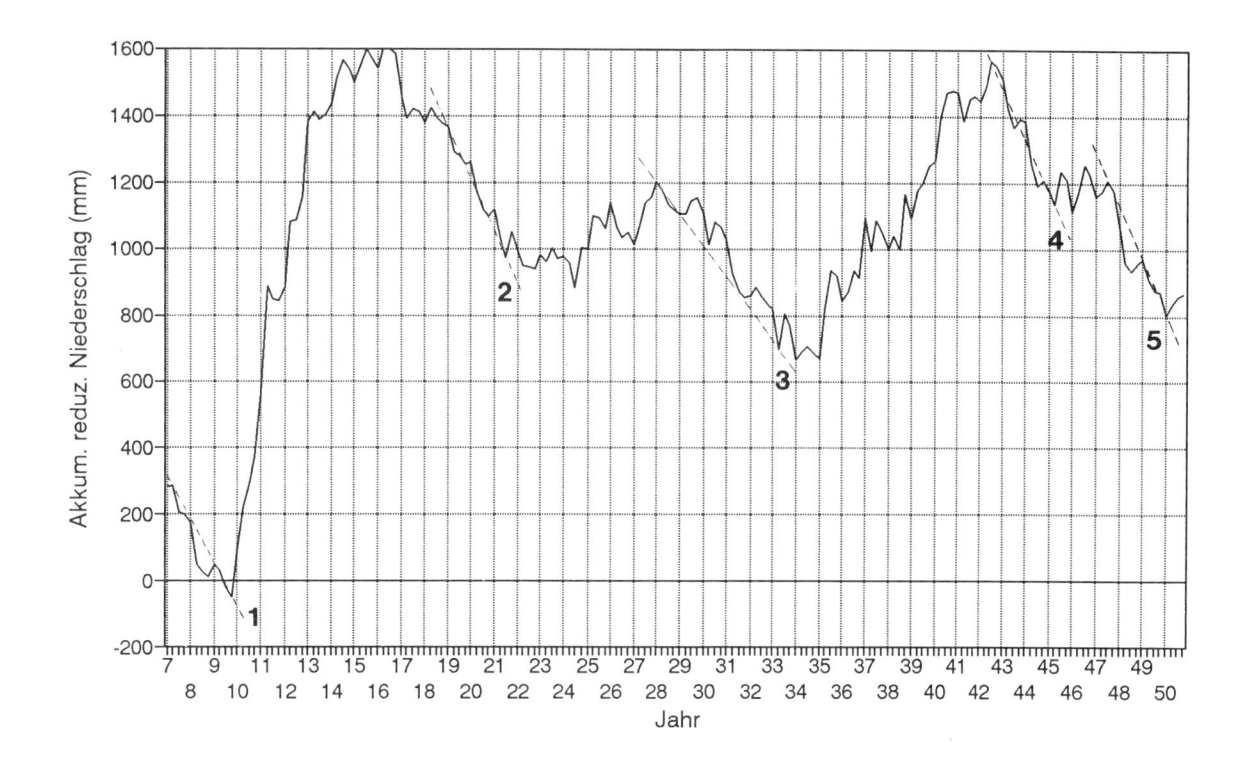

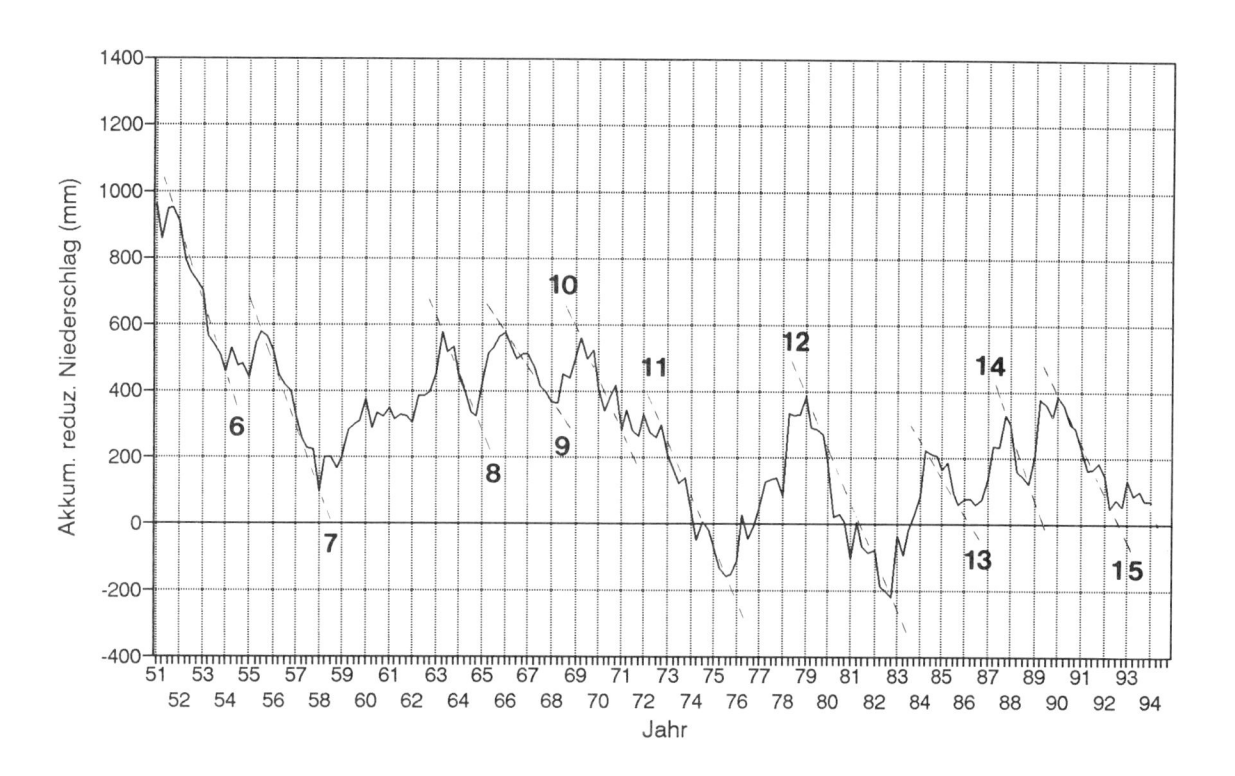

Abb. 13: Akkumulierte Abweichung der mittleren jahreszeitlichen Niederschläge in Cáceres (1907 - 1992) und Dürreperioden.

Dürre	Jahre[*]	Dauer (a)	Defizit[$] (mm)	Defizit (mma^{-1})
1	1907-1909	2,50	336	134
2	1918-1921	3,25	454	140
3	1929-1931	3,50	462	132
4	1942-1945	2,75	434	158
5	1947-1950	2,50	408	163
6	1952-1954	2,25	494	220
7	1955-1958	2,50	482	193
8	1963-1964	1,50	256	171
9	1966-1967	2,00	209	105
10	1969-1971	2,50	300	120
11	1972-1975	2,75	460	167
12	1979-1982	3,75	609	162
13	1984-1985	1,50	162	108
14	1987-1988	1,00	210	210
15	1990-1992	2,25	340	151

Tab. 13: Dürreperioden in Cáceres zwischen 1907 und 1992 (* - betroffene hydrologische Jahre, $ - Wasserdefizit, entspricht der akkumulierten Abweichung vom Mittel).

5.1.4 Intensität der Niederschläge

Tabelle 14 zeigt die Häufigkeiten der täglichen Regenmengen, sowie der 10- und 30-Minuten Intensitäten im Einzugsgebiet für die drei Untersuchungsjahre. Das Maximum der 24-h Niederschläge mit 42,7 mm wurde im November 1990 verzeichnet. Diese Menge hat eine Auftrittswahrscheinlichkeit von 2,5 Jahren. Das heißt, während des gesamten Untersuchungszeitraums fand kein Regenereignis mit außergewöhnlich hoher Menge statt. Tage mit mehr als 30 mm traten nur jeweils einmal während der Jahre 1990 und 1991 und keinmal während des Jahres 1992 und des Herbstes 1993 auf. Da die langjährige mittlere Häufigkeit von Tagessummen größer als 30 mm 1,45 beträgt, liegen die untersuchten Jahre leicht unter dem Mittel.

Mittlere Regenmengen (10 - 30 mm) traten ca. 13 mal pro Jahr auf, bei einem Mittel von 14,9.

Das intensivste Niederschlagsereignis fand im August 1992 statt. Es verzeichnete, bei einer Regenmenge von 21,6 mm, einen I-10 von 60,0 mmh^{-1} und einen I-30 von 32,8 mmh^{-1}. Die Auftrittswahrscheinlichkeit dieser Intensitäten beträgt 4,4 bzw. 4,2 Jahre. Im Zusammenhang mit der Bodenerosion ist die Jahreszeit in der ein intensives Ereignis auftritt von Bedeutung. Da ein Minimum der Bodenbedeckung während der Monate Juli bis September zu erwarten ist, ist von Interesse, die Wahrscheinlichkeit des Auftretens dieses Starkregenereignisses während dieser Zeit zu bestimmen. Sie kann nur näherungsweise geschätzt werden, da Informationen über die jährliche Verteilung von I-10 bzw. I-30 nur für einen Zeitraum von 13 Jahren vorliegen. Die mittlere Häufigkeit von I-10 Intensitäten größer als 50 mmh^{-1} ist nur ein fünftel derjenigen des Zeitraums von Oktober bis Juni (siehe Tab. 8). Somit ergibt sich eine Auftrittswahrscheinlichkeit von 22 Jahren (5 * 4,4) für das beobachtete Ereignis. Bedenkt man, daß die 13-jährige Datenbasis von Cáceres kein 30-Minuten Maximum in der Größenordnung von 32,8 mmh^{-1} aufweist, so scheint der geschätzte Wert von 22 Jahren durchaus realistisch.

Bemerkenswert ist auch die Anzahl der Niederschläge vom August 1992. Neun Ereignisse produzierten 53,4 mm Regen, eine Menge, die nur einmal in 86 Jahren überschritten wurde (Tab. 15).

Das Jahr 1992-93 verzeichnete die höchste Anzahl von Niederschlägen mit I-10 von 20-30 mm-h^{-1} sowie 10-20 mmh^{-1}. Das gleiche gilt für mittelstarke I-30 Intensitäten (10-20 mmh^{-1}). Werden die August Ereignisse des Jahres 1991-92 nicht berücksichtigt, so ist es das Jahr mit Regenfällen geringster Intensität gewesen (Tab. 14 und 15). Die ersten beiden Untersuchungsjahre liegen im Hinblick auf mittelstarke I-10 Intensitäten (10-30 mmh^{-1}) leicht unter dem Mittel, das Jahr 1992-93 hingegen leicht darüber (siehe Tab. 8). Während des Herbstes 1993-94 wurden acht

	>50	40-50	30-40	20-30	10-20	5-10	0,2-5	Summe	Jahr
I-10 (mm/h)				1	6	19	67	93	90-91
	1	1	1	3	6	13	56	81	91-92
			1	5	12	10	57	85	92-93
I-30 (mm/h)					6	9	78	93	90-91
			1	1	5	8	66	81	91-92
					9	12	64	85	92-93
Tag (mm)		1		2	11	9	70	93	90-91
			1	2	10	13	56	81	91-92
				2	11	15	57	85	92-93

Tab. 14: Niederschlag in Guadalperalón, 24-h Niederschlagsmenge (Tag), maximale 10- und 30-Minuten Intensitäten (I-10 bzw. I-30).

I-10 (mmh^{-1})	I-30 (mmh^{-1})	Tag (mm)
4,8	2,4	1,4
1,2	0,4	0,2
60,0	32,8	21,6
14,4	5,6	3,0
45,6	25,2	13,2
27,6	10,0	5,6
7,2	2,8	2,0
25,2	10,0	5,6
1,2	1,2	0,8

Tab. 15: Niederschlagsereignisse im August 1992.

Ereignisse dieser Intensität erfaßt, das heißt mehr als im gesamten Jahr 1990-91. Zusammenfassend läßt sich sagen, daß, mit Ausnahme des August Ereignisses, kein außergewöhnlich intensiver Niederschlag registriert wurde, wobei das Jahr 1992-93 die höchste Anzahl von potentiell erosiven Niederschlägen aufwies.

5.2 Die Bodenbedeckung

5.2.1 Jahreszeitliche Entwicklung der Krautschicht

Abbildung 14 zeigt die monatlichen Niederschläge in Guadalperalón für den gesamten Untersuchungszeitraum, die mit der Krautentwicklung verglichen werden. Die ersten grünen Kräuter erschienen in jedem der vier beobachteten Herbste im Oktober, wobei sich die einzelnen Jahre nur leicht im Zeitpunkt des Beginns der Krautentwicklung unterschieden. Dies steht in direktem Zusammenhang mit dem Einsetzen von kontinuierlichen Niederschlägen. Im Herbst 1990 setzten sie am 13.10. ein und 1993 bereits am 5.10. Im ersten Jahr traten grüne Kräuter deshalb erst ungefähr 10 Tage später auf.

Es sei darauf hingewiesen, daß besonders die Herbst- und Frühjahrsniederschläge für die Entwicklung der Krautschicht von Bedeutung sind. Geringe Niederschläge während der Wintermonate, insbesondere im Dezember und Januar, sind weniger bedeutend, da die Kräuter wegen der niedrigen Lufttemperaturen und geringen Sonnenstrahlung während dieser Zeit eine herabgesetzte Produktion aufweisen.

Während des ersten Jahres ist die Krautentwicklung dank reichhaltiger Niederschläge im Herbst und im Februar und März gut gewesen. Doch blieben die April, Mai und Juni Niederschläge praktisch aus, so daß die Vegetation verfrüht vertrocknete. Hinzu kam, daß die Globalstrahlung während dieser Zeit höher als das Mittel war und im Mai und Juni hohe Tagestemperaturen verzeichnet wurden (Daten von Cáceres, INM, 1991).

Das folgende Jahr begann mit ausreichend Niederschlägen im Oktober, doch geringe Niederschläge im November sowie in der Zeit von Januar bis März, verursachten eine spärliche Entwicklung. Bereits in der zweiten Märzwoche war die Krautschicht auf sonnigen Standorten mit geringer

Bodendecke vertrocknet. Die im April und Mai auftretenden Niederschläge bewirken kein erneutes Grünen der Kräuter. Die kontinuierliche Beweidung der spärlichen Krautbedeckung führte zu einer Degradation der Vegetationsbedeckung, so daß gegen Ende des Sommers ein großer Teil der Bodenoberfläche freilag.

Das Jahr 1992-93 war ähnlich wie das vorherige. Im März vertrockneten ebenfalls die Kräuter, doch bewirken die am 11. April einsetzenden reichhaltigen Regenfälle eine erneute Aktivität der Vegetation. Im Unterschied zum Frühjahr des Vorjahres, verzeichnete April und Mai nicht nur eine größere Menge von Niederschlag, sondern auch eine weitaus höhere Anzahl von Regentagen (33 im Gegensatz zu 12), die eine, wenn auch verspätete, Entwicklung der Vegetation verursachte. Die Erholung der Krautschicht fand auf Standorten mit dünner Bodendecke nur beschränkt statt (Photo 12), während in den kolluvialen Bereichen ein stärkeres Wachstum der Kräuter verzeichnet wurde. Die Dürreperiode, die im April des Jahres 1991 einsetzte, endete somit im April 1993. Der folgende Herbst zeichnete sich, aufgrund hoher Niederschläge, durch eine gute Entwicklung der Krautschicht aus.

Die photographischen Aufnahmen 8 bis 13 verdeutlichen am Beispiel des Standorts K24 die zeitliche Variation der Bodenbedeckung.

5.2.2 Räumliche und zeitliche Variabilität der Bodenbedeckung

Im folgenden werden die Ergebnisse der Quantifizierung der Bodenbedeckung, die während der Zeit von September 1991 bis September 1992 durchgeführt wurden, vorgestellt. Ziel ist, Variablen zu definieren, die mit den Bodenabtrags- und Oberflächenabflußdaten korreliert werden können. Es wird vermutet, daß die Eigenschaften der Parzelle in unmittelbarer Nähe des Ablaufsblechs der Sedimentauffangkästen entscheidend für den registrierten Bodenabtrag sind. Deshalb wird der Bedeckungsgrad zum einen für die ersten beiden Meter oberhalb des Ablaufsblechs und zum anderen für den gesamten Hang bestimmt.

Es sei darauf hingewiesen, daß die Vegetation entlang des gesamten Hangprofils aus zeitlichen Gründen nicht bei allen Gerlach Kästen bestimmt wurde. Deshalb werden zunächst verschiedene Vegetationseinheiten im Einzugsgebiet definiert, so daß Standorte, für die keine Daten des gesamten Profils vorliegen, diesen zugeordnet werden können.

Es ergeben sich somit folgende Ziele:
a) Definition verschiedener Vegetationseinheiten im Einzugsgebiet,

b) Untersuchung der jahreszeitlichen Entwicklung der verschiedenen Einheiten,

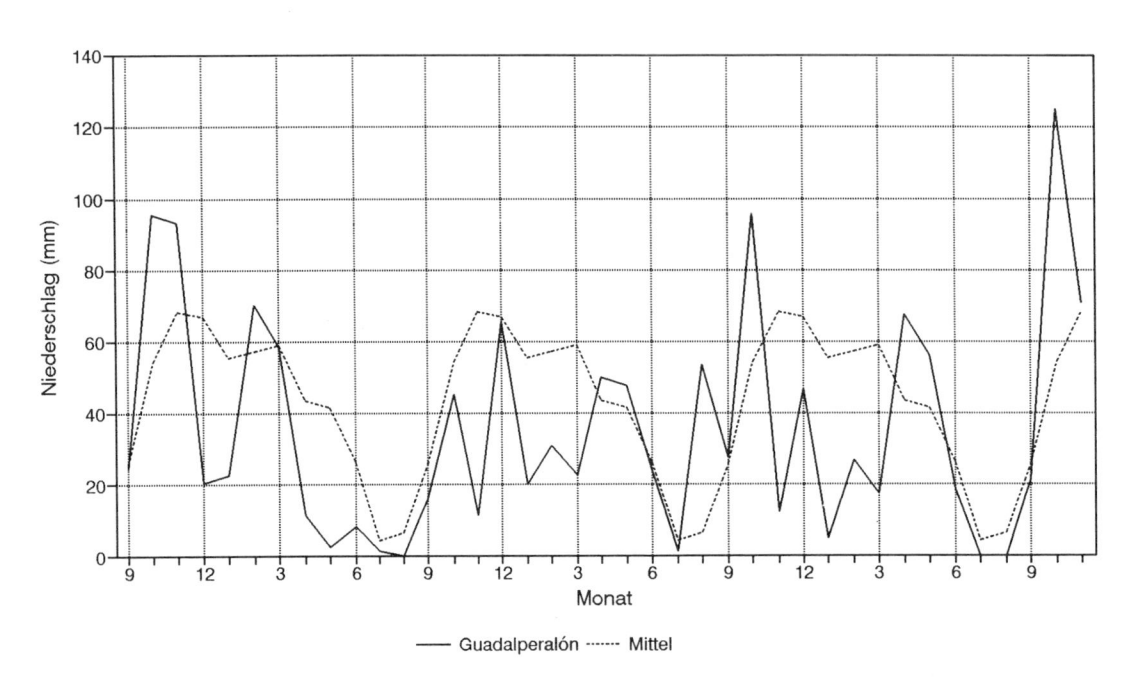

Abb. 14: Monatliche Niederschläge in Guadalperalón (September 1990 bis November 1993) und Monatsmittel in Cáceres.

Photo 8: Standort K24 im September 1990 (Bereich unmittelbar oberhalb des Ablaufblechs).

Photo 9: Standort K24 im August 1992.

Photo 10: Standort K24 im März 1992.

Photo 11: Standort K24 im Mai 1992.

Photo 12: Standort K24 im Mai 1993.

Photo 13: Standort K24 im Dezember 1994.

c) Bestimmung des Bedeckungsgrades der einzelnen Standorte für das gesamte Hangprofil und für die ersten beiden Meter oberhalb des Ablaufblechs.

d) Vegetationsentwicklung während eines Jahres mit mittleren Regenmengen (da der untersuchte Zeitraum sehr trocken war, für ein feuchtes Jahr also keine Daten vorliegen, wird der hypothetische Verlauf eines "normalen" Jahres diskutiert).

5.2.2.1 Definition der Vegetationseinheiten

Bei der Bodenbedeckung wird unterschieden zwischen (in Klammern die im Folgenden benutzten vereinfachten Bezeichnungen):
- nackter Boden (Boden), Gesteinsfragmente, die bei den meisten Standorten weniger als 2% der Bodenbedeckung ausmachen, sind hier eingeschlossen. Enthalten ist auch die Bedeckung des Anstehenden mit einer dünnen Auflage von Lockermaterial, obwohl es sich nicht um einen Boden im engeren Sinne handelt.
- anstehender Schiefer (Anstehendes)
- zusammengefaßt sind grünes Kraut, trockenes Kraut und Disteln (Kraut)
- Lavandula stoechas (Lavendel)
- Streuauflage, hier unverwitterte Auflage von abgestorbenen Pflanzenteilen (Streu)
- Flechten und Moose sind von untergeordneter Bedeutung, da ihr Bedeckungsgrad gering ist (Anderes).

Tabellen 16 bis 18 zeigen die mittlere Bodenbedeckung der verschiedenen Hangprofile für September 1991, März 1992 und September 1992. Da die Vegetation der kolluvialen Hangbereiche im Gelände deutlich abgegrenzt werden kann, werden diese getrennt betrachtet ("AK" in den Tabellen bzw. Abbildungen). Bei Profilen K5 und K6, liegen die ersten Hangmeter im kolluvialen Bereich, daher werden diese bei der Bestimmung der mittleren Bedeckung ausgeschlossen.

Die Abbildungen 15 bis 17 zeigen das Verhältnis zwischen Krautbedeckung und der Summe aus nacktem Boden und Anstehendem während der drei erwähnten Zeitpunkte. Eine deutliche Gruppierung der Punkteverteilung zeigt sich bei den Daten vom März 1992. Im Verlaufe des Frühjahrs und Sommers 1992 fand eine Abnahme der Vegetationsbedeckung statt, die alle Bereiche des Einzugsgebietes umfaßte, so daß sich die Daten von September 1992 nicht für eine Gruppenbildung eignen. Die Streuung der Punkte während des Sommers 1991 (Abb. 15) wird zum großen Teil durch Unterschiede im Anteil der Streubedeckung verursacht. Hier kommt zum Ausdruck, daß ein Problem bei der Bestimmung des mittleren Bedeckungsgrads für einen Hang, die starke kleinräumige Variabilität darstellt. Da die meisten Profile kurz sind, das heißt die Probenzahl N klein ist, fällt diese stark ins Gewicht.

Standort	Boden (%)	Anst. (%)	Streu (%)	Kraut (%)	Lav. (%)	And. (%)	N (m^2)
K1	32,3	0,0	21,2	45,5	1,0	0,0	6,0
K5	21,8	21,0	17,4	35,3	3,4	1,1	10,0
K6	10,3	8,0	51,9	29,3	0,5	0,0	4,0
K7	46,0	2,4	17,4	23,2	5,6	5,4	5,0
K13	28,8	0,6	33,6	17,6	9,2	10,2	5,0
K25	36,7	12,4	28,0	18,6	4,1	0,2	7,0
K15	25,4	0,0	43,8	30,8	0,0	0,0	5,0
K22	33,2	0,1	27,7	38,8	0,2	0,0	16,0
K27	11,0	0,0	40,8	46,5	0,0	1,7	4,0
K3	18,4	37,3	2,1	8,0	32,4	1,8	4,1
K4	49,6	11,2	2,0	7,2	14,2	15,8	5,0
K8	35,0	9,8	15,2	19,7	16,5	3,8	6,0
K9	28,3	46,8	1,4	5,0	18,5	0,0	11,4
K10	49,6	14,3	1,9	7,4	25,9	0,9	7,4
K17	41,0	12,3	3,9	11,4	25,1	6,3	3,6
AK	9,2	0,0	21,4	68,3	0,0	1,1	10,0

Tab. 16: Mittlere Bodenbedeckung verschiedener Hangprofile im **September 1991** (Anst. - Anstehendes, Lav. - Lavendel, And. - Anderes, N - Stichprobengröße).

Standort	Boden (%)	Anst. (%)	Streu (%)	Kraut (%)	Lav. (%)	And. (%)	N (m²)
K1	47,7	0,0	22,5	29,5	0,3	0,0	6,0
K5	33,8	13,6	4,3	43,7	3,3	1,3	10,0
K6	42,3	3,0	26,2	28,5	0,0	0,0	4,0
K13	38,8	5,6	15,2	25,6	7,8	7,0	5,0
K25	26,9	16,4	12,6	33,7	9,4	1,0	7,0
K15	20,2	0,0	15,0	64,8	0,0	0,0	5,0
K22	16,2	0,0	10,7	73,1	0,0	0,0	16,0
K27	5,8	0,0	9,4	84,3	0,0	0,5	4,0
K3	18,7	37,3	2,3	8,4	32,8	0,5	4,1
K4	58,0	3,0	5,0	17,5	15,5	1,0	5,0
K8	47,7	13,7	1,5	29,8	7,2	0,1	6,0
K9	29,2	46,5	1,1	4,3	18,9	0,0	11,4
K10	49,6	14,4	1,9	7,3	25,9	0,9	7,4
K17	40,5	12,3	4,3	11,4	27,0	4,5	3,6
AK	12,0	0,0	7,4	80,3	0,0	0,3	10,0

Tab. 17: Bodenbedeckung verschiedener Hangprofile im **März 1992** (Anst. - Anstehendes, Lav. - Lavendel, And. - Anderes, N - Stichprobengröße).

Standort	Boden (%)	Anst. (%)	Streu (%)	Kraut (%)	Lav. (%)	And. (%)	N (m²)
K1	67,5	0,0	21,0	11,2	0,3	0,0	6,0
K5	61,8	16,1	8,1	9,7	4,3	0,0	10,0
K6	68,5	6,7	17,5	7,3	0,0	0,0	4,0
K7	75,8	0,8	5,4	16,4	1,6	0,0	5,0
K13	69,8	14,4	10,6	3,2	1,8	0,2	5,0
K15	47,0	0,0	35,8	17,2	0,0	0,0	5,0
K22	65,7	0,3	16,4	17,6	0,0	0,0	16,0
K27	28,0	0,0	24,8	44,3	0,0	2,9	4,0
K3	21,4	37,3	2,1	5,0	32,4	1,8	4,1
K4	59,6	12,4	0,6	6,4	18,6	2,4	5,0
K8	76,3	12,7	0,2	4,1	6,7	0,0	6,0
K9	30,3	46,8	1,4	3,0	18,5	0,0	11,4
K10	51,6	14,3	1,9	5,4	25,9	0,9	7,4
K17	44,0	12,3	3,9	8,4	25,1	6,3	3,6
AK	74,9	0,0	14,2	10,9	0,0	0,0	10,0

Tab. 18: Bodenbedeckung verschiedener Hangprofile im **September 1992** (Anst. - Anstehendes, Lav. - Lavendel, And. - Anderes, N - Stichprobengröße).

So wird der Unterschied zwischen den Profilen 5 und 6, die am gleichen Hang liegen und nur durch eine Entfernung von 10 m getrennt sind, durch die Verteilung von Steineichen erklärt. Bei Profil 6 wird der hohe Streuanteil vom Auftreten einer Steineiche bewirkt. Der Anteil von trockenem Kraut während des Sommers ist unter der Baumkrone niedriger als außerhalb ihres Einflußbereiches. Während der feuchten Jahreszeit ist dieser Unterschied geringer oder nicht vorhanden.

Aus diesen Gründen werden die Frühjahrsdaten zur Gruppenbildung herangezogen, die sich wie folgt zusammensetzt (siehe Tab. 17 und Abb. 16):

AK - kolluviale Bereiche, die eine dichte Krautbedeckung selbst im Spätsommer (fast 70%) aufweisen,

G1 - Profile 15, 22 und 27, mit > 60% Krautbedeckung, nackter Boden (einschließlich

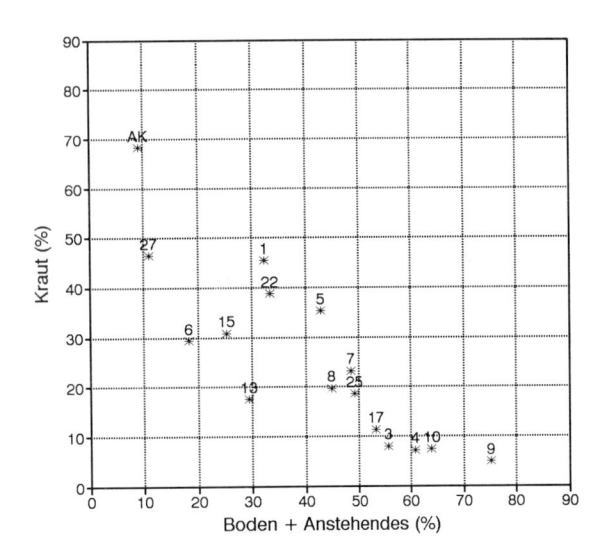

Abb. 15: Verhältnis zwischen Krautbedeckung und der Summe aus nacktem Boden und Anstehendem im **September 1991** (Mittelwerte der Hangprofile K1 bis K27 und der kolluvialen Standorte AK; diese sind in der Abbildung nummeriert).

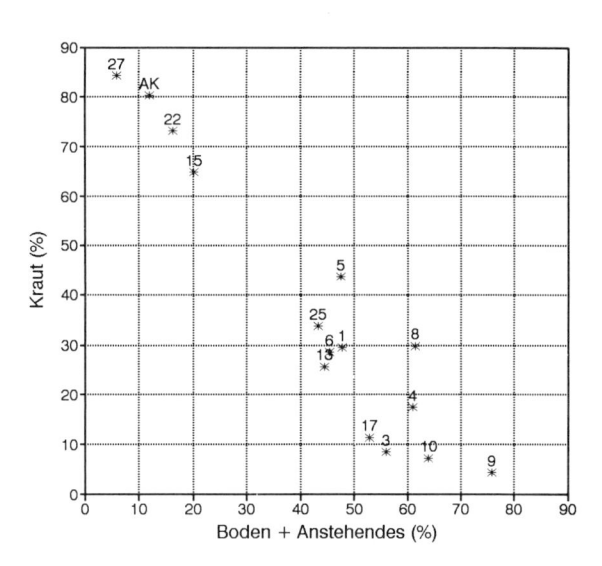

Abb. 16: Verhältnis zwischen Krautbedeckung und deSumme aus nacktem Boden und Anstehendem im **März 1992** (Mittelwerte der Hangprofile K1 bis K27 und der kolluvialen Standorte AK; diese sind in der Abbildung nummeriert).

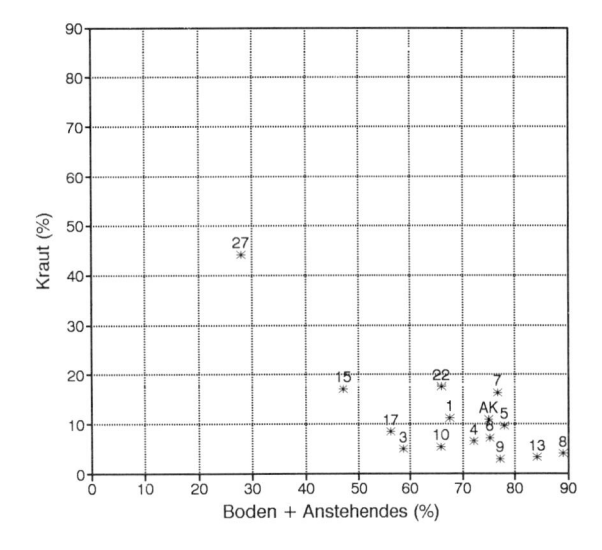

Abb. 17: Verhältnis zwischen Krautbedeckung und der Summe aus nacktem Boden und Anstehendem im **September 1992** (Mittelwerte der Hangprofile K1 bis K27 und der kolluvialen Standorte AK; diese sind in der Abbildung nummeriert).

anstehendem Schiefer) ≤ 20%,

G2 - Profile 5, 6, 13, 25, mit 40 - 50% nacktem Boden,

G3 - Profile 3, 4, 8, 9, 10, 17, mit > 50% nacktem Boden,

K1 - Eine Sonderstellung nimmt der Standort K1 ein, mit einem relativ hohen Anteil der Krautbedeckung im Sommer 91.

Der mittlere Bedeckungsgrad für die verschiedenen Gruppen ist in Tabelle 19 und den Abbildungen 18 bis 20 dargestellt. Die zu G1 gehörenden Hangprofile liegen im untersten und westlichen Teil des Einzugsgebiets, wo ein traditionelles System der Weideverbesserung durchgeführt wird. Es besteht in der Rotation des Einpferchens der Schafe mit einem mobilen Zaun während ein oder zweier Nächte. Ungefähr alle 4 Jahre ist derselbe Standort betroffen. Nach dem Einpferchen der ca. 650 Schafe auf einem Raum von nur ungefähr 200 m^2 ist die Krautschicht zerstört und der Boden von Tierexkrementen bedeckt.

K27 war während des Frühjahrs 1991 von einer solchen Maßnahme betroffen. Bereits im folgenden

A - September 1991

Gruppe	Boden	Anst.	Streu	Kraut	Lavendel
AK	9,2	0,0	21,4	68,3	0,0
G1	28,1	0,1	33,0	38,4	0,1
G2	28,7	11,1	26,9	25,9	4,5
G3	36,6	25,4	4,1	9,1	21,2
K1	32,3	0,0	21,2	45,5	1,0

B - März 1992

Gruppe	Boden	Anst.	Streu	Kraut	Lavendel
AK	12,0	0,0	7,4	80,3	0,0
G1	15,3	0,0	11,4	73,2	0,0
G2	34,2	11,2	12,0	35,2	5,3
G3	40,0	24,8	2,3	11,9	20,3
K1	47,7	0,0	22,5	29,5	0,3

C - September 1992

Gruppe	Boden	Anst.	Streu	Kraut	Lavendel
AK	74,9	0,0	14,2	10,9	0,0
G1	55,9	0,2	21,6	21,8	0,1
G2	67,5	11,0	9,6	9,4	2,5
G3	46,1	26,0	1,5	4,9	20,2
K1	67,5	0,0	21,0	11,2	0,3

Tab. 19: Bodenbedeckung (%) der Vegetationseinheiten während A) September 1991, B) März 1992, C) September 1992 (Anst. - Anstehendes).

Herbst war die Krautbedeckung wieder dicht. Die Bereiche von G1 zeichnen sich deshalb durch ein weitgehendes Fehlen von Lavendel und einer dichten Krautbedeckung aus. G1 und G2 gehören beide zu Hängen mit Baumbedeckung, jedoch ist bei letzterem ein höherer Anteil von anstehendem Schiefer und Lavendel zu verzeichnen. Die Erhöhung der Krautbedeckung zwischen Sommer 1991 und Frühjahr 1992 ist, im Gegensatz zu G1, nur gering. Bei G3 handelt es sich um überwiegend baumlose Hänge mit einem hohen Anteil von Anstehendem und Lavendel. Die Krautschicht ist spärlich. Sie vertreten die am stärksten degradierten Bereiche des Einzugsgebiets mit einer sehr dünnen oder fehlenden Bodendecke.

Der Standort K1, im oberen Bereich des Einzugsgebiets, ist charakteristisch für ehemals beackerte Bereiche mit geringer Hangneigung. Die Vegetationsentwicklung deutet an, daß die Krautbedeckung während feuchter Jahre relativ hoch sein kann. Doch im Gegensatz zu G1 und G2 fand während des Zeitraums von Sommer bis Frühjahr aufgrund der geringen Niederschläge eine Abnahme der Krautbedeckung statt.

Abbildung 21 zeigt das Einzugsgebiet mit den Vegetationseinheiten. Die ehemals beackerten Bereiche sind nicht in der Karte dargestellt, da sie nur weniger als fünf Prozent der Gesamtfläche repräsentieren. Sie sind je nach geographischer Lage der Gruppe G2 oder AK zugeordnet worden.

Der Anteil der Vegetationseinheiten an der Gesamtfläche des Einzugsgebiets beträgt:

G1	**7,8 %**
G2	**50,9 %**
G3	**29,8 %**
AK	**11,5 %**

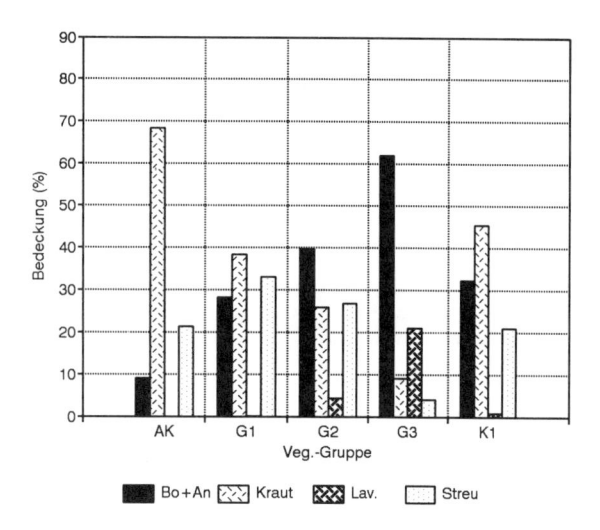

Abb. 18: Bodenbedeckung der Vegetationseinheiten im **September 1991** (Bo+An - Boden und Anstehendes, Lav - Lavendel).

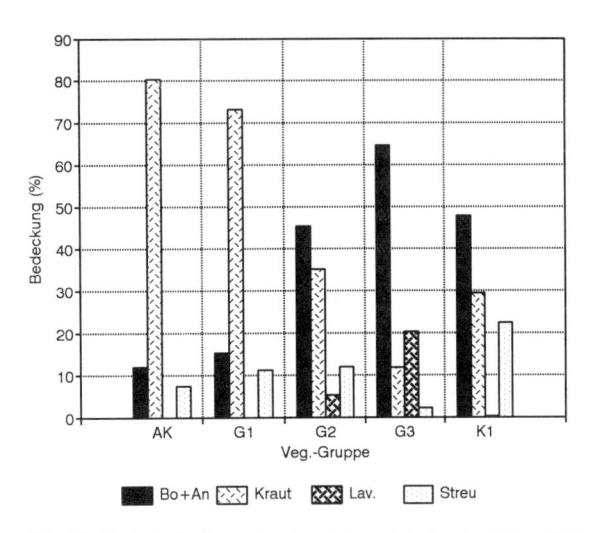

Abb. 19: Bodenbedeckung der Vegetationseinheiten im **März 1992** (Bo+An - Boden und Anstehendes, Lav - Lavendel).

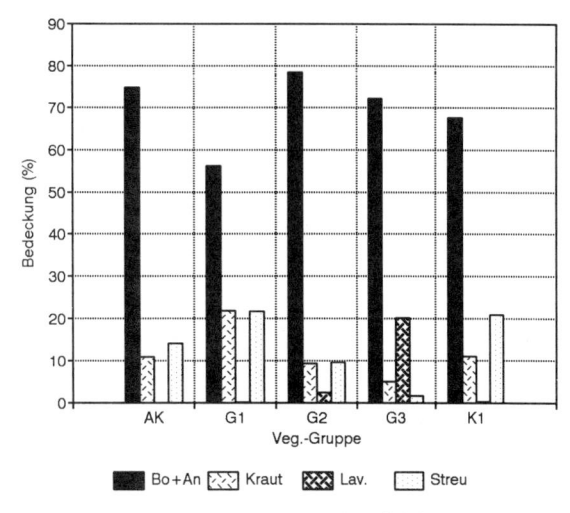

Abb. 20: Bodenbedeckung der Vegetationseinheiten im **September 1992** (Bo+An - Boden und Anstehendes, Lav - Lavendel).

5.2.2.2 Jahreszeitliche Entwicklung der Bodenbedeckung

Im folgenden wird die zeitliche Entwicklung der Bodenbedeckung der einzelnen Vegetationseinheiten untersucht. Für jede Gruppe ist stellvertretend ein Standort ausgewählt worden und der zeitliche Verlauf des Anteils an grünem Kraut, trockenem Kraut, nacktem Boden (Anstehendes eingeschlossen) und Streu in einer Graphik dargestellt (Abb. 22 bis 25).

Mit Ausnahme der Gruppe G3 zeigen die Standorte eine starke Zunahme der grünen Kräuter im Herbst. Das Maximum der frischen Kräuter wird bei Gruppe G2 bereits im Februar erreicht, da die Vegetation in der folgenden Zeit zu vertrocknen begann. In den kolluvialen Bereichen und bei Gruppe G1 steigt der Anteil an grünen Kräutern bis März an. Die im Spätsommer vorhandenen trockenen Kräuter nehmen im Herbst rasch ab. Nur bei Gruppe AK verbleibt bis in den Februar hinein ein relativ hoher Anteil trockener Kräuter.

Der Verlauf des Anteils an nacktem Boden zeigt zum einen den durch die Dürre bedingten starken Anstieg im Sommer 1992, mit Werten im Bereich von 70 bis 90% (Photos 14, 15), und zum anderen ein bei fast allen Standorten verzeichnetes sekundäres Maximum gegen Ende des Herbstes. Dies ist darauf zurückzuführen, daß das Wachstum der Kräuter langsamer ist als die Abnahme der Bedeckung mit trockenem Kraut und Streu. Am wenigsten stark ist dies im Bereich der durch Weideverbesserung begünstigten Hänge (G1) ausgeprägt. Mit Ausnahme dieser Standorte und der kolluvialen Hangabschnitte, wird zu keinem Zeitpunkt des Untersuchungsjahres der am Ende des Sommers verzeichnete Anteil nackten Bodens deutlich unterschritten. Auf den stark degradierten Hängen (G3) ist die Variabilität des Anteils an freiliegendem Boden wegen der spärlichen Entwicklung der Krautschicht gering. Diese Standorte verzeichneten eine stetige Zunahme der vegetationsfreien Bodenoberfläche.

Während der Wintermonate wurde eine Stagnation oder eine geringe Zunahme des Anteils an grünen Kräutern beobachtet. Es kann nicht entschieden werden, ob dies auf die geringen Niederschläge oder auf die, selbst in feuchten Jahren, geringere Biomassenproduktion der Vegetation während dieser Zeit (siehe Kapitel 3.4) zurückzuführen ist.

Da während des Oktobers ausreichend Niederschläge fielen, steht das sekundäre Maximum der vegetationsfreien Oberfläche wahrscheinlich nicht mit der Dürre

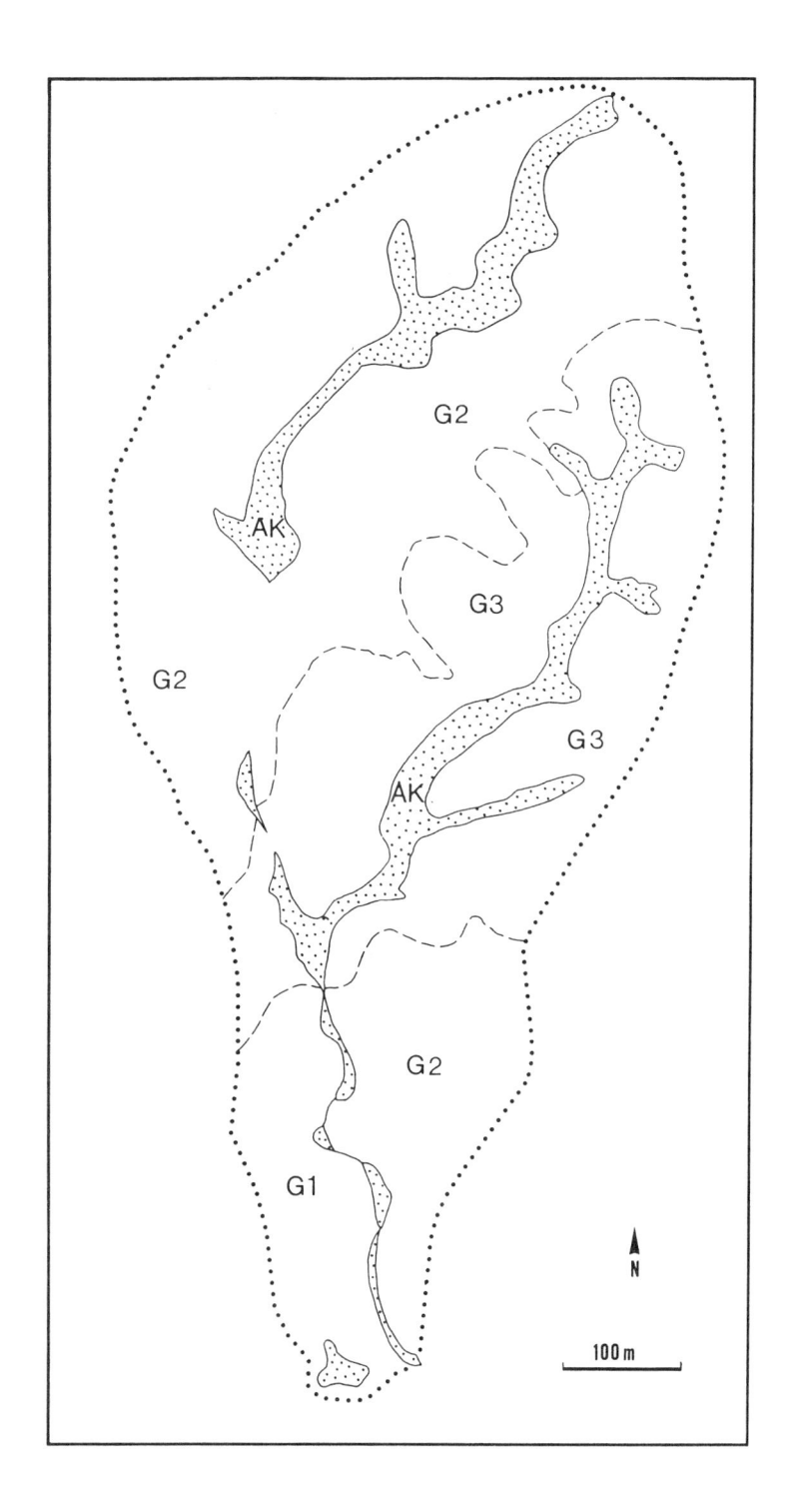

Abb. 21: Einteilung des Einzugsgebiets in Vegetationseinheiten.

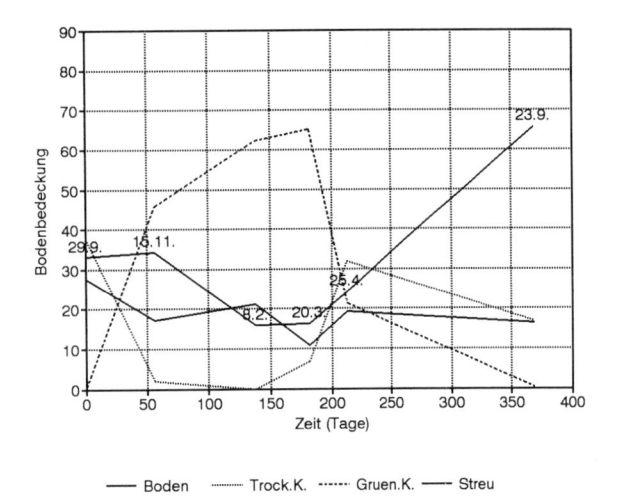

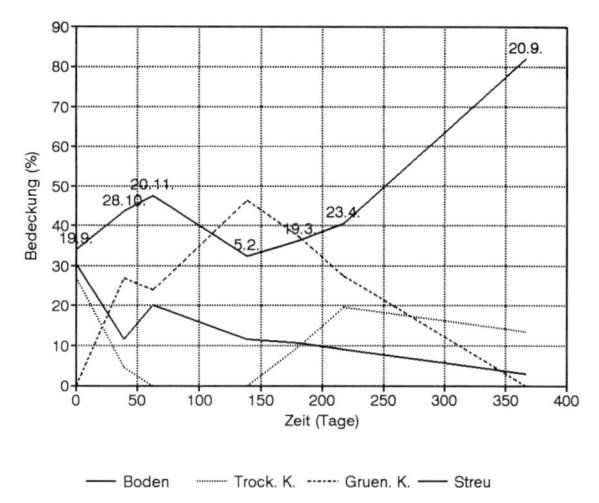

Abb. 22: Entwicklung der Bodenbedeckung der **Vegetationseinheit G1** (am Beispiel des Hangprofils K22; Boden - nackter Boden + Anstehendes, Trock.K. - trockene Kräuter, Grün.K. - grüne Kräuter; die Zahlen in der Graphik geben den Zeitpunkt der Probennahme an).

Abb. 23: Entwicklung der Bodenbedeckung der **Vegetationseinheit G2** (am Beispiel des Standorts K13).

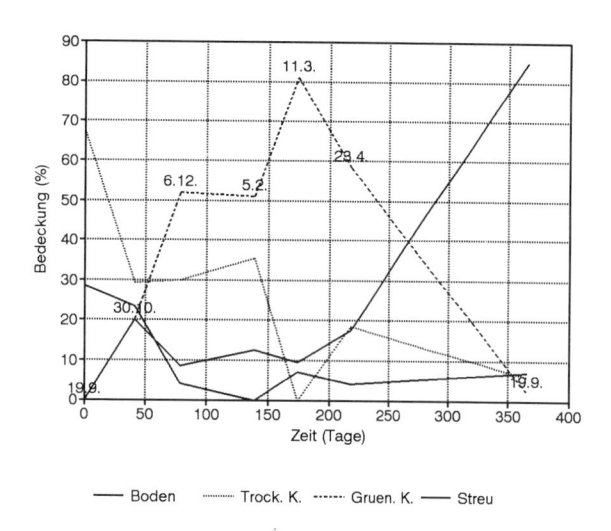

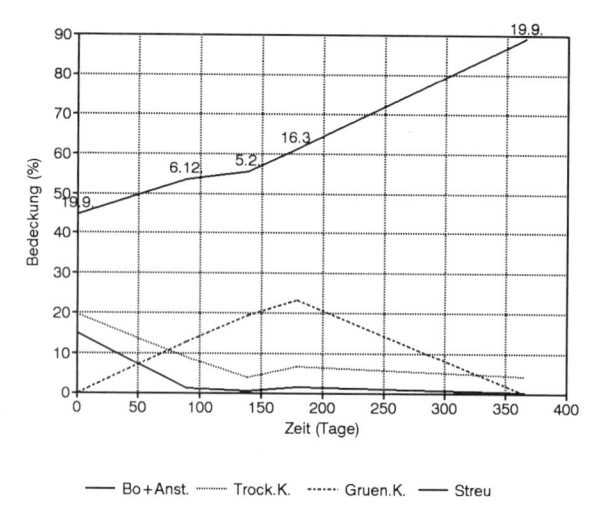

Abb. 24: Entwicklung der Bodenbedeckung der **Vegetationseinheit AK** (am Beispiel des Standorts K5).

Abb. 25: Entwicklung der Bodenbedeckung der **Vegetationseinheit G3** (am Beispiel des Hangprofils K8).

im Zusammenhang. Im Gegensatz dazu wurde der Anstieg des nackten Bodens, der bei den Gruppen G2 und G3 bereits Anfang Februar und bei den restlichen im März einsetzte, von dem herrschenden Wasserdefizit verursacht. Auf den degradierten Standorten, mit geringmächtiger Bodendecke ist das pflanzenverfügbare Wasser schneller erschöpft als auf den weniger stark degradierten.

Die geschätzte Entwicklung des Anteils an nacktem Boden während eines Jahres mit mittleren Regenmengen für die verschieden Vegetationseinheiten ist in Abbildung 26 dargestellt. Dieses Modell ist unter der Annahme erstellt, daß die Bodenbedeckung während des Spätsommers 1991 bis März 1992 der von mittleren Jahren entspricht. Es ist möglich, daß in feuchten Jahren, besonders während des Frühjahrs, niedrigere Werte des Anteils der vegetationsfreien Bodenoberfläche verzeichnet werden. Bedeutend im Zusammenhang mit Erosionsprozessen ist, daß die hier angenommene Entwicklung (Abb. 26) eine nur geringe Variation des Bedeckungsgrades im Verlaufe eines Jahres darstellt. Geringe zeitliche Variabilität des Bodenabtrags im Zusammenhang mit dem Faktor Vegetation ist daher zu erwarten. Die Schwankungsbreite ist auf stark degradierten Hängen wegen der geringen Krautbedeckung am niedrigsten. Auf den kolluvialen Standorten ist sie kleiner als 20%. Bei den Vegetationseinheiten G1 und G2, die den flächenmäßig größten Teil des Einzugsgebiets ausmachen, liegt die Variation bei 20%.

Das Maximum der vegetationsfreien Fläche wird nicht im Spätsommer verzeichnet, sondern im Herbst, wenn die Entwicklung frischer Kräuter bereits einsetzt. Am dichtesten ist die Krautbedeckung im Frühjahr. Eine Überprüfung dieses hypothetischen Verlaufs ist notwendig. Deshalb wurde eine erneute Meßkampagne der Bodenbedeckung während des Jahres 1994-1995 durchgeführt. Der Anteil an nacktem Boden liegt, mit Ausnahme der Vegetationseinheit G3, unterhalb von 50%. Jedoch ist zu berücksichtigen, daß die in Abbildung 26 angeführten Daten Mittelwerte darstellen.

Entlang eines Hangprofils zeigt sich insbesondere bei G2 eine Zunahme der vegetationsfreien Fläche in den oberen Bereichen. Sie wird durch die geringere Bodenbedeckung und dem Vorhandensein von anstehendem Schiefer verursacht. Die Krautschicht ist in diesen Bereichen ärmer und *Lavandula stoechas* tritt auf. Die Profile zeigen eine stärkere Degradation der oberen Hangbereiche an. Abbildung 27 und 28 stellen charakteristische Hangprofile der Bodenbedeckung für die Vegetationseinheit G1 und G2 dar, wobei erstere sich durch eine geringere Degradation der Vegetationsbedeckung auszeichnet (geringe räumliche Variation und hoher Anteil an Kräutern).

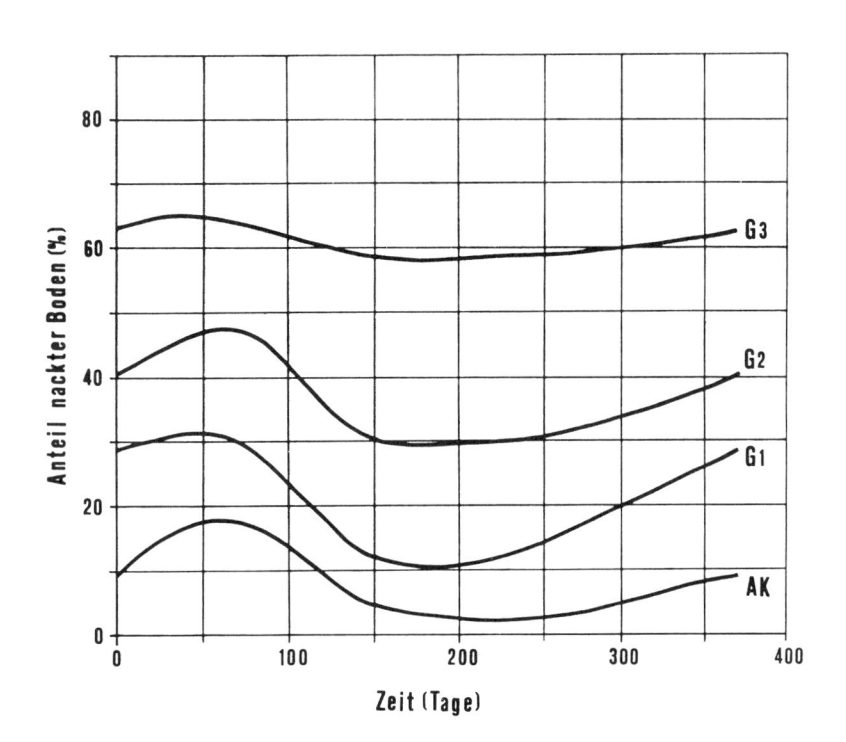

Abb. 26: Geschätzte Entwicklung des Anteils an nacktem Boden während eines Jahres mit mittleren Regenmengen für verschiedene Vegetationseinheiten im Einzugsgebiet.

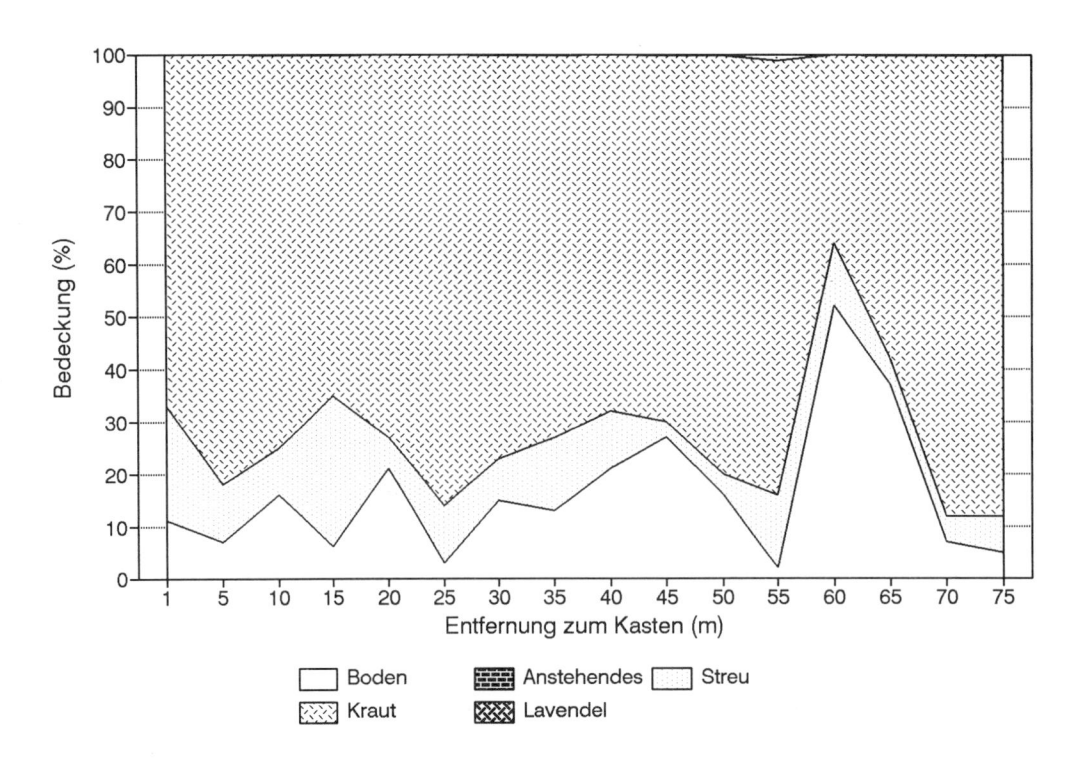

Abb. 27: Hangprofil der Bodenbedeckung des Standorts K22 als Beispiel der Vegetationseinheit G1 im März 1992.

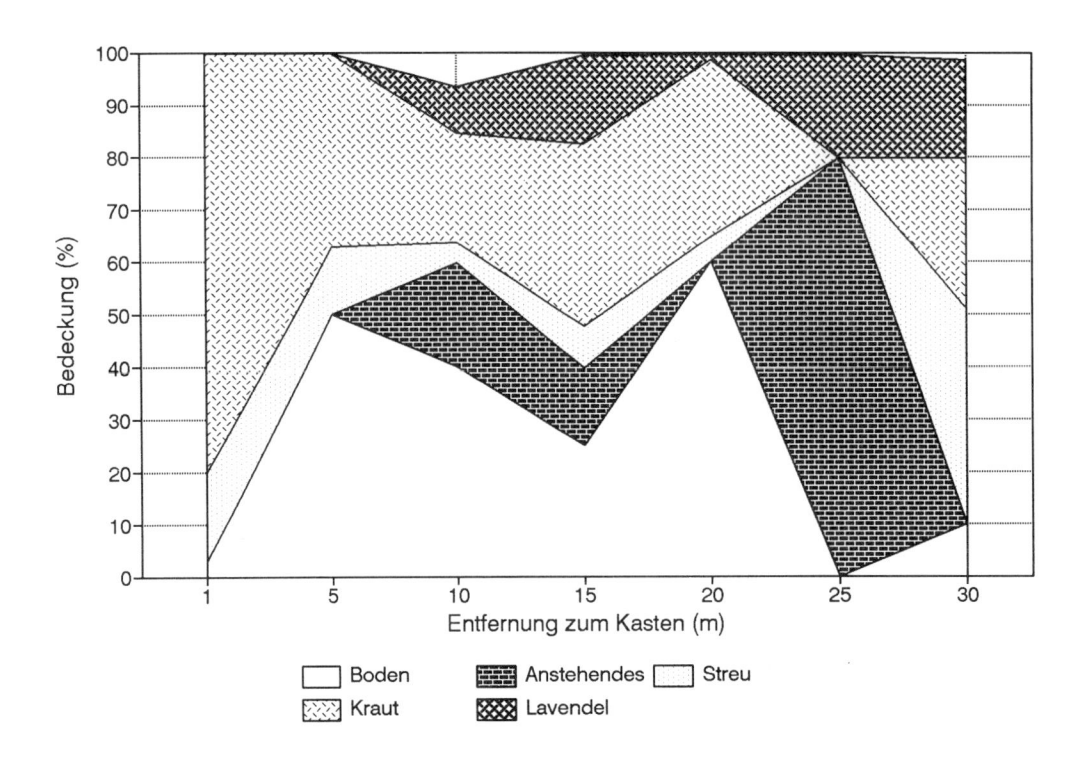

Abb.: 28: Hangprofil der Bodenbedeckung des Standorts K25-26 als Beispiel der Vegetationseinheit G2 im März 1992.

Photo 14 und 15: Standort K18-19 im September 1990 (oben) und im September 1992, mit einer fast nackten Bodenoberfläche (unten).

Photo 16: Standort K18-19 im Dezember 1993 mit dichter Krautbedeckung nach reichhaltigen Niederschlägen im Herbst.

5.3 Oberflächenabfluß

5.3.1 Variablen

Zur Untersuchung der Beziehung zwischen Niederschlagscharakteristiken und Abfluß sowie Bodenabtrag wurden die folgenden Variablen benutzt:

PTOT   - Niederschlagsmenge (mm)
I5   - Maximale 5-Minuten Intensität (mmh^{-1})
I10   - Maximale 10-Minuten Intensität (mmh^{-1})
I30   - Maximale 30-Minuten Intensität (mmh^{-1})
I60   - Maximale 60-Minuten Intensität (mmh^{-1})
H2   - Maximale 2-Stunden Intensität (mmh^{-1})
H4   - Maximale 4-Stunden Intensität (mmh^{-1})
DURA - Dauer eines Ereignisses (h), das heißt der Zeitraum zwischen deren Beginn und Ende. Diese Variable schließt existierende niederschlagsfreie Perioden ein.
DUR - Dauer eines Ereignisses (h), entspricht der Summe der Zeit, während der Niederschlag verzeichnet wurde.
INTA - PTOT/DURA (mm^{-1})
INT   - PTOT/DUR (mmh^{-1})

Die Abflußproben sind nicht immer das Resultat eines einzigen Niederschlagsereignisses. Dies ist der Fall, wenn Regenfälle zeitlich dicht aufeinander folgten, so daß aus logistischen Gründen nur eine Probennahme erfolgte. Außerdem ist die Definition der Ereignisse schwierig, da ein Teil von ihnen aus mehreren Unterereignissen besteht. Dies ist auch der Grund für die Schwierigkeit der Bestimmung der Dauer und somit der Intensität eines Ereignisses. Deshalb werden zwei verschiedene Dauer- und Intensitätsvariablen definiert, wobei eine den gesamten Zeitraum, also auch regenfreie Perioden umfaßt und die andere nur die Zeit, in der Regen fiel, einschließt. Da die Bodenfeuchte nicht bestimmt wurde, wird versucht, deren Einfluß auf die Prozesse am Hang durch die Menge des Niederschlags, der vor dem beprobten Ereignis gefallen ist, zu bestimmen. Dabei entspricht HUM1, HUM2, HUM3 und HUM7 jeweils der Regenmenge, die während 1, 2, 3 und 7 Tagen vor dem untersuchten Ereignis verzeichnet wurde.

5.3.2 Räumliche Variabilität

Der mittlere Oberflächenabfluß von 70 Niederschlagsereignissen der verschiedenen Sedimentauffangkästen ist in Tabelle 20 dargestellt. Nicht eingeschlossen sind Niederschläge mit weniger als 5,2 mm, da unterhalb dieses Wertes an keinem Standort Abfluß beobachtet wurde.

Es ist zu berücksichtigen, daß es bei mehreren Ereignissen, an verschiedenen Stellen zum vollständigen Füllen der Auffangbehälter kam, so daß es sich bei den berechneten mittleren Abflüssen und Abflußkoeffizienten um Minimum Werte handelt. An einigen Standorten wurden die Kanister durch solche größeren Volumens ausgewechselt, doch war dies nicht bei allen möglich, da in dem harten Ausgangsgestein keine weitere Tieferlegung möglich war, um für die höheren Behälter ein Gefälle zu den Gerlach Kästen zu gewährleisten. Tabelle 21 zeigt die Häufigkeiten des Auftretens solcher Gegebenheiten. Die 100 l Kanister der Auffangkästen K9 und K10 wurden zweimal sogar vollständig gefüllt.

Standort	Größe (m^2)	Abfluß (l)	Koeffizient (%)
1	12,5	10,7	6,0
2	17,5	2,4	0,7
3	4,1	10,1	15,9
4	7,5	7,9	6,8
5	25,0	5,4	1,4
6	11,0	13,0	7,8
7	10,0	8,4	5,7
8	12,5	6,0	3,0
9	11,4	19,1	10,1
10	7,4	20,9	16,9
11	14,3	5,8	2,4
12	14,3	3,9	1,8
13	10,0	10,8	6,9
14	10,0	15,0	9,2
15	47,3	2,2	0,3
16	42,5	3,5	0,5
17	3,6	5,9	11,2
18	26,0	4,8	1,3
19	26,0	3,5	0,9
20	19,3	3,1	1,0
21	19,3	5,1	1,8
22	37,0	3,9	0,7
23	3,1	4,8	11,0
24	22,0	5,0	1,6
25	3,0	2,8	5,6
26	3,0	3,1	6,5
27	9,0	3,0	2,3

Tab. 20: Mittlerer Abfluß und mittlerer Abflußkoeffizient von 70 Niederschlagsereignissen der verschiedenen Standorte, sowie angenommene Einzugsgebietsgröße (Größe).

Bei der Datenanalyse, zum Beispiel bei Regressionen mit Niederschlagsvariablen, werden diese Ereignisse mitberücksichtigt, da ihr Ausschluß in der Regel keine Verbesserung der Korrelationen bewirkt. Sie gehören außerdem zu den wichtigen Abflußereignissen.

Um die verschiedenen Standorte vergleichen zu können, sollte, aufgrund ihrer unterschiedlichen Einzugsgebietsgröße, der Abfluß auf eine Flächeneinheit (m^2) bezogen werden. Wie bereits erwähnt, wird mit Ausnahme der Kästen 3, 9, 10, 17 (Einzugsgebietsgröße im Gelände bestimmt), die Hanglänge zugrundegelegt. Jedoch wird bei den Standorten 23, 25 und 26 aufgrund der Hangmorphologie der Oberflächenabfluß 6 m bzw. 6,20 m oberhalb des Kastens abgeleitet, so daß hier eine Größe von 3 bzw. 3,1 m^2 angenommen wird (Tab. 20). Im Folgenden werden sowohl die auf eine Flächeneinheit (Abflußkoeffizient als Prozentanteil des Niederschlags), als auch die nicht auf eine Flächeneinheit (Abfluß in Liter pro Auffangkasten) bezogenen Werte herangezogen.

Das Minimum des gemittelten Abflusses beträgt 2,2 l (K15) und das Maximum 20,9 l (K10). Die mittleren Abflußkoeffizienten liegen zwischen 0,3 und 16,9 % (Tab. 20). Die Variationskoeffizienten der mittleren Abflüsse und Abflußkoeffizienten betragen jeweils 71,4 und 92,0 %. Zur Erklärung dieser Variabilität werden die Standorte nach den definierten Vegetationseinheiten gruppiert (Tab. 21). Gerlach Kästen, deren untere Bereiche des Einzugsgebiets von einer Baumkrone überdeckt werden, sind gesondert aufgeführt (Gruppe B). Die niedrigere Streuung der Abflüsse der Vegetationseinheiten im Vergleich zur Gesamtprobe legt nahe, daß die Gruppenbildung sinnvoll ist (Tab. 22).

Standorte mit einem hohen Anteil von anstehendem Schiefer verzeichnen die höchsten Abflüsse. Die niedrigsten Werte weisen Kästen der Einheit B auf. Es sei darauf hingewiesen, daß Stammabfluß nicht in die Auffangbehälter gelangt. Innerhalb dieser Gruppe läßt sich keine Beziehung mit der Bodenbedeckung des gesamten Hangs feststellen. So weisen K2 und K12, deren Anteil an nacktem Boden höher ist als bei K15 und K22, keinen Unterschied im Abfluß auf.

Ebenfalls niedrige Werte zeigt die Vegetationsgruppe G1 und deutlich höhere Werte die Gruppe G2, insbesondere wenn berücksichtigt wird, daß es hier wesentlich häufiger zum vollständigen Füllen der Auffangkanister kam; der tatsächliche Abfluß also höher war. Die registrierten Abflüsse in Bereichen mit kolluvialer Bodendecke sind relativ niedrig.

Standort	Abfluß (l)	Koeffizient (%)	Füllen (Anzahl)	Beschreibung
10	20,9	16,9	6	G3
3	10,1	15,9	14	
17	5,9	11,2	4	Hoher Anteil
9	19,1	10,1	5	anstehender
4	7,9	6,8	9	Schiefer
8	6,0	3,0	6	
Mittel	**11,7**	**10,6**	**7,3**	
14	15,0	9,2	9	G2
6	13,0	7,8	13	
13	10,8	6,9	12	Baumbestan-
1	10,7	6,0	18	dene Hänge
7	8,4	5,7	9	
11	5,8	2,4	5	
24	5,0	1,6	4	
Mittel	**9,8**	**5,7**	**10,0**	
23	4,8	11,0	4	G1
26	3,1	6,5	2	
25	2,8	5,6	1	Baumbestan-
27	3,0	2,3	4	dene Hänge
16	3,5	0,5	2	
Mittel	**3,4**	**5,2**	**2,6**	
12	3,9	1,8	4	Einfluß
2	2,4	0,7	2	Baumkrone
22	3,9	0,7	3	(G2 + G1)
15	2,2	0,3	0	
Mittel	**3,1**	**0,9**	**2,3**	
21	5,1	1,8	5	AK
5	5,4	1,4	8	
18	4,8	1,3	5	Kolluviale
20	3,1	1,0	3	Bereiche
19	3,5	0,9	1	
Mittel	**4,4**	**1,3**	**4,4**	

Tab. 21: Mittlere Abflüsse und mittlere Abflußkoeffizienten geordnet nach Gruppen verschiedener Standorte, sowie Mittelwerte der einzelnen Gruppen. Die Häufigkeit des vollständigen Füllens der Auffangbehälter ist ebenfalls dargestellt.

Die Abbildungen 29A und 29B zeigen das Verhältnis zwischen dem prozentualen Anteil an nacktem Boden (incl. Anstehendem) und Abfluß bzw. dem Abflußkoeffizienten, wobei die mittlere Bodenbedeckung des Hangprofils vom März 1992 zugrundegelegt wird. Sie weisen eine große Streuung auf, wenn auch eine gewisse Tendenz zunehmenden Abflusses mit abnehmender Bodenbedeckung zu erkennen ist (nicht signifikant). Dies ist teilweise auf die größere Bedeutung der Charakteristiken des Bereiches in unmittelbarer Nähe des Ablaufbleches im Gegensatz zum gesamten Hangprofil, zurückzuführen. Dies ist auch der Grund, weshalb die Hinzuziehung der Vegetationseinheiten AK und B die räumliche Variabilität des Abflußgeschehens besser erklärt.

Die räumliche Variabilität des Oberflächenabflusses wird auch durch die minimalen Regenmengen und Intensitäten, die Abfluß produzieren, veranschaulicht. Die Ergebnisse zeigt Tabelle 23, in der für jeden Standort die kleinste beobachtete Regenmenge angegeben ist, die einen Abfluß von mindestens 2 l produziert. Als Intensitätsvariable wird H2 gewählt, da dies, wie weiter unten noch näher ausgeführt wird, die Niederschlagsvariable ist, die die höchste Korrelation mit dem Abfluß aufweist. Min PTOT und Min H2 in Tabelle 23 stellen Mindestwerte dar, das heißt, daß Ereignisse mit höheren Niederschlägen oder höheren Intensitäten auftraten, die keinen Abfluß verzeichneten.

Deshalb ist auch der Grenzwert der 2-Stunden Intensität angegeben, bei dessen Erreichen oder Überschreiten immer Abfluß produziert wird ($\geq$ 2 l). Die

Vegetations-einheit	Mittel (l)	Standard-abweichung (l)	Variations-koeffizient (%)	N
G3	11,7	6,6	56,9	6
G2	9,8	3,7	37,3	7
G1	3,4	0,8	24,0	5
AK	4,4	1,0	23,5	5
B	3,1	0,9	29,9	4
Alle	7,0	5,0	71,4	27

Vegetations-einheit	Mittel (%)	Standard-abweichung (%)	Variations-koeffizient (%)	N
G3	10,6	5,3	49,8	6
G2	5,7	2,8	49,0	7
G1	5,2	4,1	78,7	5
AK	1,3	0,4	28,7	5
B	0,9	0,7	74,0	4
Alle	5,2	4,8	92,0	27

Tab. 22: Mittlerer Abfluß (obere Tabelle) und mittlerer Abflußkoeffizient (untere Tabelle) und zugehörige Standardabweichungen sowie Variationskoeffizienten der verschiedenen Vegetationseinheiten und der Gesamtheit der Auffangkästen.

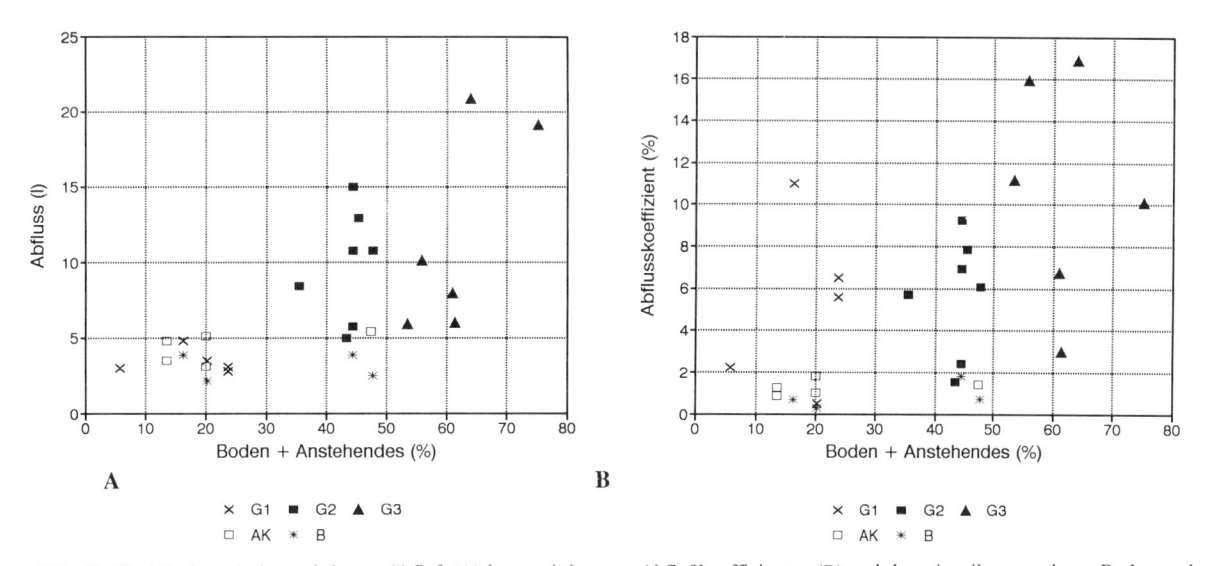

Abb. 29: Verhältnis zwischen mittlerem Abfluß (A) bzw. mittlererem Abflußkoeffizienten (B) und dem Anteil an nacktem Boden und anstehendem Schiefer der 27 verschiedenen Standorte (herangezogen wurde die Bodenbedeckung vom März 1992). Die unterschiedlichen Symbole entsprechen den Vegetationsgruppen, wobei B Standorte repräsentiert, die im Einflußbereich einer Baumkrone liegen.

Ergebnisse dieser Analyse bestätigen den Einfluß der Standortcharakteristiken auf den Oberflächenabfluß. Sie zeigen außerdem, daß die Gruppe G2 sich nicht wesentlich von Gruppe G1 unterscheidet. Bei einer Regenmenge von durchschnittlich 5,4 bzw. 6,4 mm, die in 2 Stunden fallen, wird dort immer Abfluß produziert. Bei den anderen Standorten liegen diese Werte wesentlich darüber (Kolluviale Bereiche - 9,6 mm, G1 - 10,4 mm, Einflußbereich einer Baumkrone - 11,2 mm). Als Ursachen für die räumliche Variabilität der produzierten Abflußmengen kommen 1. die Vegetationsbedeckung und 2. Bodencharakteristiken in Frage. Die kolluvialen Bereiche weisen eine dichtere Vegetationsbedeckung und eine mächtigere Bodendecke auf, so daß eine höhere Interzeption und eine höhere Infiltration erwartet werden kann. Bei Standorten, die im direkten Einflußbereich einer Baumkrone liegen, erreicht ein Teil des Niederschlags nicht die Bodenoberfläche. Die Interzeption von Steineichen liegt im Größenbereich von 30% des Jahresniederschlags (CALABUIG et al. 1978; ESCARRE ESTEVE, 1986). Wahrscheinlich ist unter der Baumkrone auch die Infiltration und die Interzeption der hier vorhandenen Streuschicht höher als außerhalb deren Einflußbereich.

Die ebenfalls niedrigen Abflüsse der Gruppe G1 lassen sich durch den hohen Anteil der Krautschicht erklären. Doch auch hier ist wahrscheinlich die Infiltrationskapazität der Böden höher als bei der Gruppe G2 und G3. Wie die Bodenanalysen zeigen, besitzen sie einen höheren Anteil an organischer Substanz und eine besser entwickelte Aggregatstruktur. Da nur wenige Bodenproben analysiert wurden, sind Aussagen nur beschränkt möglich.

Der hohe Abfluß der Standorte, die zu den Gruppen G2 und G3 gehören, sind sicher auf die sehr geringmächtige Bodendecke und den hohen Anteil an nacktem Boden bzw. anstehendem Schiefer zurückzuführen. Vegetationsfreie Bodenoberflächen weisen eine Kruste ("crusting") auf, die durch den Plansch- und Schlämmeffekt der auftreffenden Regentropfen bei den nur wenig stabilen Bodenaggregaten produziert wird (FARRES; 1978). Dies erniedrigt die Infiltrationskapazität der Böden (MCINTYRE, 1958; MORIN et al., 1981). Ein Beispiel hierfür liefert der Standort K1, der in der ehemals beackerten Zone liegt und eine klare Krustenbildung aufweist.

Standort	Min PTOT (mm)	Min H2 (mmh^{-1})	H2 (mmh^{-1})	Beschreibung
10	5,6	1,5	2,7	G3
3	5,4	1,5	2,8	
17	5,2	1,5	2,8	Hoher Anteil
9	5,2	1,5	2,6	anstehender
4	5,4	1,6	2,8	Schiefer
8	5,4	1,5	3,4	
Mittel	5,4	1,5	2,7	
14	5,4	1,5	2,6	
6	5,4	1,5	3,4	G2
13	5,6	1,5	2,8	
1	5,4	1,5	3,4	Baumbestan-
7	5,8	1,5	3,2	dene Hänge
11	6,3	1,8	3,2	
24	5,4	1,8	3,8	
Mittel	5,6	1,6	3,2	
23	5,4	1,5	5,3	G1
26	5,4	1,8	5,2	
25	5,4	2,1	5,3	
27	6,3	2,9	5,3	Baumbestan-
16	6,3	1,5	5,1	dene Hänge
Mittel	5,8	2,0	5,2	
12	6,3	2,2	5,3	
2	7,9	1,8	6,0	Einfluß
22	6,3	1,5	5,2	Baumkrone
15	6,3	1,8	5,8	(G2 + G1)
Mittel	6,7	1,8	5,6	
21	6,3	1,5	5,2	
18	6,3	1,5	4,9	AK
5	7,4	2,2	3,8	
19	6,3	1,5	4,9	Kolluviale
20	9,4	2,9	5,2	Bereiche
Mittel	7,1	1,9	4,8	

Tab. 23: Beobachtete Mindestmengen von abflußproduzierendem (≥ 2 l) Niederschlag (Min PTOT) und 2-Stunden-Intensität (Min H2). H2 stellt die 2-Stunden Intensität dar, bei deren Erreichen oder Überschreiten immer Abfluß produziert wurde.

5.3.3 Niederschlagscharakteristiken und Abfluß

Zur Analyse des Verhältnisses zwischen Niederschlagscharakteristiken und Oberflächenabfluß wurde eine Reduktion der Datenmenge vorgenommen. Ausgeschlossen sind Proben, die sich aus mehreren Ereignissen zusammensetzen und solche, die weniger als 5,2 mm Niederschlag verzeichneten. Dies bedeutet nicht, daß bei der Probenmenge von N = 53 keine Ereignisse enthalten sind, die einen diskontinuierlichen Verlauf aufweisen. Von Vorteil hierbei ist auch, daß durch diese Reduzierung einige Ereignisse wegfallen, die zu einem vollständigen Füllen der Sammelbehälter führte. Es sei erwähnt, daß ebenfalls Korrelationen mit der Gesamtdatenmenge (N = 75) durchgeführt wurden, die im Mittel sogar höhere Korrelationskoeffizienten aufweisen als die der reduzierten Datenmenge. Doch ergeben sich qualitative Unterschiede hinsichtlich der Bedeutung der verschiedenen Niederschlagsvariablen. Eine genauere Untersuchung der Abflußereignisse (Analyse der Ursache von extrem gestreuten Werten, auf die hier nicht näher eingegangen wird) zeigt jedoch, daß Daten, die nur auf den klaren Ereignissen beruhen, vorzuziehen sind.

Für die Untersuchung der Relation zwischen Niederschlagscharakteristiken und Oberflächenabfluß wurden zunächst Regressionen mit einer unabhängigen Variablen durchgeführt. Die wichtigsten Ergebnisse stellt Tabelle 24 vor, die nur die bei einem Konfidenz Niveau von 99% signifikanten Koeffizienten (R^2) wiedergibt. Der Zusammenhang zwischen Niederschlagsvariablen und Abfluß ist in der Regel linear. Regressionen mit Modellen, die auf Exponential- bzw. Potenzfunktionen beruhen, liefern schlechtere Korrelationen.

Die maximale 2-Stunden Intensität und die Niederschlagsmenge weisen die höchsten Korrelationen auf. Bei Intensitätsvariablen sind nur I60 und I30, mit Ausnahme von 2 Standorten, statistisch signifikant, nicht so hingegen I10 und I5. Die Niederschlagsintensität der Ereignisse (INT bzw. INTA) weist ebenfalls keine erkennbare Beziehung auf.

Besser sind die Korrelationen bei einer multiplen Regression mit den unabhängigen Variablen PTOT und der Dauer des Ereignisses (DUR). Doch ist die Variable DUR nur bei einigen Standorten signifikant (Signifikanz Test mit F-Ratio, nach SHAW & WHEELER, 1985). Bei nur vier Standorten wird durch multiple Regression mit diesen Variablen eine Erhöhung des Korrelationskoeffizienten (R^2) im Vergleich zu H2 erzielt (Tab. 24). Multiple Regressionen wurden außerdem mit den anderen Variablen und in verschiedenen Kombinationen durchgeführt. Nur die Benutzung von PTOT, DUR und H2 liefert eine klare Verbesserung der Korrelation im Vergleich mit simplen Regressionen oder der multiplen Regression mit PTOT und DUR und dies nur bei 8 Standorten (Tab. 24).

Auffallend ist die starke Variabilität der Korrelationskoeffizienten je nach Standort. Die Abbildungen 30A und 30B veranschaulichen dies. In einem Streudiagramm ist das Verhältnis zwischen den Koeffizienten der Regression mit H2 und PTOT, bzw. zwischen I30 und PTOT der einzelnen Gerlach Kästen dargestellt. Es zeigt sich eine Gruppierung der Datenpunkte.

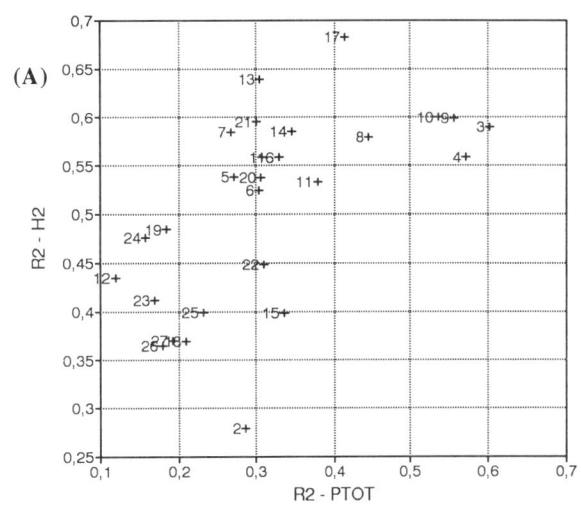

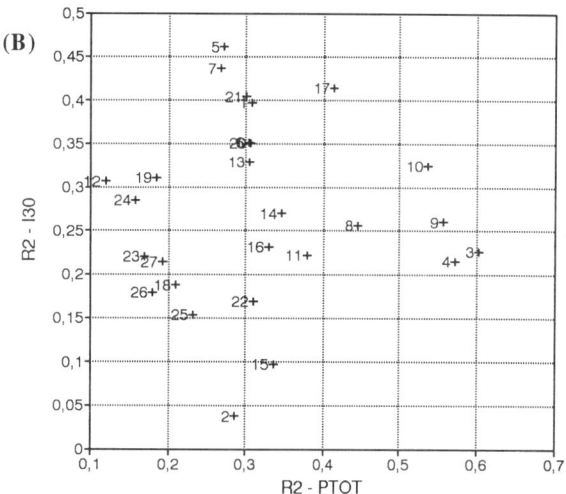

Abb. 30: Korrelationskoeffizient (R^2) der unabhängigen Variable PTOT im Verhältnis zum Korrelationskoeffizienten der unabhängigen Variable H2 (A) bzw. I30 (B) der verschiedenen Standorte (⁄ nicht signifikant).

Die Standorte K3, 4, 8, 9, 10 und 17 weisen sowohl eine hohe Korrelation mit der Regenmenge, als auch mit H2 auf. Standorte K2, 12, 15, 18, 22, 23, 25, 26 und 27 besitzen generell niedrige Koeffizienten. Der Oberflächenabfluß der übrigen Kästen wird besser durch H2 und sogar durch I30, als durch PTOT erklärt. Bei der ersten Gruppe handelt es sich ausnahmslos um Standorte, die sich durch einen hohen Anteil von anstehendem Schiefer auszeichnen. Dies bedeutet, daß die Intensität der Niederschläge hier weniger bedeutend ist als ihre Menge. Selbst Ereignisse mit niedrigen Intensitäten führen bei der geringen Infiltrationskapazität des Untergrunds zu hohen Abflüssen. Zur letztgenannten Gruppe gehören die Standorte der Vegetationseinheit G2 und die der kolluvialen Bereiche (mit Ausnahme von K18).

Es wird angenommen, daß die Produktion des Oberflächenabflusses im gesamten Einzugsgebiet dem HORTON'schen Typ entspricht (HORTON, 1933, 1940), das heißt Abfluß wird produziert, wenn die Niederschlagsintensität die Infiltrationskapazität des Bodens überschreitet. Deshalb ist wahrscheinlich die Intensität bei den Standorten, die eine etwas mächtigere Bodendecke besitzen von relativ größerer Bedeutung als die Regenmenge. Eine Ausnahme

Kasten	PTOT	H2	I30	P,DUR	P,DUR,H2
1	0,308	0,558	0,397		
2	0,286	0,279			
3	0,602	0,590	0,226	0,702	0,775
4	0,572	0,558	0,215	0,691	0,737
5	0,271	0,538	0,461		
6	0,304	0,524	0,352		
7	0,267	0,584	0,436		
8	0,447	0,579	0,256	0,580	0,667
9	0,557	0,599	0,260	0,728	0,768
10	0,537	0,600	0,324	0,725	0,761
11	0,378	0,533	0,222	0,462	0,591
12		0,434	0,306		
13	0,305	0,639	0,329		
14	0,345	0,585	0,270		
15	0,336	0,398		0,389	0,458
16	0,329	0,558	0,231		0,587
17	0,414	0,683	0,414		0,761
18	0,209	0,369	0,188		
19	0,184	0,484	0,311		
20	0,306	0,537	0,351		
21	0,301	0,595	0,404		
22	0,310	0,448	0,169		
23	0,169	0,411	0,220		
24	0,157	0,476	0,285		
25	0,231	0,399	0,153		
26	0,179	0,364	0,179		
27	0,192	0,370	0,214		

Tab. 24: Korrelationskoeffizienten (R2) der linearen Regression zwischen Oberflächenabfluß der verschiedenen Standorte (N = 53) und a) Regenmenge (PTOT), b) 2-Stunden Intensität (H2), c) 30-Minuten Intensität (I30) und multiple lineare Regression mit den unabhängigen Variablen d) Regenmenge und Dauer (P, DUR) und e) Regenmenge, Dauer und H2 (P, DUR, H2). Es sind nur die Koeffizienten angegeben, die bei einem Konfidenzniveau von 99% signifikant sind, bzw. wenn bei den multiplen Regressionen die Signifikanz jeder einzelnen Variable gegeben ist.

bilden die Talböden, wo es möglicherweise auch zum sog. "saturation overland flow" kommt (DUNNE & LEOPOLD, 1978).

Parzellen, deren Abflußproduktion sich nur schlecht durch die benutzten Niederschlagsvariablen erklären läßt, gehören weitestgehend zur Vegetationseinheit G1 und zu Standorten, die im Einflußbereich einer Baumkrone liegen. Die Interzeption des Regens führt zu einem komplexeren Verhältnis zwischen Abfluß und Niederschlag, denn die Menge des durch die Baumkrone abgefangenen Wassers ist ebenfalls abhängig von Niederschlagseigenschaften und daneben auch von anderen Variablen, wie zum Beispiel der Windrichtung.

Die Korrelation der Abflußdaten mit den oben angegebenen Niederschlagsvariablen erklärt diese nur teilweise. Mit Ausnahme der Standorte, die im Einflußbereich einer Baumkrone liegen und denen, die sich durch einen hohen Anteil von anstehendem Schiefer auszeichnen, liegt die erklärte Varianz im Bereich von nur 50 - 60%. Es kommen verschiedene Ursachen dafür in Frage:

1. Die Niederschläge im Einzugsgebiet können räumlich variieren. Die verwandten Regendaten entsprechen deshalb wahrscheinlich nicht immer den an einem Standort tatsächlich gefallenen.
2. Die Infiltration und Interzeption des Niederschlags an einem Punkt kann zeitlich variieren, hervorgerufen durch Variationen der Bodenfeuchte, Krustenbildung und Bodenbedeckung.
3. Die innere Struktur eines Niederschlagsereignisses kann von Bedeutung sein, wie zum Beispiel deren Kontinuität und das Auftreten der Niederschlagsspitze am Anfang oder Ende eines Ereignisses.
4. Die benutzte Variable DUR stellte sich zwar als brauchbarer als DURA heraus, doch ist sie meißt niedriger als die tatsächliche Dauer eines Ereignisses, da selbst kurze regenfreie Zeiträume nicht mitberücksichtigt werden.
5. Meßfehler, sowohl der Niederschlags- als auch der Abflußdaten.

Zunächst werden die Daten eines Standorts in unmittelbarer Nähe des Regenschreibers vorgestellt, um Fehler auszuschließen, die auf die Variabilität des Niederschlags im Einzugsgebiet zurückzuführen sind. Abbildung 31 zeigt den Abfluß im Verhältnis zur maximalen 2-Stunden Intensität und die zugehörige Regressionsgerade des Gerlach Kastens K5 ($R^2 = 0,54$, Standardfehler = 5,5). Die Daten weisen eine beträchtliche Streuung auf, insbesondere bei mittleren und hohen H2 Werten. Der Hang besitzt auf den ersten elf Metern eine kolluviale Bedeckung, so daß dieser Standort sich durch einen erheblichen Wechsel der Krautbedeckung aufgrund der Dürre kennzeichnet. Die in direkter Nachbarschaft gelegenen Sedimentkästen K6 (3m kolluviale Zone) und K7 (ohne Kolluvium) zeigen eine ähnliche Streuung, deren Außenseiterwerte weitestgehend denen von K5 entsprechen.

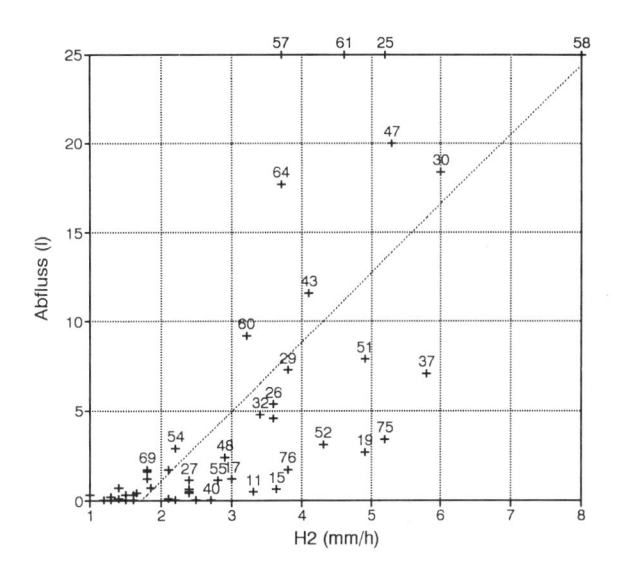

Abb. 31: Verhältnis zwischen Oberflächenabfluß und maximaler 2-Stunden Intensität (H2) des Standorts K5 mit Regressionsgeraden ($R^2=0,54$, SE=5,2, Y = -6,66 + 3,88 * H2).

Der Einfluß der antezedenten Bodenfeuchte auf die Produktion des Abflusses läßt sich mit den benutzten Variablen HUM1 bis HUM7 statistisch nicht nachweisen.

Tabelle 25 gibt die wichtigsten Ereignisse (E) wieder. Mit Ausnahme von E25 und E60 zeichnen sich überdurchschnittlich hohe Abflußmengen durch 30-Minuten Intensitäten von ≥10 mmh^{-1} aus. Der hohe Abfluß von E25 erkärt sich durch die hohe Regenmenge (39,2 mm) bei einem hohen H2 (5,2 mmh^{-1}).
Die drei Ereignisse, die in Abbildung 32 dargestellt sind und sich durch wenig intensive, langanhaltende Niederschläge charakterisieren, unterscheiden sich im wesentlichen durch ihre Kontinuität und Regenmenge. Der Niederschlagsverlauf von E32 ist durch eine fast regenfreie Phase von ungefähr fünf Stunden unterbrochen, wohingegen bei den beiden anderen Geschehnissen der Gesamtniederschlag kontinuierlich fiel. Die höchste Abflußmenge wäre von E26 zu

Datum	E	Abfluß (l)	DUR (h)	PTOT (mm)	H2 (mm/h)	I30 (mm/h)	HUM1 (mm)	HUM2 (mm)
13/10/93	71	25,0	7,3	29,0	5,2	16,0	9,0	21,6
29/10/92	47	20,0	2,3	15,8	5,3	14,4	6,0	8,2
24/04/92	58	25,0	3,2	20,8	8,0	14,2	3,4	3,4
30/03/92	30	18,4	3,2	15,6	6,0	12,4	0,0	0,0
15/06/92	37	7,1	3,2	15,2	5,8	12,4	4,2	5,0
03/11/93	75	3,4	3,2	14,2	5,2	11,6	4,6	21,6
01/12/91	25	25,0	11,5	39,2	5,2	7,6	0,0	0,0
03/05/93	61	25,0	0,8	9,2	4,6	16,4	0,0	0,2
28/09/91	19	2,7	1,5	10,4	4,9	15,6	0,0	0,0
08/11/93	76	1,7	0,7	7,8	3,8	14,8	0,2	5,2
14/04/93	57	25,0	0,6	7,4	3,7	14,4	2,6	4,2
04/12/92	50	4,6	1,7	9,4	3,6	12,4	0,4	2,0
01/06/91	17	1,2	1,0	6,3	3,0	11,2	2,5	2,5
26/05/93	64	17,7	1,6	8,8	3,7	10,4	2,8	2,8
11/10/92	43	11,6	0,9	9,4	4,1	10,0	2,4	9,2
15/12/92	51	7,9	2,0	10,8	4,9	8,8	0,0	0,2
19/12/92	52	3,1	2,4	10,2	4,3	7,2	0,0	0,2
09/03/91	15	0,6	6,2	15,4	3,6	5,4	2,7	14,4
14/12/91	26	5,4	7,4	22,4	3,6	5,2	0,0	0,2
01/02/91	8	1,2	3,3	7,9	3,0	5,0	0,2	0,4
19/02/92	29	7,3	6,8	19,6	3,8	4,8	0,8	1,4
30/04/93	60	9,2	4,8	13,8	3,2	4,8	0,8	10,8
16/02/91	11	0,5	7,3	15,2	3,3	4,6	0,2	0,2
02/04/92	32	4,8	5,8	19,4	3,4	4,4	0,8	1,6

Tab. 25: Die wichtigsten Abflußereignisse des Standorts K5 (E - Ereignis, DUR - Dauer, PTOT - Regenmenge, H2 - Maximale 2-Stunden Intensität, I30 - Maximale 30-Minuten Intensität, HUM1, HUM2 - Regenmenge 1 bzw. 2 Tage vor dem Ereignis).

erwarten, doch beträgt sie nur die Hälfte der bei E60 gemessenen Menge, obwohl sowohl mehr Regen verzeichnet wurde, als auch die Intensitätswerte (H2 und I30) geringfügig höher sind. Jedoch war die Bodenfeuchte bei E60 höher (HUM2=10,8 im Vergleich zu 0,2 mm, HUM7=39,6 im Vergleich zu 4,8 mm). Bei wenig intensiven Ereignissen (H2 < 4 mmh^{-1}, I30 < 6 mmh^{-1}) ist ein Minimum von ungefähr 10 mm kontinuierlichem Regen zur Produktion von Abfluß notwendig. Dies wurde bei E11 und E15 nicht erreicht, so daß bei der ungefähr 15 mm betragenden Gesamtmenge kein Abfluß produziert wurde (Tab. 25).

Bei den durch intensive Niederschläge produzierten Abflüssen ist die Streuung besonders groß (Abb. 31). Es gibt keinen Hinweis für die Bedeutung der antezedenten Bodenfeuchte. Abbildungen 33 und 34 zeigen den Verlauf einiger dieser Ereignisse. E58 produzierte einen hohen Abfluß, der bei fast allen Standorten im Einzugsgebiet zum vollständigen Füllen der Kanister führte. Bei diesem Ereignis fielen kontinuierlich 17,6 mm Regen in 2,5 Stunden, mit einem 30-Minuten Maximum von 14,4 mmh^{-1}. Die Niederschlagsspitze (I5 = 33,6 mmh^{-1}) fand am Ende des Ereignisses statt. Dies ist wahrscheinlich effektiver für die Abflußproduktion, als deren Erscheinen am Anfang eines Niederschlags.

Selbst unter Hinzuziehung der inneren Struktur der Ereignisse (Kontinuität, Lage des Maximums) läßt sich die Variabilität der Abflüsse nicht erklären. Vergleichsweise weniger intensive und effektive Niederschläge produzierten hohe Abflüsse. Dies gilt für E57, E61, E64 vom April und Mai 1993, sowie für E43 vom 11.10.1992. Letzteres entspricht einem Niederschlag von 9,4 mm, dessen Verlauf von einer regenfreien Periode von 1,1 Stunden unterbrochen ist. Der meiste Regen fiel während des ersten Teilereignisses mit nur 5,4 mm und einem vergleichsweise niedrigen I30 von 10,0 mmh^{-1}. E64 mit etwas niedrigerer Regenmenge und höherer kurzzeitiger Intensität, ist ähnlich (Abb. 33).

Im Vergleich zu den vorgenannten Ereignissen, lieferten E19, E30, E37, E75 und E76 unterdurchschnittliche Abflußmengen (Abb. 34). Als Ursache dieser Variabilität wird die Entwicklung der Bodenbedeckung angenommen. In den kolluvialen

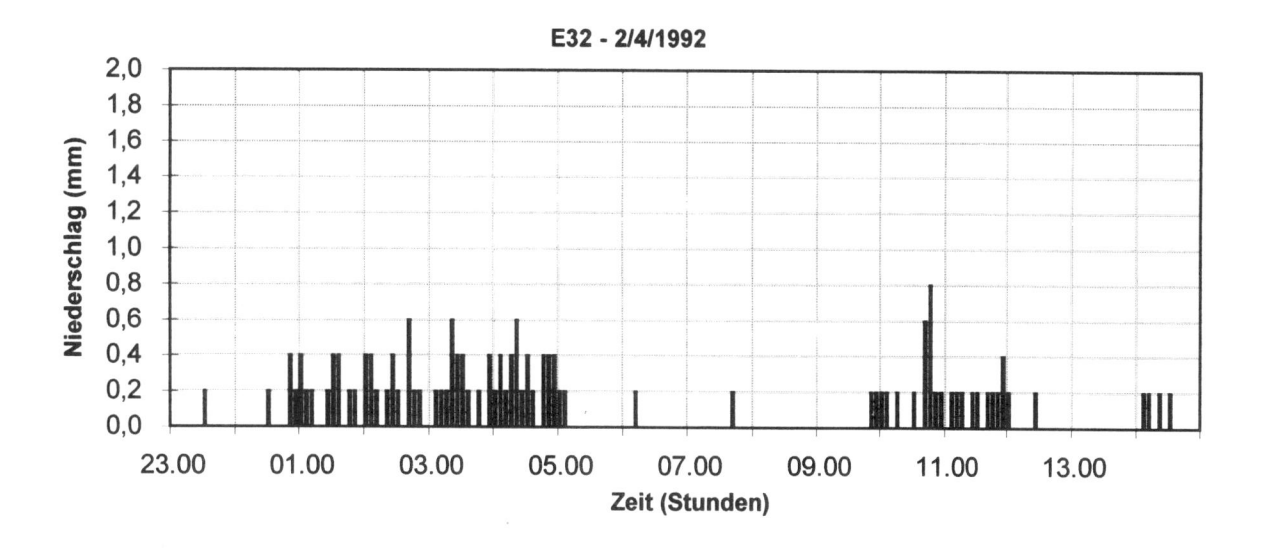

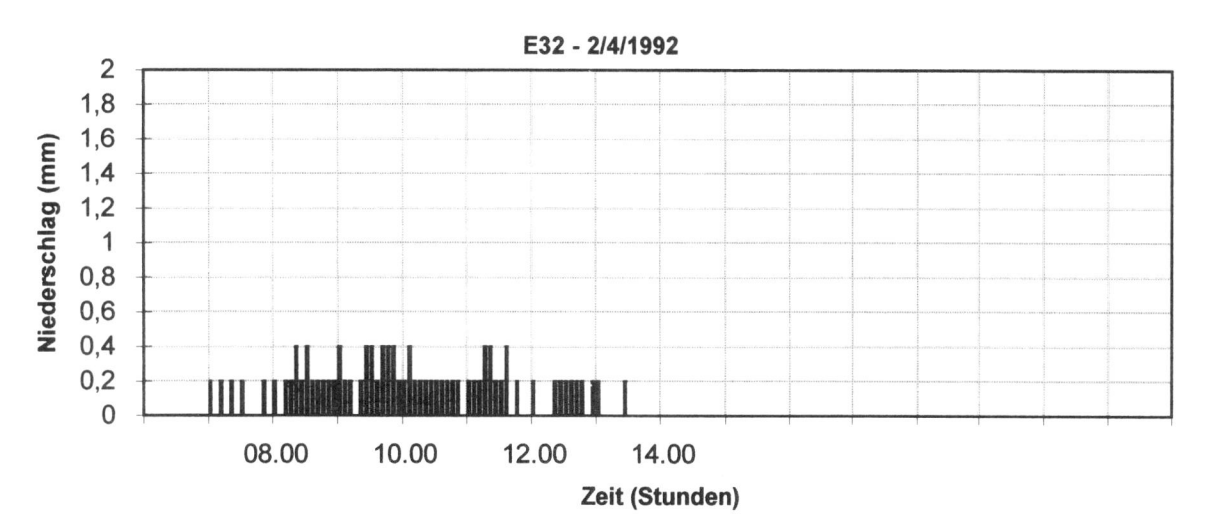

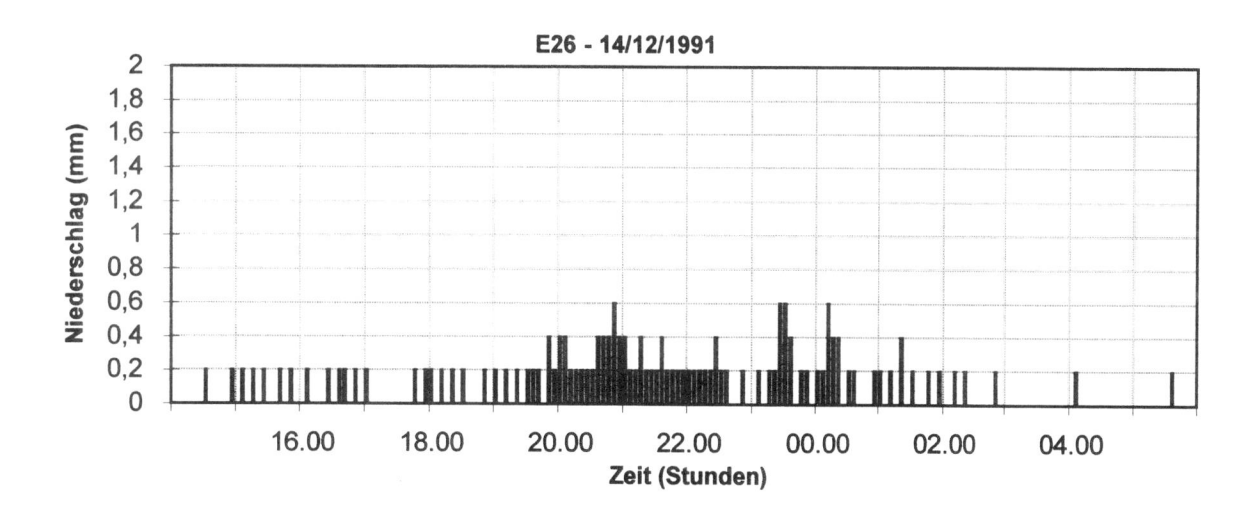

Abb. 32: Niederschlagsverteilung der Ereignisse E32, E60 und E26 (zeitliche Auflösung 5 Minuten).

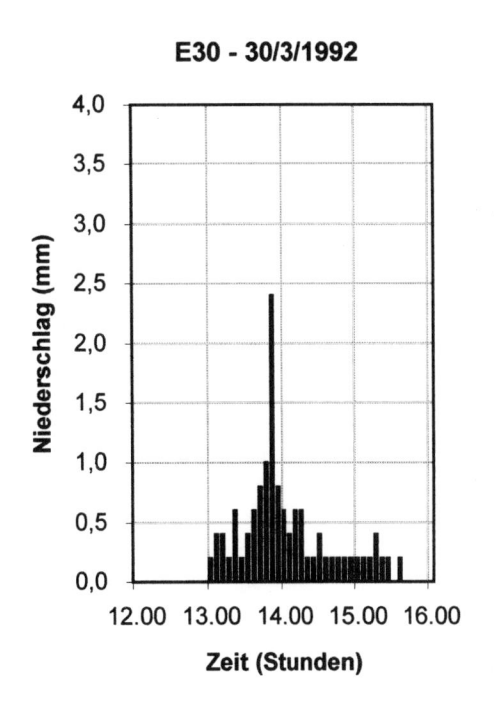

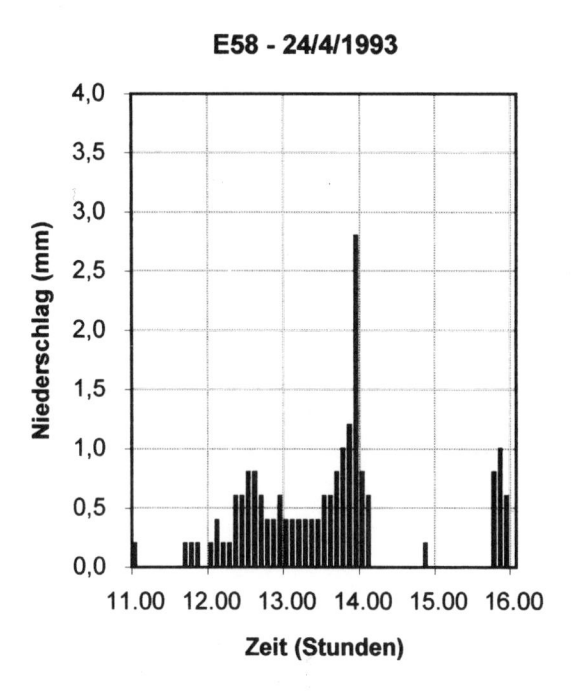

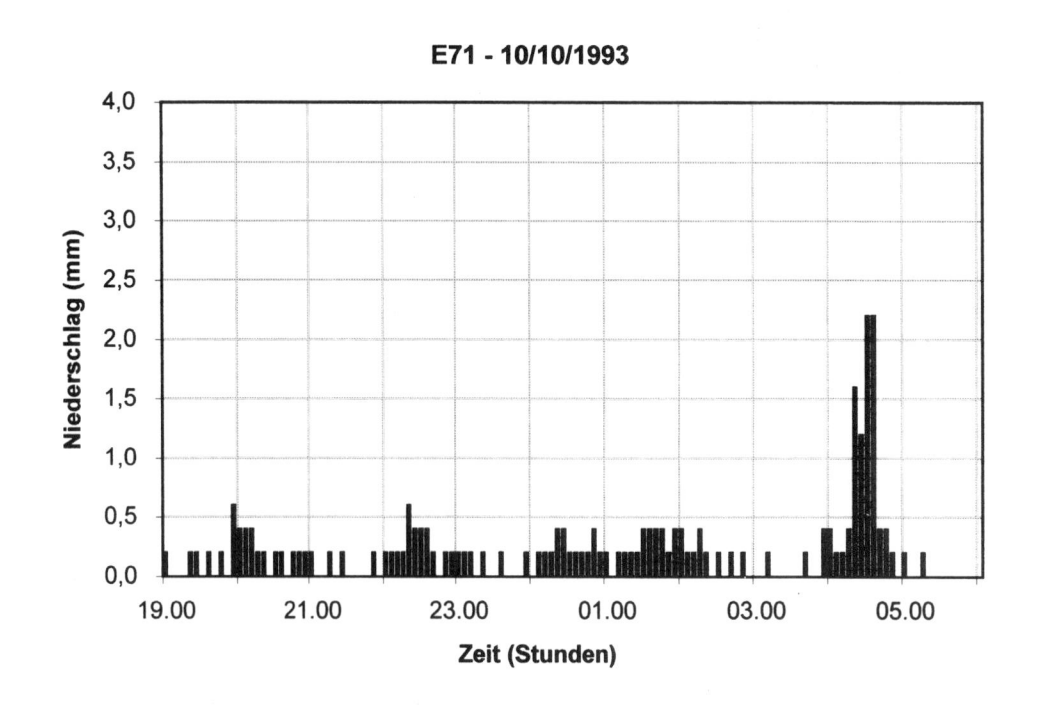

Abb. 33: Niederschlagsverteilung verschiedener Ereignisse (zeitliche Auflösung 5 Minuten).

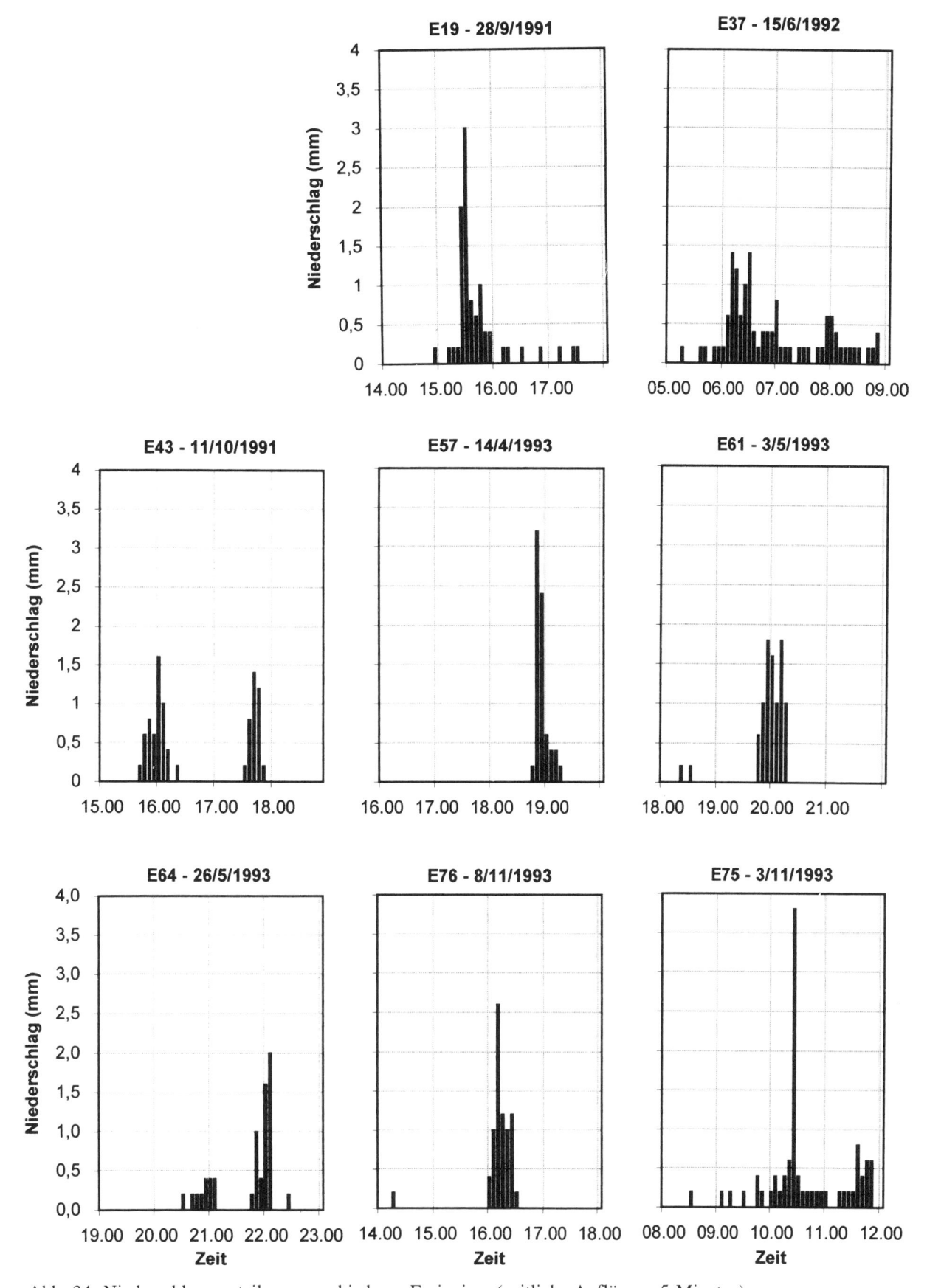

Abb. 34: Niederschlagsverteilung verschiedener Ereignisse (zeitliche Auflösung 5 Minuten).

Bereichen fand eine deutliche Abnahme der Krautbedeckung ab Juni 1992 statt. Im folgenden Herbst kam es zwar zu einer Zunahme der Vegetationsbedeckung, doch führten die defizitären Niederschläge zu einer erneuten Degradation der Krautschicht. Erst ab Mitte April führten die reichhaltigen Regenfälle zu einer Zunahme der Vegetation, die jedoch erst ab Juni 1993 ihren normalen Stand erreichte. Auch die bei dieser Analyse ausgeschlossenen Daten, die mehrere Ereignisse einschließen, deuten auf niedrigere Abflüsse bei einer dichten Vegetationsbedeckung hin (Zeitraum von Herbst 1991 bis Frühjahr 1992 und Herbst 1993). Der hohe Abfluß des wenig intensiven Ereignisses E60 vom 30/4/93 ist vielleicht nicht, wie oben ausgeführt, auf die Bodenfeuchte zurückzuführen, sondern ebenfalls auf die geringe Vegetationsbedeckung.

Auch die Nachbarstandorte K6, K7 und der nahegelegene K8 zeigen den angenommenen Einfluß der Vegetationsbedeckung auf die Produktion des Oberflächenabflusses. Die Interpretation der Daten von Standorten, die nicht in unmittelbarer Nähe des Niederschlagsschreibers liegen, ist problematisch. Die Variabilität des Regens im Einzugsgebiet begründet die teilweise schlechte Übereinstimmung der Abflüsse. Dies wird zum einen bestätigt durch die gute Korrelation der Abflußdaten von Parzellen, die paarweise angelegt sind oder nahe beieinanderliegen und zum anderen durch gemeinsame Extremwerte (bei der Beziehung zwischen Abfluß und H2), die bei den in der Nähe der meteorologischen Station gelegenen nicht auftreten. Ein Beispiel liefert das Ereignis E17, das nur 6,3 mm Regen mit einem I30 von 11,2 mmh^{-1} verzeichnete. Im gesamten unteren Teil des Untersuchungsgebiets wurden hohe und im oberen Teil sehr niedrige Abflußmengen produziert. Der ansässige Schäfer bestätigte, daß es in der Nähe des Ausgangs des Einzugsgebiets im Gegensatz zu den oberen Bereichen stark regnete.

Räumliche Unterschiede der Regenereignisse sind vorhanden, doch wahrscheinlich nicht sehr hoch, wie die gute Relation zwischen Niederschlagsvariablen und Abfluß der stark degradierten Standorte anzeigt (Tab. 24). Selbst die 400 m von der meteorologischen Station entfernte Parzelle K17 weist eine erklärte Varianz bei der Regression mit den Variablen Regenmenge, Regendauer und 2-Stunden Intensität von 76% auf. Abbildung 35 zeigt als Beispiel das Verhältnis zwischen geschätzten und gemessenen Abflußwerten des in 200 m Entfernung vom Niederschlagsmeßgerät gelegenen Standorts K10.

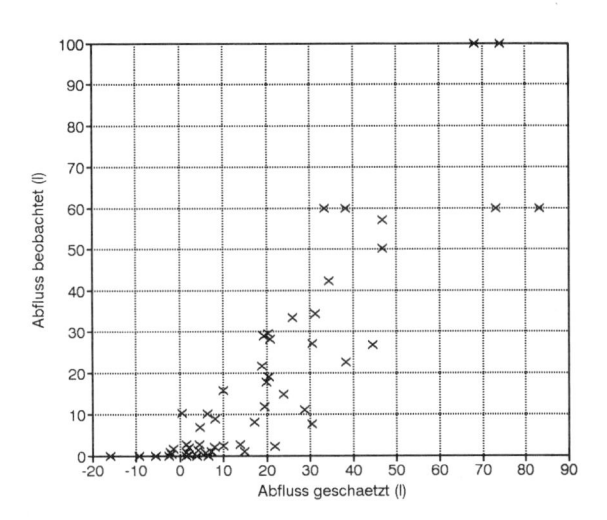

Abb. 35: Beziehung zwischen geschätzten und gemessenen Abflußwerten des Standorts K10 auf der Basis der multiplen linearen Regression zwischen Abfluß und Niederschlagsmenge, Regendauer und der maximalen 2-Stunden Intensität (R^2 = 0,76, Standardfehler = 12,1, N = 53, Y = -22,05 - 3,85DUR + 3,09PTOT + 5,52H2).

5.3.4 Mittlerer Abfluß

Für die verschiedenen Ereignisse wurde der mittlere Abfluß von 19 Standorten berechnet. Ausgeschlossen wurden solche, die eine schlechte Beziehung mit Niederschlagsvariablen aufweisen (K2, 12, 15, 18, 22, 23, 25, 26). Die beste Korrelation dieser mittleren Werte ergibt ebenfalls die multiple lineare Regression mit den Variablen DUR, PTOT und H2 (Abb. 36). Der hoch signifikante Korrelationskoeffizient R^2 beträgt 0,81, bei einem Standardfehler von 3,7. Das arithmetische Mittel ist 7,9 l. Die Regressionsgleichung lautet:

$$Y = -7,45 - 0,87 DUR + 0,76 PTOT + 2,96 H2$$

H2 ist nicht unabhängig von PTOT (R^2 = 0,263). Um den Einfluß der einzelnen Variablen unabhängig voneinander herauszufinden, wurde die partielle Korrelation angewandt. Die Koeffizienten schließen jenen Teil der Varianz aus, der gleichzeitig mit verschiedenen Variablen assoziiert ist (SHAW & WHEELER, 1985). Die Koeffizienten (R) und die erklärten Varianzen (R^2) sind:

	DUR	PTOT	H2
R	-0,230	0,450	0,591
R^2	0,053	0,203	0,349

Sie zeigen den starken Einfluß der Variablen H2 auf die Abflußproduktion. Die Benutzung von I30, an Stelle von H2 bei der multiplen Regression, verschlechtert die Korrelation auf $R^2 = 0{,}74$. Auch die Regressionen mit nur einer unabhängigen Variablen zeigen die gute Erklärung des Abflusses durch H2:

Variable	R^2	Standardfehler
PTOT	0,479	6,2
H2	0,721	4,5
I60	0,596	5,8
I30	0,392	6,7

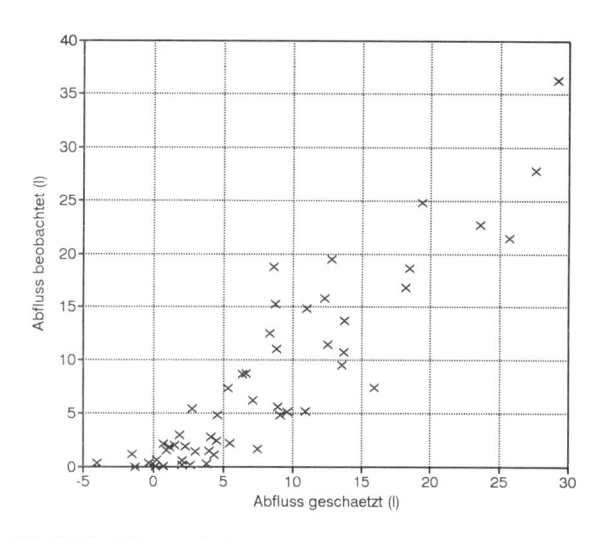

Abb. 36: Beziehung zwischen geschätzten und gemessenen mittleren Abflußwerten von 19 Standorten auf der Basis der multiplen linearen Regression zwischen Abfluß und Niederschlagsmenge, Regendauer und der maximalen 2-Stunden Intensität ($R^2 = 0{,}81$, Standardfehler = 3,7, N = 53, Y = -7,45 - 0,87DUR + 0,76PTOT + 2,96H2).

Die Korrelationen der Mittelwerte von 19 Abflußkästen sind besser als die der einzelnen Standorte. Selbst die hohen Koeffizienten der stark degradierten Bereiche sind niedriger als die der Mittelwerte. Ursache ist möglicherweise der Ausgleich von Meßfehlern sowie der geringere Einfluß der Variationen des Niederschlags im Einzugsgebiet. Die geringe Bedeutung der Variablen DUR beim Regressionsmodell oder bei der partiellen Korrelation liegt wahrscheinlich teilweise an der Schwierigkeit der Abgrenzung eines Ereignisses sowie dem Auftreten von Diskontinuitäten im Niederschlagsverlauf. Die definierte Variable DUR entspricht zwar nicht immer der tatsächlichen Dauer eines Niederschlagsgeschehens, doch ist sie klar definiert (Summe der Zeit, während der das Meßgerät Regen aufzeichnet).

Das Regressionsmodell legt nahe, daß der Abfluß im Einzugsgebiet vorwiegend von der Niederschlagsmenge sowie deren Intensität bestimmt wird, wobei kurzzeitige Intensitäten (I5, I10) nicht von Bedeutung sind. Bei einer Regenmenge von weniger als 5.6 mm wird kein Abfluß produziert. Fallen in 2 Stunden mehr als 6,6 mm Niederschlag, kommt es generell zu Oberflächenabfluß. Bei niedrigeren H2-Intensitäten ($<3{,}3$ mmh^{-1}) ist eine Menge von 10 mm kontinuierlichem Regen ausreichend (Tab. 26).

Der Einfluß anderer Faktoren, wie die antezedente Bodenfeuchte oder die Vegetationsbedeckung, die im Untersuchungsgebiet starken Schwankungen unterworfen ist, konnte nicht nachgewiesen werden. Auch wenn es Hinweise für die Auswirkung der Variation der Bodenbedeckung auf den Abfluß gibt, so sind diese schwierig nachzuprüfen, da zuviele andere Faktoren beteiligt sind (Niederschlag, Meßfehler, räumliche Variablität des Niederschlags, Bodenfeuchte).

5.3.5 Abflußkoeffizienten und Infiltrationskapazität des Bodens

In den vorhergehenden Kapiteln bleiben Fehler, die durch das völlige Füllen der Auffangkanister produziert werden, unberücksichtigt. Bei den dort vorgenommenen Analysen der räumlichen und zeitlichen Abflußvariationen fallen diese nicht stark ins Gewicht. Jedoch erlangen sie große Bedeutung, wenn die Abflußdaten im Zusammenhang mit dem Wasserhaushalt des Einzugsgebiets oder den Prozessen der Bodenerosion betrachtet werden. Es handelt sich bei Ereignissen, die zu einem Überlaufen der Kanister führte, um einige der wichtigsten während des Untersuchungszeitraums. Es wird versucht, über die Abschätzung der Infiltrationskapazität des Bodens, den Oberflächenabfluß dieser Geschehnisse näherungsweise zu bestimmen.

Die minimale Regenmenge zur Produktion von Abfluß beträgt 5,6 mm. Aus der Subtraktion von Gesamtniederschlag und Abfluß ergibt sich die Summe von Interzeption und Infiltration (mm.m^{-2}). Diese Werte sind in Tabelle 26 dargestellt. Es zeigt sich, daß bei kurzzeitigen, intensiven Niederschlägen (z.B. E57, E64, E43) die Summe aus Interzeption und Infiltration in der Größenordnung von 6,0 bis 8,0 mm liegt, das heißt sie ist nur geringfügig höher als die minimale

E	Datum	RUN (l)	KOEF (%)	DUR (h)	PTOT (mm)	H2 (mm/h)	I30 (mm/h)	P-A (mm)
58	24/04/93	36,3	17,5	3,2	20,8	8,0	14,2	17,2
30	30/03/92	24,8	15,8	3,2	15,6	6,0	12,4	13,1
41	26/09/92	21,5	9,0	4,9	26,4	5,9	12,8	24,0
37	15/06/92	18,6	12,8	3,2	15,2	5,8	12,4	13,3
47	29/10/92	16,8	11,9	2,3	15,8	5,3	14,4	13,9
25	01/12/91	27,8	7,4	11,5	39,2	5,2	7,6	36,3
71	13/10/93	22,7	8,5	7,3	29,0	5,2	16,0	26,5
75	03/11/93	7,4	6,1	3,2	14,2	5,2	11,6	13,3
51	15/12/92	9,5	9,7	2,0	10,8	4,9	8,8	9,8
19	28/09/91	10,7	11,2	1,5	10,4	4,9	15,6	9,2
61	03/05/93	11,4	12,4	0,8	9,2	4,6	16,4	8,1
52	19/12/92	5,2	5,6	2,4	10,2	4,3	7,2	9,6
43	11/10/92	14,9	16,8	0,9	9,4	4,1	10,0	7,8
29	19/02/92	19,5	10,5	6,8	19,6	3,8	4,8	17,5
76	08/11/93	4,8	7,4	0,7	7,8	3,8	14,8	7,2
64	26/05/93	15,3	15,4	1,6	8,8	3,7	10,4	7,4
57	14/04/93	18,7	22,2	0,6	7,4	3,7	14,4	5,8
15	09/03/91	5,2	2,6	6,2	15,4	3,6	5,4	15,0
26	14/12/91	13,7	7,4	7,4	22,4	3,6	5,2	20,7
50	04/12/92	11,0	13,3	1,7	9,4	3,6	12,4	8,2
32	02/04/92	15,8	8,9	5,8	19,4	3,4	4,4	17,7
11	16/02/91	1,7	1,3	7,3	15,2	3,3	4,6	15,0
60	30/04/93	12,5	9,6	4,8	13,8	3,2	4,8	12,5
8	01/02/91	2,4	3,8	3,3	7,9	3,0	5,0	7,6
17	01/06/91	7,3	11,0	1,0	6,3	3,0	11,2	5,6
48	15/11/92	6,2	5,8	3,3	11,6	2,9	6,4	10,9
55	11/02/93	2,8	6,1	1,1	5,6	2,8	7,2	5,3
40	28/08/92	1,1	2,0	0,5	5,6	2,7	10,0	5,5
39	18/08/92	0,2	0,6	0,4	5,6	2,5	10,0	5,6
27	09/01/92	4,8	5,1	4,3	11,4	2,4	3,2	10,8
62	12/05/93	2,2	2,3	3,1	11,2	2,4	4,8	10,9
72	16/10/93	1,5	2,0	2,8	9,0	2,4	4,4	8,8
49	01/12/92	1,4	2,5	1,9	6,6	2,4	4,4	6,4
53	10/02/93	1,8	3,4	1,7	5,4	2,4	3,6	5,2
54	10/02/93	8,8	6,4	5,1	15,8	2,2	3,6	14,8
73	26/10/93	0,1	0,5	2,5	7,6	2,2	3,6	7,6
56	13/03/93	5,4	6,0	3,8	9,6	2,1	3,2	9,0
20	09/10/91	0,6	0,9	2,7	7,4	2,1	3,6	7,3
6	07/01/91	1,5	1,9	5,7	10,4	1,9	4,6	10,2
74	31/10/93	5,6	2,3	8,8	24,8	1,8	4,0	24,2
69	09/10/93	8,7	5,5	5,3	17,2	1,8	6,8	16,3
23	25/10/91	2,0	2,3	2,6	7,8	1,8	4,0	7,6
34	03/04/92	1,8	2,6	2,8	8,1	1,7	4,2	7,9
28	12/02/92	0,7	1,3	2,7	7,0	1,6	2,4	6,9
31	30/03/92	2,1	4,5	1,1	5,8	1,6	6,0	5,5
59	27/04/93	2,9	2,5	4,8	12,0	1,5	2,8	11,7
9	07/02/91	0,0	0,0	5,7	10,7	1,5	4,2	10,7
4	08/12/90	0,2	0,3	3,0	10,5	1,4	3,2	10,5
10	12/02/91	1,2	1,3	7,0	10,4	1,4	2,5	10,3
77	28/11/93	0,0	0,0	4,1	10,4	1,3	3,6	10,4
44	15/10/92	0,3	0,4	2,0	6,6	1,3	3,6	6,6

Tab. 26: Mittlerer Abfluß von 19 Standorten (RUN), Abflußkoeffizienten (KOEF) und Niederschlagsvariablen der wichtigsten Ereignisse. P-A enspricht der Differenz aus Niederschlag und Abfluß (mm).

abflußproduzierende Regenmenge. Es wird deshalb angenommen, daß 5,6 mm für die Produktion des Abflusses ausreichend sind und daß der größte Teil dieser Menge der Interzeption der Vegetations- und Streuschicht sowie des sog. "Depression Storage" der Bodenoberfläche entspricht. DUNNE & LEOPOLD (1978) geben für Hänge mit sehr glatter Oberfläche einen "Depression Storage" von 1 mm an. Die ausgeprägte Mikromorphologie im Untersuchungsgebiet läßt deshalb einen etwas höheren Wert annehmen. Höher ist dieser Wert mit Zunahme der Bodenrauhigkeit. Die Interzeption der Krautschicht dürfte in der Größenordnung von 1 mm liegen (HORTON, 1919; MERIAM, 1961).

Die Infiltrationskapazität des Bodens nimmt mit der Zeit ab, da eine Sättigung erreicht wird. Die Abflußdaten von Niederschlägen geringer Menge und hoher Intensität zeigen an, daß die Infiltration selbst zu Beginn des Ereignisses gering ist (<5,6 mm).

Zu ihrer Abschätzung wurden Ereignisse ausgewählt, die sich durch kontinuierlichen Niederschlag mit geringer Variation der Intensität auszeichnen (Abb. 32). Für die vier hierfür geeigneten E26, E29, E32, und E60 wurde die Infiltrationskapazität berechnet nach:

$$INF = (P_x - 5,6 - A_x)/D_x \qquad (4)$$

wobei P_x - kontinuierliche Regenmenge,
A_x - Abfluß (mm· m^{-2}),
D_x - Zeitraum während der (PTOT - 5,6mm) fällt.

Die Methode wird am Beispiel von E29 in Abbildung 37 verdeutlicht. Die berechneten Werte zeigen eine gute Übereinstimmung. Sie betragen (mmh^{-1}):

E26 - 2,20
E29 - 1,75
E32 - 2,38
E60 - 1,96

Das Mittel von 2,07 mmh^{-1} wird herangezogen, um die Abflüsse (lm^{-2}) und Koeffizienten (%) abzuschätzen. Hierfür wird zunächst 5,6 mm am Beginn eines Ereignisses abgezogen und die Summe des Niederschlags für jeden folgenden Zeitabschnitt von einer Stunde mit 2,07 mmh^{-1} subtrahiert. Die Summe der positiven Werte ergibt den Abfluß und dieser in Relation zum Gesamtniederschlag (PTOT) den Abflußkoeffizienten. Bei Ereignissen, die von einer regenfreien Zeit von mehreren Stunden unterbrochen sind, wurde beim zweiten Ereignis erneut 5,6 mm abgezogen.

Die geschätzten Abflüsse liegen im Mittel höher als die gemessenen, da negative Werte nicht berücksichtigt werden können (dies bedeutet Phasen sehr geringer Intensität, die eine zeitweise Erhöhung der Infiltration bzw. eine Erniedrigung des "Depression Storage" zur Folge haben). Doch liegen die Werte bei den meisten Proben in der richtigen Größenordnung (Tab. 27). Eine gute Übereinstimmung kann bei dieser Methode nicht erwartet werden. Bedenkt man, daß ± 1 mm Infiltration bei einem PTOT von 10 mm eine Änderung des Koeffzienten von ± 10% ausmacht.

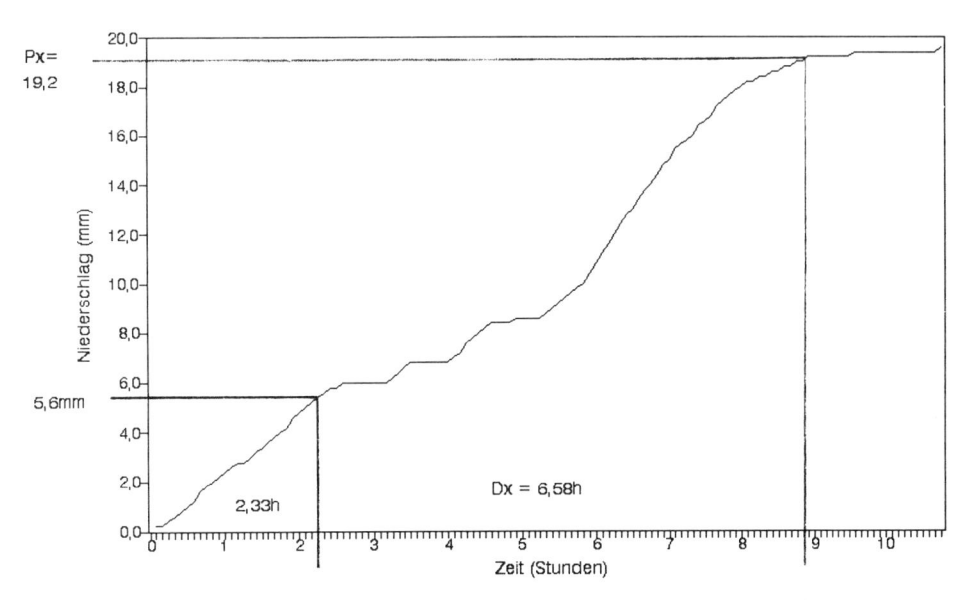

Abb. 37: Summenkurve des Niederschlags (5-Minuten Intervalle) vom 19/2/1992 (E29) zur Veranschaulichung der Methode für die Berechnung der Infiltrationskapazität (siehe Erklärung im Text).

E	A_x (l/m²)	A_y (l/m²)	K_x (%)	K_y (%)	DUR (h)	PTOT (mm)	H2 (mm/h)	I30 (mm/h)
47	1,9	3,1	11,9	19,7	2,3	15,8	5,3	14,4
71	2,5	10,1	8,5	34,8	7,3	29,0	5,2	16,0
75	0,9	1,9	6,1	13,0	3,2	14,2	5,2	11,6
36	1,4	2,3	3,7	6,0	13,0	39,0	5,1	9,2
51	1,0	2,7	9,7	25,2	2,0	10,8	4,9	8,8
19	1,2	1,7	11,2	16,5	1,5	10,4	4,9	15,6
68	3,3	4,2	10,7	13,5	5,4	31,2	4,8	7,6
61	1,1	2,7	12,4	29,1	0,8	9,2	4,6	16,4
52	0,6	1,1	5,6	11,0	2,4	10,2	4,3	7,2
43	1,6	1,6	16,8	17,3	0,9	9,4	4,1	10,0
70	1,2	1,0	7,5	6,0	3,3	15,8	3,9	11,2
76	0,6	1,3	7,4	16,4	0,7	7,8	3,8	14,8
64	1,4	1,4	15,4	16,2	1,6	8,8	3,7	10,4
57	1,6	0,9	22,2	12,6	0,6	7,4	3,7	14,4
50	1,3	1,1	13,3	12,1	1,7	9,4	3,6	12,4
42	0,8	1,3	4,6	8,0	3,9	16,4	2,9	10,4
58	>3,6	8,1	>17,5	38,7	3,2	20,8	8,0	14,2
30	>2,5	6,9	>15,8	44,0	3,2	15,6	6,0	12,4
41	>2,4	10,4	>9,0	39,4	4,9	26,4	5,9	12,8
37	>1,9	4,0	>12,8	26,6	3,2	15,2	5,8	12,4
25	>2,9	10,0	>7,4	25,5	11,5	39,2	5,2	7,6
45	>2,2	7,4	>6,7	22,8	8,8	32,6	4,3	9,2
38a		10,9		50,3	1,7	21,6	9,7	32,8
38b		3,5		26,4	0,7	13,2	6,6	25,2

Tab. 27: Gemessene und geschätzte Abflüsse (A_x, A_y), gemessene und geschätzte Abflußkoeffizienten (K_x, K_y) (E - Ereignis, DUR - Dauer, PTOT - Regenmenge, H2 - 2-Stunden Intensität, I30 - 30-Minuten Intensität).

Für die sechs wichtigen Ereignisse, die ein Überlaufen der Kanister bewirkte, ergeben sich wesentlich höhere Abflußkoeffizienten, die, vergleicht man sie mit weniger effektiven Niederschlägen, die Koeffizienten von über 10% verursachten, realistischer scheinen als die gemessenen (Tab. 27).

Während des Starkregenereignisses vom 7. August 1992 wurde bei vielen Standorten der Auffangkasten vollständig mit Sediment gefüllt, so daß der Abfluß zu den Kanistern blockiert wurde. Die Abflußdaten sind deshalb nicht brauchbar. Der Abflußkoeffizient dieses Ereignisses (7.8.1992) wird auf 50% geschätzt).

Bei der Untersuchung der Bodenerosion und des Wasserhaushalts werden für acht Ereignisse die geschätzten Abflüse verwandt, die im unteren Teil der Tabelle 27 wiedergegeben sind.

5.4 Abfluß im Gerinne und Wasserhaushalt des Einzugsgebiets

Die hydrologischen Jahre 1991-92 und 1992-93 verzeichneten jeweils nur 9 und 15 mal Abfluß im Gerinne. Leider war während des Starkregenereignisses vom 7. August 1992 der Sensor der Pegelstation nicht funktionstüchtig. Während dieses Ereignisses, das das stärkste des Untersuchungszeitraums darstellt, kam es zum Überlaufen des H-flumes. Dies bedeutet, daß die maximale Kapazität der Pegelstation von 860 ls^{-1} überschritten wurde.

Es besteht eine enge Beziehung zwischen maximalem 5-Minuten Abfluß (QMAX, ls^{-1}) und Gesamtabfluß (Q, m³) der Ereignisse (Abb. 38). Der Korrelationskoeffizient R^2 der Regression beträgt 0,89 (Standardfehler = 0,45, bei einem mittleren Abfluß von 100,7 m³, signifikant bei $\alpha = 0,01$). Die resultierende Potenzfunktion lautet:

$$Q = 6,074 * QMAX^{0,737}$$

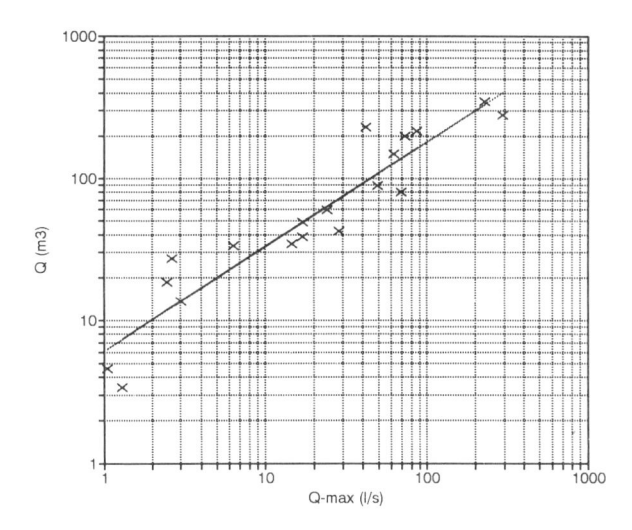

Abb. 38: Das Verhältnis zwischen Abflußmenge (Q) und maximalem 5-Minuten Abfluß (Q-max), sowie Regressions-gerade (Q = 6,074 * QMAX^{0,737}, R = 0,94).

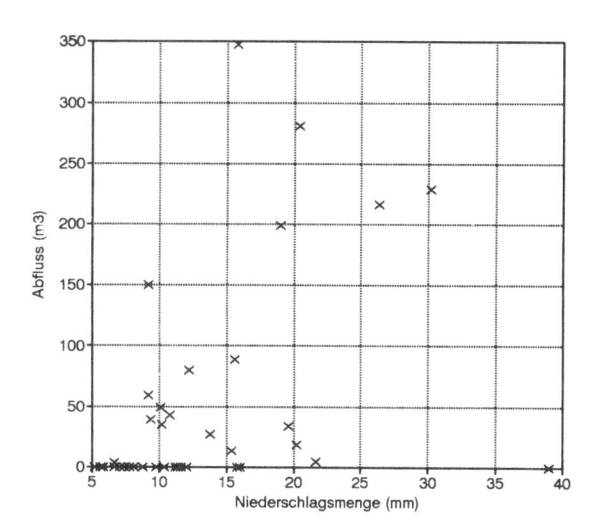

Abb. 39: Verhältnis zwischen Niederschlagsmenge und Gesamtabfluß

Mit diesem Modell wurde für den 7.8.1992 ein Gesamtabfluß von 883,5 m³ geschätzt. Bei einem Standardfehler von 0,45 liegt der Fehler der Schätzung bei -317,3 und +502,3 m³, ist also hoch. Außerdem ist zu berücksichtigen, daß QMAX dieses Ereignisses wesentlich größer ist, als die der Regression zugrundeliegenden. Der berechnete Abflußwert kann deshalb nur als grobe Schätzung betrachtet werden.

Tabelle 28 zeigt Gesamtabfluß, maximalen 5-Minuten Abfluß und Abflußkoeffizienten der wichtigsten Niederschlagsereignisse während der beiden Untersuchungsjahre. Die niedrigste abflußproduzierende Regenmenge betrug 7,8 mm. Der Gesamtabfluß weist eine geringe Relation mit der Regenmenge auf (R^2 = 0,16, p-Wert = 0,0078) (siehe Abb. 39). Besser sind die Korrelationen hingegen mit Niederschlagsintensitäten, wobei der höchste Koeffizient, ebenso wie beim Hangabfluß, mit H2 besteht (R^2 = 0,46, siehe Tab. 29 und Abb. 40). Multiple Regressionen mit Kombinationen von Niederschlagsvariablen ergeben keine Verbesserung der Korrelationen.

Der zeitliche Verlauf des Abflusses, im Vergleich mit dem des Niederschlags, weist auf eine HORTONsche Abflußproduktion hin (HORTON, 1933, 1940). Der Abfluß ist nur von kurzer Dauer, wobei der weitaus größte Teil in einem Zeitraum von einer Stunde oder weniger produziert wird. Bei intensiven Ereignissen wird das Abflußmaximum bereits 10 bis 20 Minuten nach der Niederschlagsspitze verzeichnet (Abb. 41). Das enge Verhältnis zwischen Niederschlagsintensität

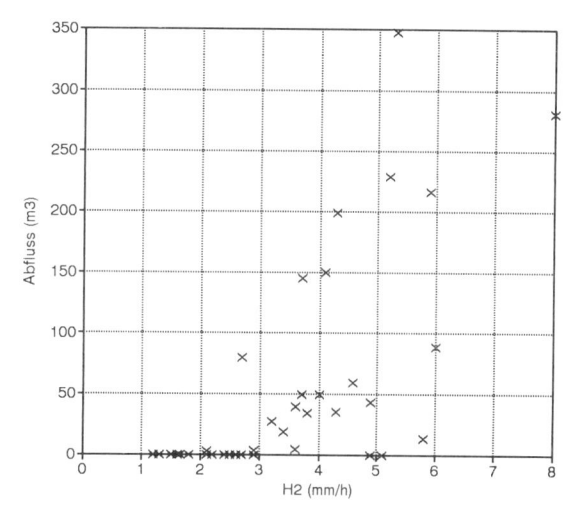

Abb. 40: Verhältnis zwischen maximaler 2-Stunden Niederschlagsintensität und Abflußmenge.

und Abfluß verdeutlicht auch das Auftreten von mehreren Spitzen, die Maxima des Niederschlags wiederspiegeln (Abb. 42).

Lineare Regression zwischen mittlerem Oberflächenabfluß auf Hängen und dem Abfluß am Ausgang des Einzugsgebiets ergibt einen Korrelationskoeffizienten R^2 von nur 0,55. Die Abflußkoeffizienten auf den Hängen sind wesentlich höher als die des Einzugsgebiets. Dies ist wahrscheinlich auf eine hohe Infiltration am Hangfuß und im Talboden zurückzu-

E	Datum	Q (m³)	QMAX (ls⁻¹)	KOEFQ (%)	PTOT (mm)	I30 (mmh⁻¹)
19	28/09/91	0,0	0,0	0,0	10,4	15,6
20	09/10/91	0,0	0,0	0,0	7,4	3,6
21	11/10/91	0,0	0,0	0,0	16,0	7,6
25	01/12/91	228,6	41,9	2,2	30,2	7,6
26	14/12/91	4,6	1,1	0,1	21,6	5,2
27	09/01/92	0,0	0,0	0,0	11,4	4,8
29	19/02/92	33,5	6,3	0,5	19,6	4,8
30	30/03/92	88,6	49,5	1,6	15,6	12,4
32	02/04/92	18,6	2,5	0,3	20,2	4,4
33	02/04/92	49,1	17,0	1,4	10,1	7,9
36	30/05/92	0,0	0,0	0,0	39,0	9,2
37	15/06/92	13,6	3,0	0,3	15,4	12,4
38	07/08/92	883,5	860,0	11,7	21,6	32,8
41	26/09/92	215,9	86,9	2,3	26,4	12,8
43	11/10/92	149,4	62,2	4,6	9,2	5,4
45	16/10/92	79,7	69,3	1,9	12,2	9,2
45	19/10/92	198,7	73,5	3,0	19,0	8,0
47	29/10/92	347,2	226,3	6,3	15,8	14,4
48	15/11/92	0,0	0,0	0,0	11,6	6,4
50	04/12/92	38,7	17,0	1,2	9,4	12,4
51	15/12/92	42,4	28,4	1,1	10,8	8,8
52	19/12/92	34,9	14,7	1,0	10,2	7,2
54	10/02/93	0,0	0,0	0,0	15,8	3,6
56	13/03/93	2,5	0,3	0,1	9,6	3,2
57	14/04/93	145,2	74,2	5,3	7,8	14,4
58	24/04/93	280,7	295,0	3,9	20,4	14,2
59	27/04/93	0,0	0,0	0,0	12,0	2,8
60	30/04/93	27,1	2,7	0,6	13,8	4,8
61	03/05/93	59,3	24,1	1,8	9,2	16,4
62	12/05/93	0,0	0,0	0,0	11,2	4,8
63	17/05/93	0,0	0,0	0,0	8,8	3,2
64	26/05/93	17,0	17,0	1,5	9,4	10,4

Tab. 28: Abfluß (Q), maximaler Abfluß (QMAX), Abflußkoeffizient (KOEFQ), Regenmenge (PTOT) und 30-Minuten Intensität (I30) der wichtigsten Niederschlagsereignisse (E) der Jahre 1991-92 und 1992-93.

führen. Diese Bereiche nehmen ungefähr 10% der Einzugsgebietsfläche ein und weisen eine fluvio-kolluviale Sedimentdecke auf, die eine maximale Mächtigkeit von 1,5 m beträgt. Es ist anzunehmen, daß die antezedente Bodenfeuchte dieser Gebiete ein wichtiger Faktor bei der Abflußproduktion ist.

Zwischen den vor den beprobten Ereignissen verzeichneten Regenmengen (Variablen HUM1 bis HUM7) und Abfluß ließ sich statistisch keine Beziehung feststellen. Nur die Hinzuziehung von HUM14 bei multiplen Regressionen mit der Variablen H2 ergibt eine leichte Erhöhung des Korrelationskoeffizienten (0,49 im Vergleich zu 0,46). Jedoch ist die Variable HUM14 statistisch nicht signifikant. Der Einfluß der Infiltration des Talbodens auf den Abfluß ist mit der begrenzten Datenmenge nicht erklärbar, insbesondere wenn berücksichtigt wird, daß die beiden Untersuchungsjahre überdurchschnittlich trocken waren.

Eine Wassersättigung dieser Bereiche wurde im November des Jahres 1993 erreicht, als zum erstenmal Abfluß noch zwei Tage nach dem Ende der Regenfälle verzeichnet wurde. Während des Zeitraums vom 1.10. bis 3.11.93 fielen 160,8 mm Regen. Der Datalogger der Pegelstation war während dieser Zeit nicht funktionstüchtig. Nach dem Ereignis vom 3.11.93, mit PTOT = 14,2 mm, wurde in den beiden darauffolgenden Tagen der Abfluß direkt gemessen (unter Zuhilfenahme eines Eimers und einer Stoppuhr). Der Gesamtabfluß der beiden Tage betrug 81,4 m³ und entspricht nur 0,2 lm⁻². Dies bedeutet, daß selbst hohe Regenmengen (hier 161 mm in 33 Tagen) nur geringe Mengen Basisabfluß produzieren. Die niedrigen Abfluß-koeffizienten des Einzugsgebiets sowie die geringe Menge des Basisabflusses (während der beiden trockenen Jahre = 0) lassen auf eine hohe Speicherkapazität des Talbodens, sowie der kolluvialen Bereiche, schließen. Diese Gebiete sind von großer Bedeutung im Wasserhaushalt des Einzugsgebiets und es kann angenommen werden,

Unabhängige Variable	R^2	p-Wert	Standard-fehler
PTOT	0,14	0,00784	79,8
H2	0,58	0,00000	64,3
I60	0,64	0,00001	67,5
I30	0,61	0,00077	75,6
I5	0,43	0,00825	79,9

Tab. 29: Korrelationskoeffizienten der linearen Regression zwischen Abfluß und Niederschlagsvariablen (N=42).

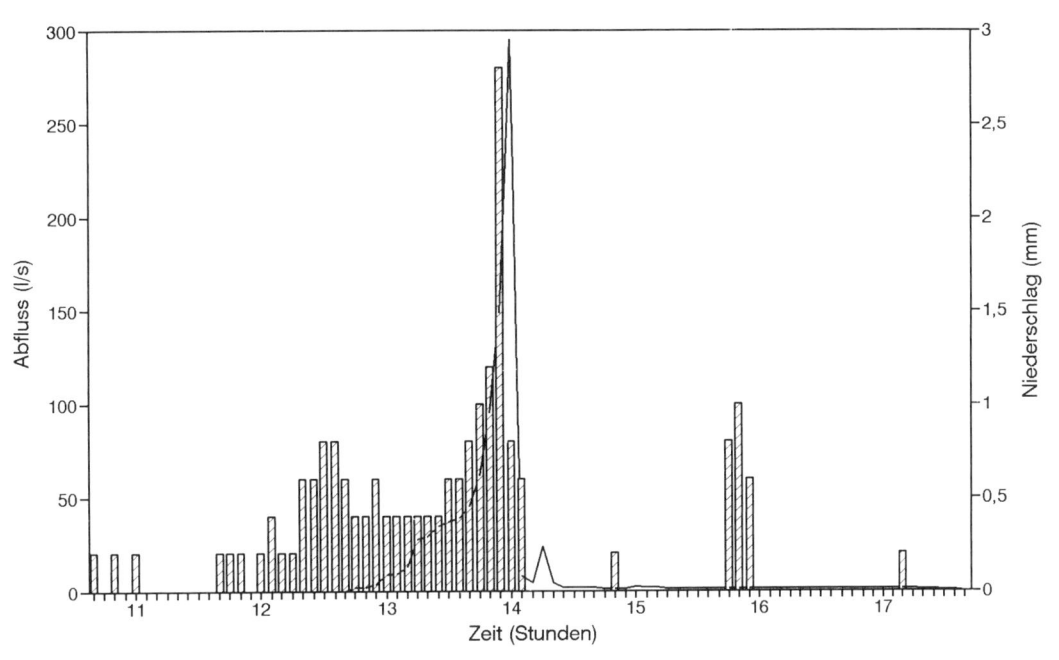

Abb. 41: Niederschlag und Abfluß während des Ereignisses E58 vom 24. 4. 1993 (5-Minuten Intervalle).

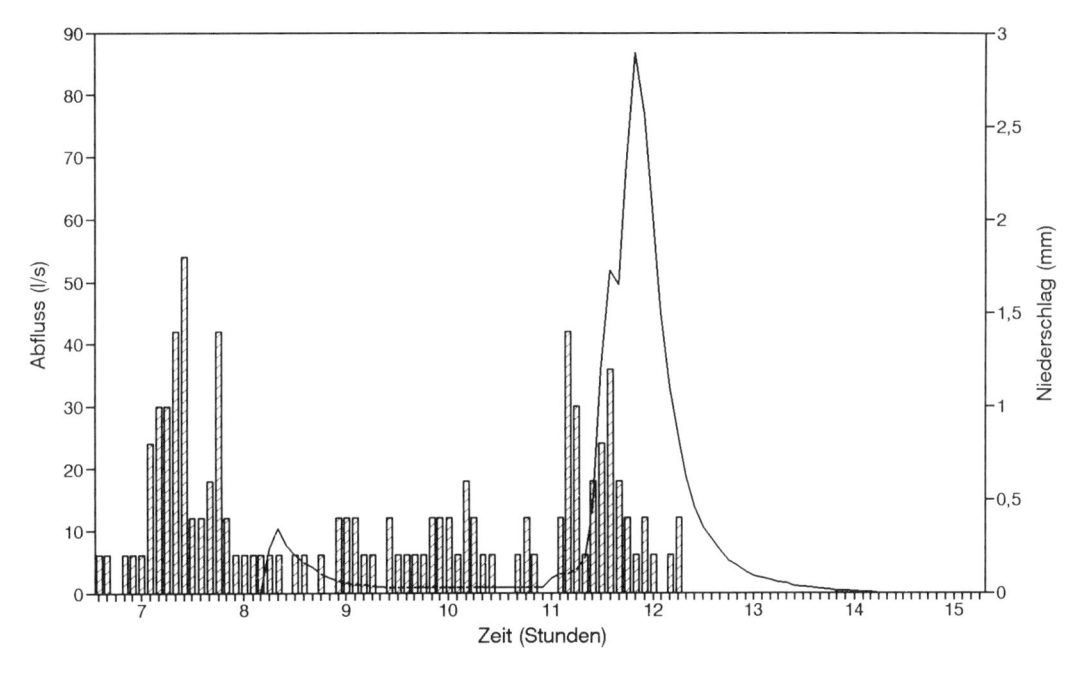

Abb. 42: Niederschlag und Abfluß während des Ereignisses E31 vom 26. 9. 1992 (5-Minuten Intervalle).

daß der weitaus größte Teil des hier infiltrierenden Wassers verdunstet. Es ist möglich, daß ein Teil in die senkrecht gestellten Schieferschichten infiltriert, dessen Anteil jedoch gering sein dürfte. Der Anteil des Oberflächenabflusses am Gesamtniederschlag betrug:

1991-92 0,97%
1992-93 1,25%

Der mittlere Abflußkoeffizient der beiden Untersuchungsjahre war 1,11%. Ein Großteil des Niederschlags produziert keinen Abfluß. Dieser Anteil betrug für 1991-92 60,4% und für 1992-93 50,5%. Während 1991-92 wurden 84,2% des Gesamtabflusses von nur 13,3% des Jahresniederschlags produziert. Während des hydrologischen Jahres 1992-93 hingegen war 28,9% des Regens verantwortlich für 84,6% des Abflusses. Diese Verhältnisse sind typisch für semi-aride Gebiete (siehe z.B. DUBREUIL, 1985; RODIER, 1975).

Der Wasserhaushalt des Einzugsgebietes ist in Abbildung 43 graphisch wiedergegeben und stellt das Mittel der beiden Untersuchungsjahre dar. Unter der Annahme, daß nur sehr geringe Mengen Wassers in die anstehenden Schieferschichten infiltriert, wird der weitaus größte Teil verdunstet (98,9%). Hierbei wird weiterhin davon ausgegangen, daß die Bodenfeuchte bei einer jährlichen Betrachtung eine Konstante darstellt. Dies ist durchaus realistisch, da normalerweise zu Beginn und Ende eines hydrologischen Jahres der Boden, wegen der mindestens zweimonatigen regenfreien Sommerperiode mit hoher Evapotranspiration, trocken ist.

Der Anteil des Oberflächenabflusses am Jahresniederschlag auf Hängen (Mittel von 19 Standorten) wird auf 11,4% geschätzt. Somit entfällt 88,6% des Gesamtniederschlags auf Interzeption durch die Bodenoberfläche und die Vegetation sowie auf die Infiltration des Bodens. Da nur 1,1% des empfangenen Regens das Einzugsgebiet oberflächenhaft verlassen, wird geschätzt, daß ein Anteil von 10,3% in den kolluvialen Bereichen sowie den Sedimenten des Talbodens infiltriert und nachträglich verdunstet.

Da die beiden Untersuchungsjahre überdurchschnittlich trocken waren, ist möglich, daß der Abflußkoeffizient des Einzugsgebiets in feuchten Jahren höher ist. Hohe Koeffizienten sind zu erwarten, wenn durch ausreichend Herbst- und Winterniederschläge eine Sättigung der Talbereiche erzielt wird und reichhaltige Niederschläge im Frühjahr fallen. Bei der Betrachtung von Einzelereignissen werden hohe Abflußkoeffizienten am Ausgang des Einzugsgebiets (>10%) nur bei Starkregenereignissen, vergleichbar dem vom 7. 8. 1992, oder bei wenig intensiven und reichhaltigen Niederschlägen nach Sättigung der Talböden erzielt.

Der niedrige Abfluß im Gerinne scheint realistisch, wird er mit dem mittleren Abflußkoeffizienten der kolluvialen Hangstandorte verglichen. Auch wenn dessen Wert von 1,3% ein Minimum darstellt, da einige Male die Auffangkanister überliefen, so liegt er doch in der richtigen Größenordnung und überschritt sicher nicht 5% während des Untersuchungszeitraums.

Die räumliche Variabilität des Hangabflusses ist hoch. Für die einzelnen Vegetationseinheiten ergibt sich:

G1 & G2   > 5,2
G3   > 14,0
AK   > 1,3

Es sei daran erinnert, daß es sich bei den Werten der Vegetationseinheiten, wegen des vollständigen Füllens der Auffangkanister, um Minima handelt. Für die Iberische Halbinsel liegen meines Wissens Informationen über die Wasserbilanz kleiner Einzugsgebiete nur von zwei Studien vor. Dies ist Cal Parisa in den Vorpyrenäen und L'Avic in den Muntanyes de Prades, beide in Katalonien gelegen.

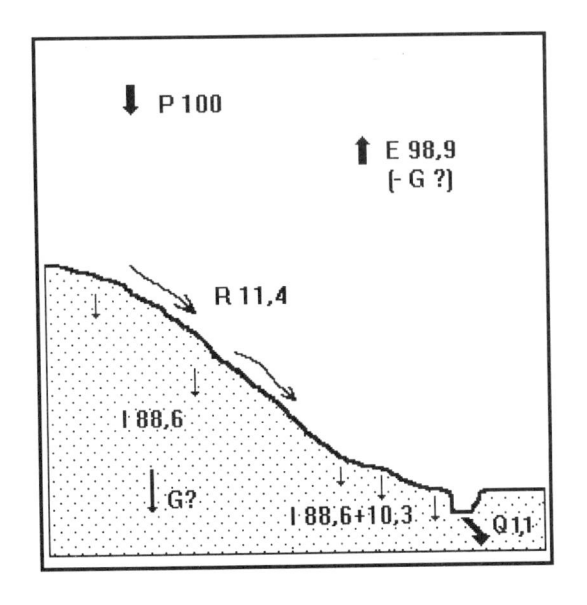

Abb. 43: Wasserhaushalt des Einzugsgebiets (Angaben in Prozentanteile des Niederschlags (P); E - Evapotranspiration, R - Hangabfluß, Q - Abfluß, I - Interzeption und Infiltration, G - Infiltration des anstehenden Schiefers).

Die Größe beider Untersuchungsgebiete ist vergleichbar mit der des Guadalperalón (36 und 52 ha), jedoch bestehen große Unterschiede hinsichtlich der physio-geographischen Ausstattung. L'Avic ist ein Einzugsgebiet mit dichtem Steineichenwald auf Schiefer und es erhält einen mittleren jährlichen Niederschlag von 658 mm (ESCARRE et al., 1986). Der mittlere Abflußkoeffizient der sieben Untersuchungsjahre beträgt 8,2%, mit einem Minimum und Maximum von jeweils 2,3 und 17,2% (PIÑOL, et al., 1991). Der Abfluß dort wird bestimmt von der Variabilität des Niederschlags. Da die Infiltration der Böden hoch ist und kaum HORTONscher Oberflächenabfluß produziert wird, werden hohe Abflüsse durch Ereignisse mit hoher Niederschlagsmenge produziert (PIÑOL, et al., 1991). Es besteht eine enge Beziehung zwischen Evapotranspiration und Niederschlag. Das heißt der jährliche Abfluß wird darüberhinaus von der Evapotranspiration beeinflußt. Dies steht im Gegensatz zu Waldeinzugsgebieten in humiden Klimabereichen, wo der Jahresabfluß eine enge Beziehung mit dem Niederschlag aufweist, jedoch nur ein geringer Zusammenhang zwischen Evapotranspiration und Niederschlag besteht (LIKENS et al., 1977).

Im Cal Parisa Einzugsgebiet, dessen Hänge in den unteren Bereichen terrassiert und von einer dichten Grasvegetation bestanden sind, wird der Abfluß durch eine Sättigung dieser Bereiche gesteuert (GALLART, et al., 1994). Das heißt, die antezedente Bodenfeuchte ist entscheidend für die Abflußproduktion, dessen Variabilität bei Einzelereignissen sehr hoch ist. Für dieses Untersuchungsgebiet liegen keine langjährigen Daten vor. Der Abflußkoeffizient für das Jahr 1989-90 betrug 10,3% bei einer überdurchschnittlich hohen Regenmenge (LLORENS & GALLART, 1991).

Auch wenn die beiden erwähnten Einzugsgebiete nicht mit Guadalperalón verglichen werden können, so zeigen sich doch Charakteristiken der Wasserbilanz, die typisch für semi-aride Klimaregionen sind. Diese sind die hohe Variabilität des Abflusses gesteuert durch Variationen des Niederschlags und hohe Evapotranspiration (LEWIS, 1968; PILGRIM et al., 1991). Die antezedente Bodenfeuchte, die in Cal Parisa entscheidend die Abflußmenge von Einzelereignissen steuert (GALLART, et al., 1994), scheint auch in unserem Einzugsgebiet von Bedeutung zu sein, wenn auch in geringerem Ausmaße. Somit ist wahrscheinlich nicht nur HORTONscher Oberflächenabfluß, sondern auch der sogenannte 'saturation overland flow' (DUNNE, 1978, 1983) der Talbereiche an der Abflußbildung am Ausgang des Einzugsgebiets beteiligt. Sind diese Gebiete wassergesätigt, ist zu erwarten, daß zusätzlicher Regen nahezu vollständig oberflächenhaft abfließt. Es wird angenommen, daß unterirdischer Abfluß ('subsurface flow') in den Sedimentschichten des Talbodens nur eine geringe Rolle spielt, da während des Untersuchungszeitraums praktisch kein Basisabfluß verzeichnet wurde.

5.5 Bodenerosion auf Hängen

5.5.1 Abtrag von Gesteinsfragmenten

Bei der Untersuchung der Sedimentproben wurden Gesteinsfragmente > 1 cm ausgesondert und gewogen. Es besteht keine Beziehung zwischen dem Gewicht der Steine und Niederschlagscharakteristiken. Außerdem gehört ein Teil von ihnen zu Proben, die Zeiträumen ohne die Produktion von Oberflächenabfluß entsprechen. Deshalb kann angenommen werden, daß der größte Teil durch gravitative Massenbewegung am Hang und nicht durch den Transport des fließenden Wassers in die Auffangkästen gelangt. Aus diesem Grund werden diese Sedimente bei der Untersuchung der Bodenerosion nicht berücksichtigt.

Von Einfluß auf den Transport der Steine ist sicherlich auch der Viehtritt. Dies bestätigt der Standort K7, der unmittelbar unterhalb einer senkrecht zur Hangneigung verlaufenden Viehgangel liegt. Die Gesamtmenge, die das Maximum der Standorte darstellt, entspricht mit 2724 gm^{-1} dem neunfachen des Mittelwerts der 27 Kästen. Der mittlere Transport von Gesteinsfragmenten, sowie deren Anteil an der Gesamtmenge der einzelnen Untersuchungsjahre ist in Tabelle 30 dargestellt.

Die Variabilität des Steintransports ist wahrscheinlich auf Variationen der Bodenbedeckung zurückzuführen,

Jahr	Abtrag (gm^{-1})	% am Gesamtabtrag
1990-91	24,6	11,4
1991-92	87,2	22,6
1992-93	186,0	23,8
1993-	3,0	3,7

Tab. 30: Mittel des jährlichen Abtrags von Gesteinsfragmenten (> 1 cm) und dessen Anteil am Gesamtabtrag der 27 Standorte (ohne Extremereignis vom 7.8.1992; 1993- entspricht September bis November 1993).

wobei angenommen wird, daß mit zunehmender Krautbedeckung, der hangabwärts gerichtete Transport abnimmt. Die Minima entsprechen dem Jahr 1990-91 und dem Herbst 1993. Während dieser Zeit war die Krautbedeckung dichter als während der Dürrejahre 1991-92 und 1992-93. Es soll nicht näher auf den Abtrag von Grobmaterial am Hang eingegangen werden, da Prozesse der Massenbewegung durch Gravitation nicht zum Thema dieser Arbeit gehören. Doch sei auf standortabhängige Variationen hingewiesen. Niedrigste Werte weisen die kolluvialen Bereiche mit hoher Krautbedeckung, sowie zwei Standorte mit einer Hangneigung von <10% auf (10,6 gm^{-1}). Niedrige Werte zeigen ebenfalls die Bereiche mit einem hohen Anteil von anstehendem Schiefer und Lavendel (18,5 $gm^{-1}a^{-1}$). Das Mittel der restlichen Parzellen beträgt hingegen 178 $gm^{-1}a^{-1}$. Auf den stark degradierten Hängen ist wahrscheinlich die unregelmäßige Bodenoberfläche, sowie das Vorhandensein von Lavendelbüschen zum Teil für die niedrige Abtragung der Steine verantwortlich. Zum anderen beträgt der bei der Untersuchung der Bodenbedeckung gemessene Anteil von Gesteinsfragmenten >5 cm in diesen Gebieten 0,7% und ist somit niedriger, als der der übrigen Hänge (2,2%).

5.5.2 Mittel des Bodenabtrags von 27 Standorten

Das arithmetische Mittel des Gesamtabtrags der 27 Parzellen für die verschiedenen Untersuchungsjahre in Gramm pro Meter Hang (gm^{-1}) beträgt:

1990-91	190,4
1991-92	1982,4
1992-93	595,0
1993-	78,6

Der hohe Abtrag des Jahres 1991 wurde hauptsächlich während Starkregenereignissen im August produziert. Allein auf das Ereignis vom 7.8.1992 (E38) sind 1684,4 gm^{-1} zurückzuführen und 109,4 gm^{-1} wurden durch zwei darauffolgende Regenfälle mit jeweils nur 5,6 mm Niederschlag produziert. Die beiden letztgenannten Ereignisse verursachten bei den meisten Standorten keinen und bei einigen einen nur sehr geringen Abfluß, so daß das Bodenmaterial durch die Spritzwirkung der Regentropfen ("splash") erodiert wurde. Wird der Abtrag des August nicht berücksichtigt, entspricht die Erosion des hydrologischen Jahres 1991 mit 188,6 gm^{-1} etwa der des vorhergehenden Jahres.

5.5.3 Räumliche Variabilität

Die Untersuchung der Unterschiede des Bodenabtrags der verschiedenen Auffangkästen hat als Ziel, diese im Zusammenhang mit Standortcharakteristiken zu erklären. Zur Bestimmung der Bodenerosionsrate des gesamten Einzugsgebiets wird das arithmetische Mittel einer Anzahl von Standorten zugrundegelegt, deren Auswahl weiter unten erörtert wird.

Tabellen 31 und 32 zeigen den Gesamtabtrag der einzelnen Parzellen, wobei grobes organisches Material, das sich hauptsächlich aus trockenen Blättern von Steineichen und Kräutern zusammensetzt, gesondert aufgeführt ist. Bei dem als anorganisch bezeichneten Material ist sicher auch feine organische Substanz vorhanden, doch wurde keine analytische Trennung vorgenommen. Es wird angenommen, daß deren Anteil im Verhältnis zur mineralischen Fraktion gering ist. Ebenfalls gesondert dargestellt sind die Werte für das Starkregenereignis E38. Tabelle 31 zeigt den Abtrag pro Hangmeter, sowie die geschätzte Einzugsgebietsgröße der Gerlach Kästen und Tabelle 32 den Abtrag pro Flächeneinheit (m^2), sowie den prozentualen Anteil grober organischer Substanz am Gesamtabtrag. Die Daten sind nach den definierten Vegetationseinheiten gruppiert.

Die paarweise angelegten Sedimentkästen K25 und K26, die ein Einzugsgebiet von nur 3 m^2 haben, weisen, mit fast 90%, den höchsten Anteil organischen Materials auf. Dieser Standort, der der Vegetationseinheit G2 zugeordnet wurde, besitzt außerdem einen der niedrigsten Abtragswerte für anorganische Substanz. Ursachen sind die geringe Größe des Einzugsgebiets mit einer hohen Krautbedeckung und einer Streuauflage von Blättern, die von einer in der Nähe befindlichen Steineiche stammt. Dieser Standort ist somit nicht repräsentativ für die dieser Vegetationseinheit zugehörigen Hänge und wurde deshalb der Gruppe G1 zugeordnet. Die Daten dieser beiden Parzellen weisen außerdem keine Beziehung mit Niederschlagseigenschaften auf.

Ähnliches gilt für Standorte, die im Einflußbereich einer Baumkrone liegen (B). Vermutlich wird ein Teil des Sediments, das sich hauptsächlich aus organischer Substanz zusammensetzt, nicht mit dem Oberflächenwasser transportiert, sondern gelangt mit dem Wind in die Auffangkästen. Dies bezeugen Proben, die nach regenfreien Perioden gesammelt wurden. Bei den Baumstandorten kommt hinzu, daß die Interzeption des Niederschlags durch die Baumkrone, dessen Intensität beim Auftreffen auf die Bodenoberfläche verändert und somit die schlechte Beziehung zwischen Nieder-

Standort		E-gebiet (m²)	A-Min (gm⁻¹)	A-Org (gm⁻¹)	E38 (gm⁻¹)
G1	16	42,5	379,5	1052,0	3280,0
	23	3,1	237,3	483,3	184,0
	27	9,0	208,0	881,7	631,2
	25	3,0	118,2	1017,6	263,0
	26	3,0	90,9	772,7	351,8
G2	7	10,0	1485,0	232,7	2754,6
	1	12,5	1163,4	712,2	4116,0
	13	10,0	925,3	450,2	1998,2
	14	10,0	738,6	367,0	2905,6
	6	11,0	722,8	269,0	950,4
	24	22,0	592,8	616,9	4577,2
	11	14,3	432,2	1003,6	1831,8
G3	10	7,4	2752,2	202,5	4321,0
	9	11,4	2032,1	146,4	4822,0
	17	3,6	413,7	70,0	354,0
	3	4,1	376,4	182,1	364,6
	4	7,5	307,9	36,3	325,0
	8	12,5	412,9	93,3	1110,6
AK	21	19,3	377,3	692,4	943,8
	5	25,0	315,6	193,4	646,4
	19	26,0	286,8	1175,8	3830,8
	20	19,3	279,4	492,1	441,5
	18	26,0	269,5	1051,7	3845,2
B	12	14,3	401,0	854,0	298,4
	22	37,0	267,6	738,2	84,4
	2	17,5	201,4	1138,1	180,0
	15	47,3	102,3	562,6	63,7

Tab. 31: Gesamtabtrag der Parzellen von September 1990 bis November 1993. Getrennt aufgeführt sind anorganisches sowie organisches Material und der Abtrag des Starkregenereignisses vom 7.8.1992 (E38).

schlagscharakteristiken und Abtrag erklärt. Es sei daran erinnert, daß diese Parzellen keinen Stammabfluß erhalten.

Auf den stark degradierten Hängen (Vegetationseinheit G3) zeigen die beiden Parzellen mit kleinem Einzugsgebiet (K3, K17) auffallend niedrige Werte im Vergleich mit den anderen zu dieser Gruppe gehörenden Standorten. Dies ist besonders deutlich bei den Abtragswerten des Ereignisses E38. Auch wenn die Daten auf eine Flächeneinheit bezogen werden, so war der Abtrag während E38 ca. fünfmal kleiner als bei K9 und K10 (Tab. 32). Vermutlich ist das bei den kürzeren Hangabschnitten (Länge K3 = 3,8 m, K17 = 4,6 m) produzierte Oberflächenwasser weniger erosionswirksam, als das der beiden anderen Parzellen (Länge K9 = 12,5 m, K10 = 9,7 m).

Vergleicht man den Gesamtabtrag an anorganischer Substanz dieser vier Standorte, so ist K17 > K3 und K10 > K9. Das gleiche gilt für E38. Die Vegetationsbedeckung dieser Parzellen ist ähnlich. Sie unterscheiden sich jedoch im Anteil an nacktem Boden bzw. anstehendem Schiefer. Die höheren Abtragswerte entsprechen den beiden Parzellen, die einen geringeren Anteil von Anstehendem aufweisen (K10, K17). Wahrscheinlich spielt bei den stark degradierten Bereichen die Sedimentverfügbarkeit eine Rolle im Abtragsgeschehen.

Dies bestätigt die bisher unerwähnt gebliebene Parzelle K4 dieser Vegetationseinheit, die im oberen Hangbereich liegt und einen hohen Anteil an freiliegendem Schiefer aufweist. Dieser Standort produzierte häufig und reichlich Oberflächenabfluß, doch nur geringe Mengen Sediment. Während des Starkregenereignisses wurde dort nur wenig Abtrag verzeichnet. Vermutlich wird die Abtragsmenge solcher Standorte zum Teil durch die geringe Sedimentverfügbarkeit bestimmt. Eine Ausnahme in dieser Gruppe bildet, mit niedrigen Abtragswerten K8, da die ersten Hangmeter eine relativ dichte Krautbedeckung aufweisen.

Standort		A-Min (gm^{-2})	A-Org (gm^{-2})	Org Mat (%)	E38 (gm^{-2})
G1	23	38,3	77,9	67,1	29,7
	27	11,6	49,0	80,9	35,1
	16	4,5	12,4	73,5	38,6
	25	19,7	169,6	89,6	43,8
	26	15,2	128,8	89,5	58,6
G2	7	74,2	11,6	13,5	137,7
	1	46,5	28,5	38,0	164,6
	13	46,3	22,5	32,7	99,9
	14	36,9	18,3	33,2	145,3
	6	32,9	12,2	27,1	43,2
	11	15,1	35,1	69,9	64,0
	24	13,5	14,0	51,0	104,0
G3	10	187,2	13,8	6,9	293,9
	9	89,2	6,4	6,7	211,7
	17	57,5	9,7	14,5	49,2
	3	45,6	22,1	32,6	44,1
	4	20,5	2,4	10,5	21,7
	8	16,5	3,7	18,4	44,4
AK	21	9,8	17,9	64,7	24,5
	20	7,2	12,7	63,8	11,4
	5	6,3	3,9	38,0	12,9
	19	5,5	22,6	80,4	73,7
	18	5,2	20,2	79,6	73,9
B	12	14,0	29,9	68,0	10,4
	2	5,8	32,5	85,0	5,1
	22	3,6	10,0	73,4	1,1
	15	1,1	5,9	84,6	0,7

Tab. 32: Gesamtabtrag der Parzellen von September 1990 bis November 1993 und Anteil an organischer Substanz. Getrennt aufgeführt sind anorganisches sowie organisches Material und der Abtrag des Starkregenereignisses vom 7.8.1992 (E38).

Zur Berechnung der mittleren Abtragsrate für das Einzugsgebiet wurden einige Standorte ausgeschlossen. Dazu gehören aufgrund der geringen Einzugsgebietsgröße die Parzellen K25, K26, K23, K3, K4 und K17. Aus der Gruppe der Baumstandorte wurde nur eine Parzelle ausgewählt, da vier eine zu hohe Anzahl im Verhältnis zur räumlichen Verbreitung dieser Gruppe darstellt. Denn die im direkten Einflußbereich einer Baumkrone gelegenen Flächen sind im Verhältnis zur Größe des gesamten Einzugsgebiets gering. Gesondert betrachtet werden Standorte mit kolluvialer Bodendecke am Hangfuß (AK), um deren Abtrag mit dem der Hänge vergleichen zu können.

Somit wird die mittlere Erosionsrate auf Hängen unter Hinzuziehung von 13 Sedimentauffangkästen berechnet (K1, 6, 7, 8, 9, 10, 11, 12, 13, 14, 16, 24, 27). Sie beträgt unter Benutzung aller Ereignisse und unter Einschluß der organischen Substanz:

53,0 gm^{-2}a^{-1} bzw.

1247,9 gm^{-1}a^{-1}

Für die kolluvialen Bereiche ist der geschätzte mittlere Abtrag:

19,0 gm^{-2}a^{-1} bzw.
913,3 gm^{-1}a^{-1}

Da die reale Größe der Einzugsgebiete nicht bekannt ist, ist die Bestimmung einer auf eine Flächeneinheit beruhenden Erosionsrate problematisch. Deshalb werden in dieser Arbeit sowohl die Werte in gm^{-1}, als auch in gm^{-2} angegeben. Die Ergebnisse legen nahe, daß die Vegetations- und Bodencharakteristiken des Hangbereichs in unmittelbarer Nähe des Sedimentauffangkastens von großer Bedeutung sind. Dies ist deutlich bei Standorten im Einflußbereich einer Baumkrone erkennbar. Die beiden Parzellen K1 und K2 befinden sich auf demselben Hang mit praktisch identischer Vegetationsbedeckung, nur daß die unteren 8 m bei K2 von einer Baumkrone überdeckt werden.

Der Unterschied im Abtrag beider Standorte ist groß (anorganischer Abtrag 1163 gm^{-1} und 201 gm^{-1}) und wurde auch während des Starkregenereignisses verzeichnet (4116 und 84,4 gm^{-1}). Ähnliches trifft auch für K16 und K15 zu (Tab. 32).

Bei den paarweise angelegten Parzellen K11 und K12, die nur 1,5 m voneinander entfernt sind, liegt das Einzugsgebiet der letztgenannten unterhalb des äußeren Extrems einer Baumkrone und erstere wird nicht mehr von ihr bedeckt. Beide Standorte besitzen eine vergleichbare Krautbedeckung mit einer Streuauflage von Steineichenblättern, die bei K12 etwas mächtiger ist. Der Abtrag von K11 ist etwas höher, doch wurde bei E38 ca. 6mal mehr Material registriert als bei K12. Auch bei K8 scheint die höhere Vegetationsbedeckung oberhalb des Ablaufbleches, im Vergleich mit dem gesamten Hangprofil, maßgebend für den niedrigen Abtrag.

Der geringe Abtrag der Baumstandorte bestätigt die Wichtigkeit der Faktoren, die in unmittelbarer Nähe des Auffangkastens zur Wirkung kommen. In diesen Bereichen ist zum einen die Interzeption des Niederschlags von Bedeutung, die meistens eine Reduktion der Niederschlagsintensität bewirkt und somit geringere Mengen Oberflächenabfluß für die Bodenerosion bereitstellt. Zum anderen ist der Anteil nackten Bodens sehr gering. Auch wenn die Krautbedeckung nicht höher ist als außerhalb des Wirkungsbereiches der Baumkrone, so ist der Boden mit einer schützenden Streuschicht aus Steineichenblättern bedeckt. Weiterhin kommt hinzu, daß die Böden einen höheren Humusanteil besitzen.

Wie zum Beispiel von DUNNE (1979) WIERSUM (1985) ausgeführt, sind die Ursachen geringerer Bodenerosion unterhalb einer Baumkrone durch geringeren Oberflächenabfluß (aufgrund der Interzeption des Baumes und höherer Infiltration des Bodens) und die Streuschicht zurückzuführen. Die Baumkrone bewirkt hingegen meist keine Verminderung der kinetischen Energie der auftreffenden Regentropfen und häufig sogar dessen Zunahme, durch die von Zweigen und Blättern produzierten Tropfen (CHAPMAN, 1948; MOSLEY, 1982).

Es ist möglich, daß während abflußproduzierenden Niederschlagsereignissen in den oberen Hangabschnitten Material erodiert wird, das jedoch auf Hangabschnitten mit höherer Vegetationsbedeckung oder einer Streuauflage unterhalb der Steineichen teilweise zur Ablagerung kommt. Dies ist auch für Bereiche mit einer kolluvialen Bodendecke denkbar, die nicht nur eine höhere Krautbedeckung, sondern auch geringere Hangneigungen, als die mittleren und oberen Hangabschnitte aufweisen.

Es sei daran erinnert, daß die Vegetationsbedeckung, die Mächtigkeit der Böden, als auch das Mikrorelief kleinräumig variabel sind und deshalb Variationen des Abtrags auf dem Hang stark variieren dürften. Dies erklärt die Unterschiede der Abträge, die bei der Vegetationseinheit G2 auftreten. Die höheren Werte bei K1, K7 und K13 lassen sich auf die geringere Vegetationsbedeckung in der Nähe des Ablaufbleches erklären.

Trotz der kleinräumigen Differenzierung weisen die Vegetationseinheiten, deren Definition auf der mittleren Bodenbedeckung des gesamten Hangprofils sowie der zusätzlichen Gruppen AK und B beruht, klare Unterschiede in der Abtragsrate auf, die deutlicher sind, wenn die Daten auf eine Flächeneinheit bezogen werden (Tab. 33). Die Gruppenbildung bewirkt eine deutliche Reduktion der Streuung im Vergleich zur Gesamtdatenmenge, die einen Variationskoeffizienten von 105 % aufweist (Tab. 34). Bei den auf einen Quadratmeter bezogenen Daten ist die Streuung der einzelnen Gruppen höher als bei den auf einen Hangmeter bezogenen. Dies liegt an der starken Variation der angenommenen Einzugsgebietsgröße, insbesondere bei den Gruppen G1 und B.

Vegetations-einheit	A-Min (gm^{-1}a^{-1})	A-Org (gm^{-1}a^{-1})	E38 (gm^{-1}a^{-1})
G1	63,6	258,9	289,8
G2	266,4	160,5	841,0
G3	322,8	37,5	579,3
AK	94,1	221,9	597,4
B	74,8	253,3	48,2

Vegetations-einheit	A-Min (gm^{-2}a^{-1})	A-Org (gm^{-2}a^{-1})	E38 (gm^{-2}a^{-1})
G1	5,5	26,9	12,7
G2	11,7	6,3	33,4
G3	21,4	3,0	34,1
AK	2,1	4,8	12,1
B	1,9	6,0	1,3

Tab. 33: Mittlere Abtragsrate der Vegetationseinheiten für mineralische und organische Substanz, sowie des Ereignisses E38 (in der oberen Tabelle ist die Maßeinheit Gramm pro Meter Hang und in der unteren Gramm pro Quadratmeter).

Hänge, die sich durch eine höhere mittlere Vegetationsbedeckung auszeichnen, verzeichnen geringere Abträge (G1 < G2 < G3). Hierbei müssen die Parzellen der Gruppen Ak und B, die sowohl der Vegetationseinheit G1 als auch G2 angehören, gesondert betrachtet werden. Sie verzeichnen die geringsten Abträge, insbesondere, wenn nur der mineralische Anteil berücksichtigt wird (Abb. 44 und 45).

Der Faktor Hangneigung soll nicht unerwähnt beleiben. Jedoch konnte keine Beziehung mit dem Abtrag festgestellt werden, da andere Faktoren von relativ größerer Bedeutung sind. Außerdem haben die Parzellen, mit Ausnahme von K1, K2 und K27 (10-15%), ähnliche mittlere Hangneigungen. Bei den Sedimentkästen in kolluvialen Bereichen weisen die untersten Hangmeter geringere Gradienten auf, als die der übrigen Parzellen. Der Unterschied liegt in der Größenordnung von 5-10%.

Die Variation der Abträge in Abhängigkeit von Standortfaktoren kommt deutlicher zum Ausdruck, wenn deren zeitliche Variabilität berücksichtigt wird, da die Vegetationsbedeckung, wie weiter unten ausgeführt, keine konstante Variable darstellt.

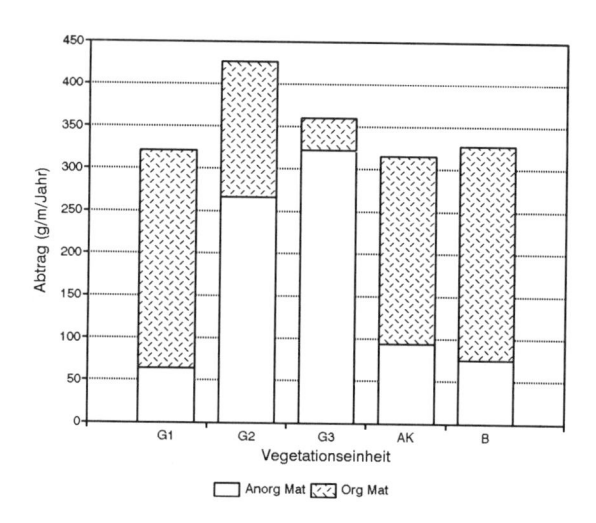

Abb. 44: Mittlere Abtragsrate ($gm^{-1}a^{-1}$) der Vegetationseinheiten für mineralische und organische Substanz.

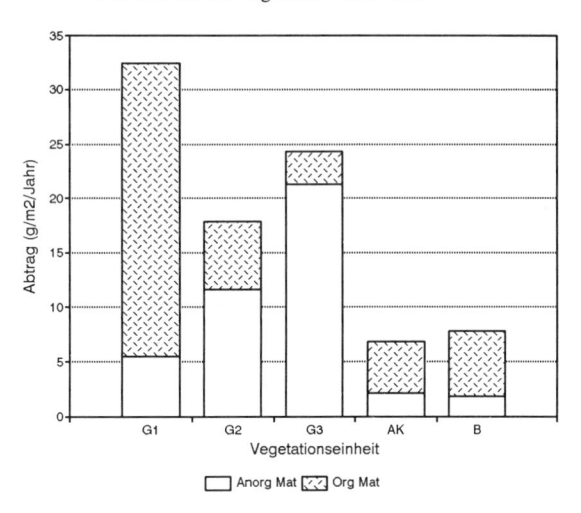

Abb. 45: Mittlere Abtragsrate ($gm^{-2}a^{-1}$) der Vegetationseinheiten für mineralische und organische Substanz.

Vegetations-einheit	Mittel ($gm^{-1}a^{-1}$)	Standard-abweichung ($gm^{-1}a^{-1}$)	Variations-koeffizient (%)	N
G3	322,8	327,9	101,6	6
G2	266,4	110,6	41,5	7
G1	63,6	35,1	55,2	5
AK	94,1	13,4	14,2	5
B	74,8	38,5	51,5	4
Alle	181,1	190,6	105,2	2

Vegetations-einheit	Mittel ($gm^{-2}a^{-1}$)	Standard-abweichung ($gm^{-2}a^{-1}$)	Variations-koeffizient (%)	N
G3	21,4	19,5	91,5	6
G2	11,7	6,4	55,0	7
G1	5,5	3,9	71,3	5
AK	2,1	0,6	27,0	5
B	1,9	1,7	91,6	4
Alle	9,4	11,9	126,0	2

Tab. 34: Mittlerer Abtrag mineralischen Materials und zugehörige Standardabweichung sowie Variationskoeffizient der Vegetationseinheiten und der Gesamtheit der Auffangkästen.

5.5.4 Ursachen der zeitlichen Variabilität

Der Bodenabtrag von 78 beprobten Niederschlagsereignissen der Standorte K6 und K14 ist in Abbildung 46 und 47 dargestellt. Das Maximum wurde am 7. 8. 1992 registriert und beträgt bei K6 950 g m^{-1} und bei K14 2906 g m^{-1}. Diese Werte sind um ein mehrfaches höher als das jeweilige sekundäre Maximum vom 26. 9. 1992 (E41). Auffallend ist weiterhin die große Anzahl von relativ hohen Abträgen im Spätsommer und Herbst 1992. Im Vergleich beider Standorte zeigt sich nur teilweise eine gute Übereinstimmung (Abb. 46 und 47). So weist K14 insgesamt höhere Abträge während des Zeitraums vom Herbst 1990 bis zum Frühjahr 1992 auf.

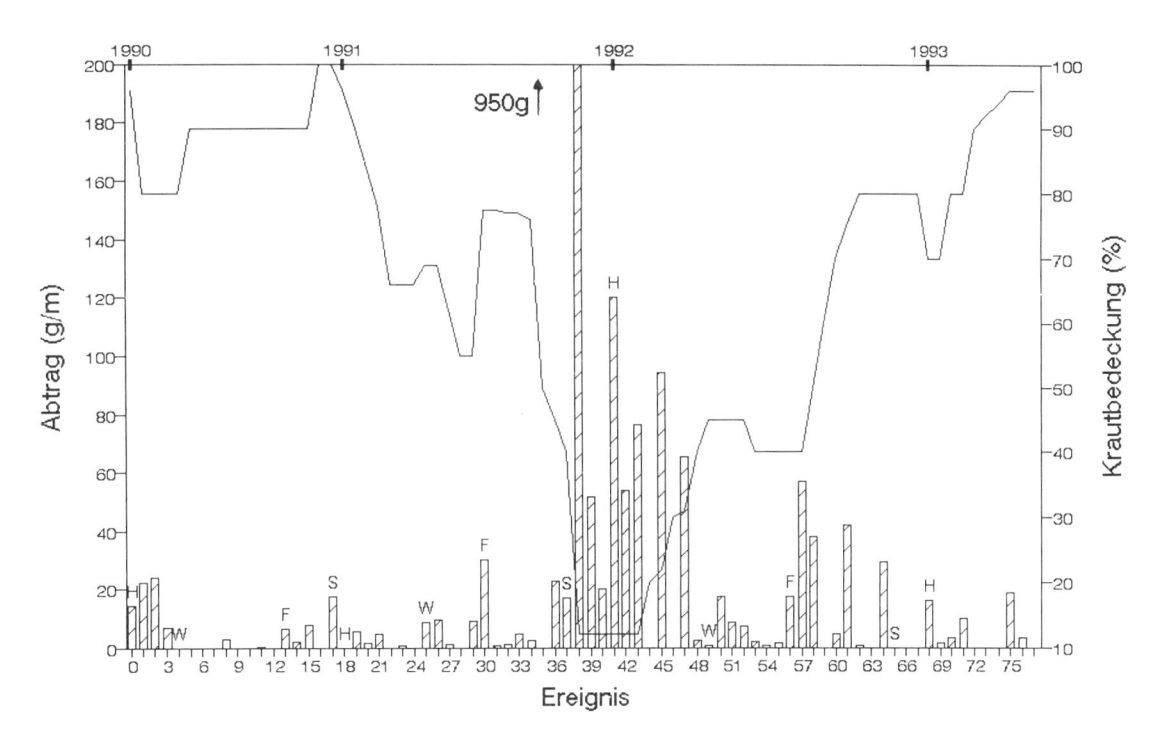

Abb. 46: Bodenabtrag der Niederschlagsereignisse vom Herbst 1990 bis Herbst 1993 des Standorts K6 und Krautbedeckung (Die Jahreszahlen geben den Beginn eines hydrologischen Jahres und die Buchstaben den Beginn der Jahreszeiten an.

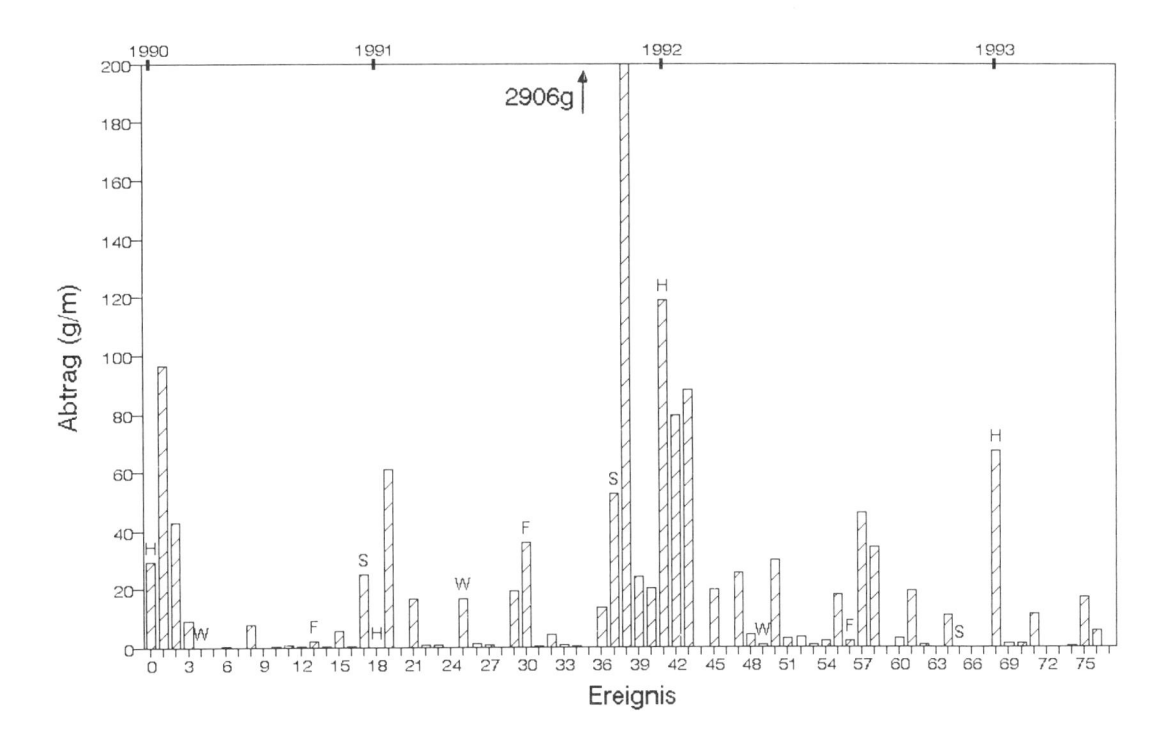

Abb. 47: Bodenabtrag der Niederschlagsereignisse vom Herbst 1990 bis Herbst 1993 des Standorts K14 (Die Jahreszahlen geben den Beginn eines hydrologischen Jahres und die Buchstaben den Beginn der Jahreszeiten an).

Im folgenden werden die Faktoren untersucht, die für die zeitliche Variabilität der Bodenerosion an einem Standort verantwortlich sein können. Hierbei kommen Niederschlagscharakteristiken und Bodenbedeckung in Frage, wobei Variationen der Bodeneigenschaften, wie antezedente Feuchte oder Sedimentverfügbarkeit durchaus auch eine Rolle spielen können.

Zur Untersuchung der Beziehung zwischen Niederschlag und Abtrag wurden Regressionen durchgeführt. Sie legen lineare Beziehungen zwischen den unabhängigen Variablen und der abhängigen Variable nahe, wenn das Ereignis E38 vom 7. 8. 1992 nicht berücksichtigt wird. Da dieses einen extremen "outlier" bei der Regressionsanalyse darstellt und häufig zu hohen Korrelationskoeffizienten führt, die jedoch einen sehr hohen Standardfehler aufweisen, wird E38 bei den folgenden Analysen zunächst ausgeschlossen.

Abbildung 48 zeigt für den Standort K6 das Verhältnis zwischen Abtrag und der maximalen 30-Minuten Intensität, die Variable, die mit einem Koeffizienten von R = 0,57 die beste Korrelation aufweist (Tab. 35). Maximale 5-Minuten Intensitäten oder die Regenmenge PTOT führen zu weitaus schwächeren Korrelationen. Auch die multiple Regression mit Kombinationen von Niederschlagscharakteristiken ergibt keine bessere Erklärung des Abtrags als I30. Bei Niederschlagsmengen kleiner als 5,6 mm wurde kein Abtrag beobachtet. Dies ist auch in etwa der niedrigste beobachtete Wert für die Produktion von Oberflächenabfluß. Intensitäten (I30) kleiner als 3,2 mmh^{-1} produzieren keinen Abtrag.

In Abbildung 48 wird zwischen Abtragsereignissen der Sommer- und Herbstmonate und denen der Winter- und Frühjahrsmonate unterschieden. Nur Abträge, die während des Dürrehöhepunktes von August bis Oktober produziert wurden, zeichnen sich durch deutlich höhere Werte aus. Läßt man sie unberücksichtigt, so waren die Abträge der Winter- und Frühjahrsmonate vergleichsweise höher als die der Sommer- und Herbstmonate. Es wird aber das Umgekehrte erwartet, da die Krautbedeckung während des Winters und Frühjahrs am dichtesten ist. Ein Hinweis für jahreszeitliche Variationen des Abtrags mit einem Maximum im Herbst ist somit nicht gegeben. Die hohen Abtragswerte von August bis Oktober 1992 koinzidieren mit der geringen Krautbedeckung, die eine Folge der Dürre war. Abbildung 46 zeigt den Anteil der Krautbedeckung zusammen mit den Abtragsmengen, die den Zusammenhang zwischen Vegetationsbedeckung und Bodenerosion veranschaulicht.

Die Untersuchung des Verhältnisses zwischen Bodenbedeckung und Abtrag zeigt, daß die Bedeckung des unmittelbar oberhalb des Sedimentauffangkastens gelegenen Bereiches (Mittel der ersten beiden Meter) diesen besser erklärt, als der mittlere Bedeckungsgrad des gesamten Hangs. Als Ursache hierfür kommt zum einen in Frage, daß das in den Gerlach Kästen aufgefangene Sediment hauptsächlich aus unmittelbarer Nähe des Ablaufbleches stammt und zum anderen ist möglich, daß es zur teilweisen Akkumulation des erodierten Materials aus den oberen Hangabschnitten kommt. Wie bereits weiter oben ausgeführt, weisen die unteren Hangbereiche meist eine höhere Vegetationsbedeckung als die oberen Hangabschnitte auf, so daß es hier bevorzugt zur Sedimentation des hangabwärts transportierten Materials kommt. Bei dem hier beispielhaft vorgestellten Standort K6, sind die ersten drei Hangmeter in normalfeuchten Jahren nahezu vollständig mit Kräutern bedeckt (Abb. 46). Während des Höhepunktes der Dürre im August 1992, war diese auf fast 10% reduziert.

Die Dürre verursachte eine Stagnation der Krautentwicklung, die sich zum Ende des Winters 1991-92 bemerkbar machte. Das Ende der Dürre im April 1993 verursachte eine verspätete Frühjahrsproduktion der Vegetation. Zur Analyse des Einflusses der Dürre auf den Bodenabtrag wurden die Ereignisse

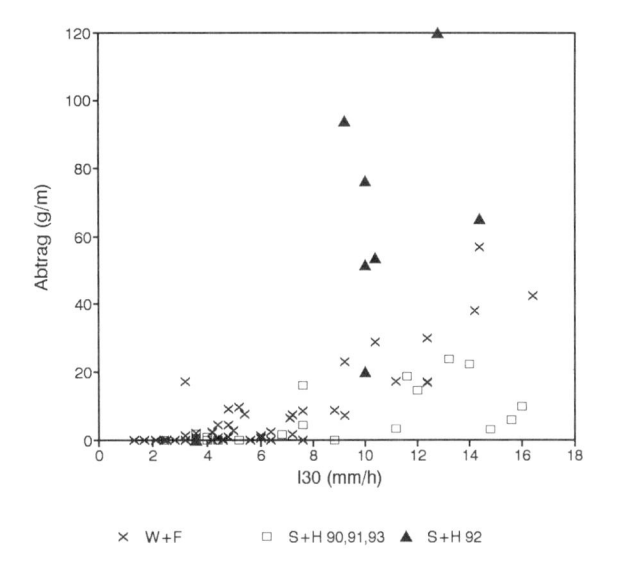

Abb. 48: Verhältnis zwischen maximaler 30-Minuten Niederschlagsintensität und Bodenabtrag des Standorts K6. Hierbei wird unterschieden zwischen Abtragsereignissen, die im Sommer und Herbst (S+H), sowie im Winter und Frühjahr (W+F) fielen. Ereignisse während des Höhepunktes der Dürre (S+H 92) sind gesondert dargestellt.

gruppiert und zwar:

I. Dürrezeitraum 19.2.92 bis 30.4.93,
II. Dürrezeitraum 19.2.92 bis 30.4.93, ohne deren Höhepunkt von August bis Oktober 1992,
III. Keine Dürre, 28.9.90 bis 12.2.92 und 3.5.93 bis 28.11.93.

Diese Gruppenbildung verbessert deutlich das Verhältnis zwischen Abtrag und Niederschlag. Für den Standort K6 sind die Korrelationskoeffizienten R in Tabelle 35 dargestellt. Sie zeigt ebenfalls die Ergebnisse der multiplen Regression mit den unabhängigen Variablen Regenmenge und maximaler 10-Minuten Intensität (I10), falls diese eine bessere Erklärung des Abtrags gegenüber I30 liefert. Die Ergebnisse der Analyse bestätigen den Einfluß der Vegetationsbedeckung auf den Abtrag. Vergleichbare Niederschläge verursachten höhere Erosion, insbesondere während des Höhepunktes der Dürre (Abb. 48). Während dieses Zeitraums fand das Starkregenereignis E38 statt. Die Beziehung zwischen Niederschlagsintensität und Abtrag ist linear, wenn die Ereignisse ausgeschlossen werden, die während der Zeit minimaler Bodenbedeckung auftraten (siehe Abb. 49 und 50).

Im Gegensatz dazu legen die Abtragsdaten von August bis Oktober 1992 eine kurvenlineare Beziehung zwischen Niederschlagsintensität und Bodenerosion nahe. Dies erklärt auch den hohen Abtrag des Ereignisses E38. Jedoch ist mit einer Anzahl von 10, die Datenmenge zu gering, um eine zufriedenstellende Definition dieser Beziehung zu erstellen, zumal ein Teil der Proben vergleichbare Niederschlagsintensitäten aufweist. Die beste Erklärung liefert die Potenzfunktion mit der unabhängigen Variablen I30 (Abb. 51):

$$Y = 0{,}267 * I30^{2{,}29}$$

Der Korrelationskoeffizient der Regression R beträgt 0,87 (Standardfehler - 0,599, p-Wert 0,0000).

Der extrem hohe Abtrag von E38 ist somit auf das Zusammentreffen hoher Niederschlagsintensitäten (I30 = 32,8 mmh^{-1}, I10 = 60,0 mmh^{-1}) und sehr niedriger Krautbedeckung zurückzuführen. Abträge während der Dürre, doch mit deutlich höherer Bodenbedeckung (II, ohne August bis Oktober 1992) zeigen im Vergleich mit dem restlichen Zeitraum (III) höhere Abträge bei vergleichbaren Niederschlägen (Abb. 49 und 50).

Die für den Standort K6 gemachten Ausführungen gelten ebenfalls für Parzellen in Bereichen mit einer

Unabhängige Variable		Alle Ereignisse	I	II	III
I30	R	0,57	0,68	0,81	0,70
	SF	18,8	23,5	8,8	6,6
PTOT, I10	R		0,74	0,83	
	SF		21,7	8,6	
N		77	31	22	46

Tab. 35: Ergebnisse der linearen Regression zwischen Abtrag und I30 bzw. Abtrag und PTOT, I10 für verschiedene Gruppen von Ereignissen (siehe Text). Alle Koeffizienten signifikant bei α - 0,001.

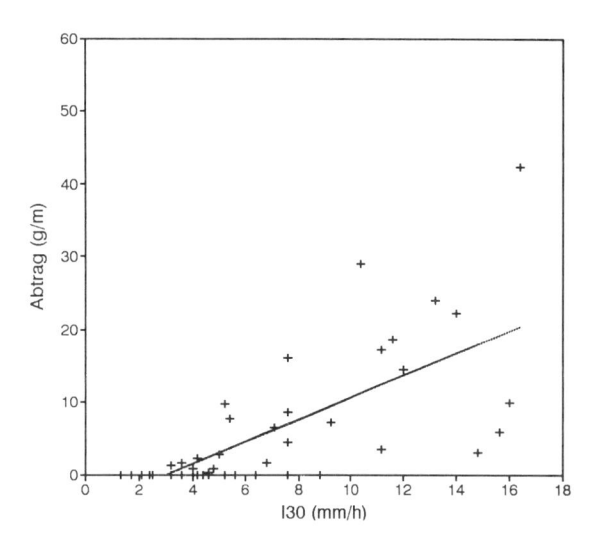

Abb. 49: Verhältnis zwischen maximaler 30-Minuten Niederschlagsintensität und Abtrag des Standorts K6 der Ereignisse, die nicht während der Dürre stattfanden (Korrelationskoeffizient R=0,70).

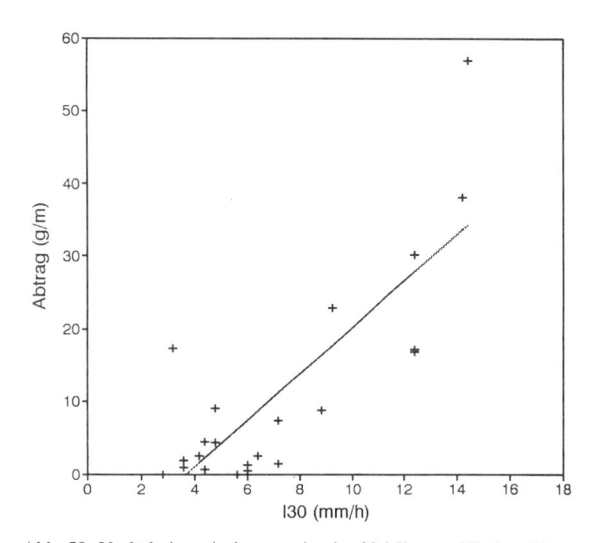

Abb. 50: Verhältnis zwischen maximaler 30-Minuten Niederschlagsintensität und Abtrag des Standorts K6 der Ereignisse, die während der Dürre stattfanden, jedoch ohne jene vom August bis Oktober 1992, die mit dem Höhepunkt der Dürre übereinstimmen (Korrelationskoeffizient R=0,81).

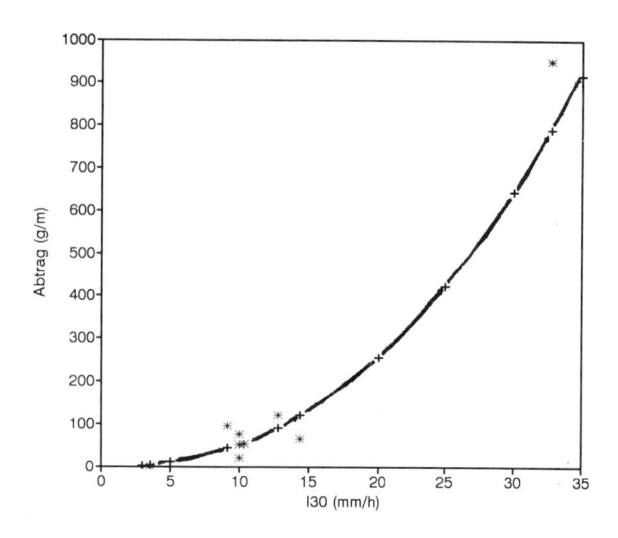

Abb. 51: Verhältnis zwischen maximaler 30-Minuten Intensität und Abtrag des Standorts K6 für Ereignisse der Monate August bis Oktober 1992 (Korrelationskoeffizient R=0,87).

hohen Krautbedeckung in Jahren mit ausreichend Niederschlägen, zumindest auf den ersten Hangmetern oberhalb der Sedimentkästen. Es handelt sich hierbei um die Vegetationseinheiten G1 und AK (kolluviale Bereiche). Für diese Standorte konnte keine jahreszeitlich bedingte Variation des Bodenabtrags festgestellt werden, da die Krautbedeckung normalerweise immer dicht ist. Die im Sommer vorhandene vertrocknete Krautschicht, scheint ebenso wirkungsvoll den Bodenabtrag zu mindern als die grünen Kräuter. Die Variationen der Abtragsmengen werden, neben der Niederschlagsintensität und Menge, von zwischenjährlichen Schwankungen der Bodenbedeckung verursacht, die von der Wasserverfügbarkeit für die Pflanzenentwicklung bestimmt wird.

Standorte mit geringerer Krautbedeckung (G2 und G3) zeigen Unterschiede hinsichtlich der geschilderten Zusammenhänge. Als Beispiel für das Verhältnis zwischen Niederschlag, Vegetation und Abtrag der Standorte mit geringerer Vegetationsbedeckung wird K14 vorgestellt, dessen Abträge in Abbildung 47 dargestellt sind. Die Beziehung zwischen I30 und Abtrag weist ebenfalls eine hohe Streuung auf. Jedoch wurden im Gegensatz zu K6, auch hohe Werte außerhalb des Zeitraums des Dürrehöhepunktes verzeichnet (Abb. 52). So wurde der Abtrag der beiden Ereignisse E1 und E68 während der Zeit registriert, die nicht von der Dürre betroffen war. Darüberhinaus sind nur drei, der während des Höhepunktes der Dürre produzierten Abträge höher als die bei vergleichbaren Intensitäten registrierten. Desweiteren läßt sich kein Unterschied im Verhältnis zwischen Niederschlag und Abtrag der beiden Gruppen II und III (Dürre ohne Ereignisse von September bis Oktober 92 und nicht von der Dürre betroffene Ereignisse) feststellen. Dies bedeutet entweder, daß während der Dürre bei vergleichbaren Niederschlagscharakteristiken keine höheren Abträge produziert wurden oder, daß dies nicht nachgewiesen werden kann, da andere Faktoren eine Rolle spielen.

Zur weiteren Analyse wurde das auf multipler Regression basierende Modell mit den Variablen PTOT, DUR und I30 angewandt (R = 0,69, Standardfehler - 18,2). Die Residuen, das heißt die Differenz aus geschätzten und beobachteten Abtragswerten, sind in Abbildung 53 zusammen mit dem Anteil an nackter Bodenoberfläche dargestellt. Positive Werte entsprechen Abträgen, die höher als die geschätzten sind und umgekehrt. Die positiven Residuen der Ereignisse E37 bis E43 stimmen mit dem Maximum des Anteils der vegetationsfreien Bodenoberfläche überein. Diese Werte werden gefolgt von einer Reihe von negativen Residuen ab Mitte Oktober, die mit dem Einsetzen der Krautentwicklung einhergeht. Auch wenn der Anteil nackten Bodens im Vergleich zum Herbst der beiden vorhergehenden Jahre höher war und aufgrund der Dürre keine hohe Krautentwicklung erzielt wurde, so war diese doch ausreichend, um die Bodenerosion zu bremsen. Die intensiven Nieder-

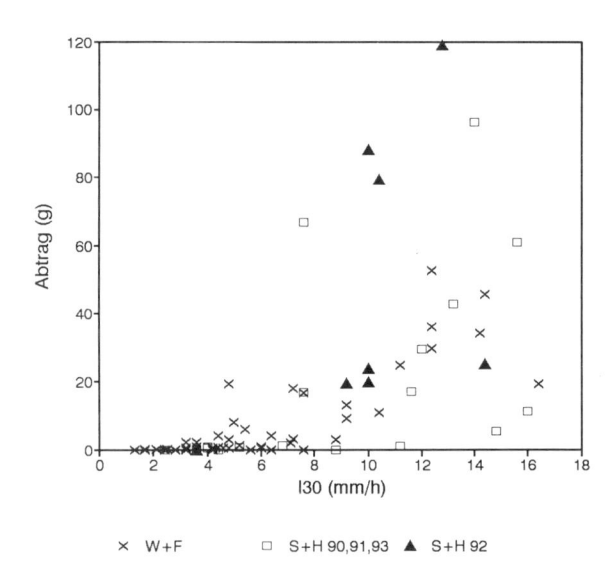

Abb. 52: Verhältnis zwischen maximaler 30-Minuten Niederschlagsintensität und Bodenabtrag des Standorts K14. Hierbei wird zwischen Abtragsereignissen, die im Sommer und Herbst (S+H), sowie im Winter und Frühjahr (W+F) fielen, unterschieden. Die Ereignisse während des Höhepunktes der Dürre (S+H 92) sind gesondert dargestellt.

schläge des Frühjahrs 1993 bewirkten trotz einer Zunahme des nackten Bodens keinen hohen Abtrag. Auffallend sind die drei Abtragsereignisse E1, E19 und E68 mit hohen positiven Residuen. Diese stellen jeweils das erste wichtige Regenereignis des Herbstes dar. Hier taucht ein Problem der durchgeführten Bestimmung der Bodenbedeckung zum Studium von Erosionsprozessen auf. Es deutet sich eine rasche Abnahme der Erosion im Herbst an. Jedoch verläuft die Abnahme des Anteils an nacktem Boden langsamer.

Hierbei ist zu berücksichtigen, daß bei gleichem Bedeckungsgrad Eigenschaften der Krautschicht variieren können. Diese ist im Sommer trocken und im Frühherbst eine Mischung aus trockenen und grünen Pflanzen. Außerdem variiert ihre Biomasse, die in normalen Jahren ein Maximum im Frühjahr und ein Minimum im Sommer besitzt. Im Gegensatz zu K6 wurde bei K14 nicht der Anteil der Krautschicht, sondern der Anteil an nacktem Boden zur Charakterisierung der Bodenbedeckung im Verältnis mit der Erosion ausgewählt. Grund ist, daß bei den meisten Standorten diese Variable eine bessere Korrelation mit dem Abtrag aufweist. Die Ursache hierfür ist wahrscheinlich in der Streubedeckung zu suchen.

Es ist möglich, daß die höheren Abträge der ersten Herbstregen nicht nur mit der geringeren Vegetationsbedeckung zusammenhängen, sondern auch mit Bodeneigenschaften. Wahrscheinlich ist die Verfügbarkeit leicht erodierbaren Materials nach der gewöhnlich regenfreien Sommerperiode höher, da die Bodenoberfläche durch den Viehtritt strapaziert wird. Die Trampeltätigkeit der Schafe bei dem völlig trockenen Boden im Sommer führt dazu, daß auf seiner Oberfläche Sediment in pulverisierter Form vorliegt, daß leicht mit dem Oberflächenabfluß weggeführt werden kann. Auf vegetationsfreien Flächen kommt es durch die Planschwirkung der Regentropfen zur Krustenbildung ("surface crusting"). Diese dünne Kruste kann durch den Viehtritt zerstört werden.

Bei den Parzellen auf stark degradierten Hängen (G3) wurden ebenfalls hohe Abtragswerte während der Spätsommer- bis Herbstmonate 1992 beobachtet (Abb. 54). Dies ist auf den ersten Blick erstaunlich, da der Anteil der vegetationsfreien Bodenoberfläche nur geringen Schwankungen unterlag. Dieser Wert liegt bei 60 bis 70%. Von Bedeutung können die Lavendelbüsche sein, die ca. 20-30% der Bodenoberfläche bedecken. Bei der Bestimmung der Vegetation wurden nicht die unter den Lavendel-

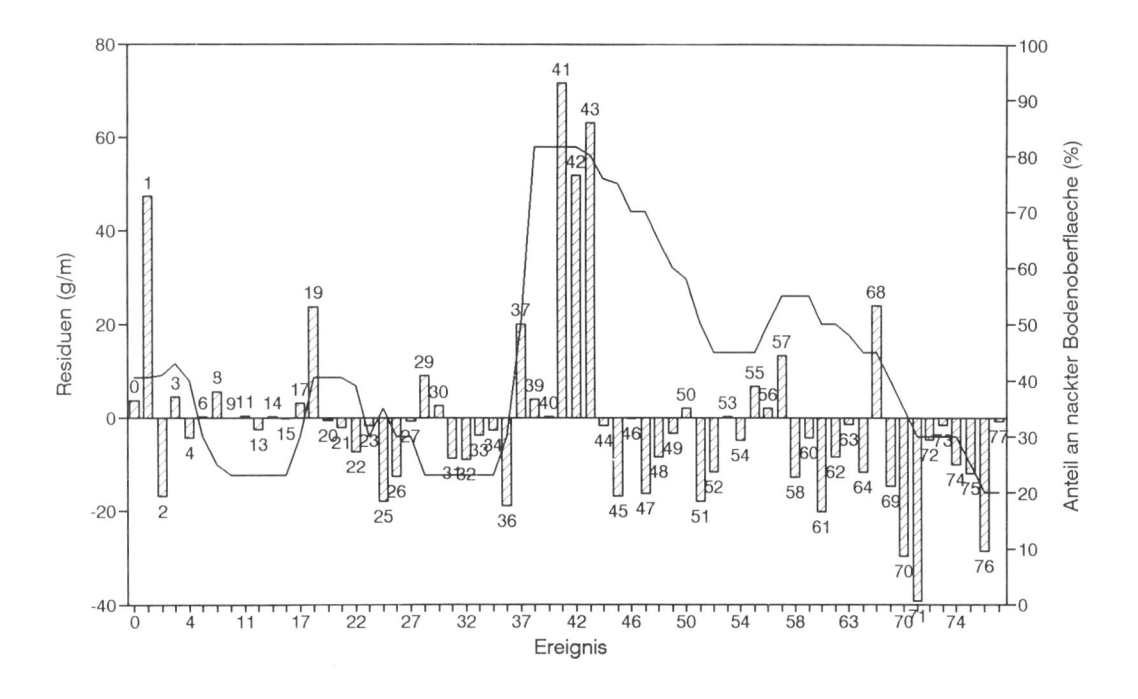

Abb. 53: Residuen des auf linearer multipler Regression basierenden Modells zwischen Abtrag des Standorts K14 und den Variablen PTOT, DUR und I30, sowie der Anteil an nackter Bodenoberfläche (Nummern entsprechen den Ereignissen).

pflanzen wachsenden Kräuter berücksichtigt. In der Regel ist die Bodendecke unterhalb eines Strauches mächtiger als außerhalb seines Einflußbereiches, wo an vielen Stellen der anstehende Schiefer freiliegt. Die Bodenoberfläche unterhalb einer Lavendelpflanze ist in normalen Jahren von Kräutern bedeckt, wurde aber aufgrund der Dürre und des Viehfraßes im Sommer 1992 freigelegt. Dies erklärt die höheren Abtragswerte, obgleich der gemessene Anteil an nacktem Boden nur geringfügig höher war.

Werden die Ereignisse des Dürrehöhepunktes bei der Untersuchung des Verhältnisses zwischen Niederschlag und Abtrag ausgeschlossen, so ergeben sich hohe Korrelationskoeffizienten. Die engste Beziehung weisen Abträge bei der linearen multiplen Regression mit den unabhängigen Variablen PTOT und I10 auf. Der Korrelationskoeffizient R dieser Analyse für den Standort K10, zum Beispiel, beträgt 0,80 (Standardfehler 15,8, p-Wert 0,0000). Das heißt 64% der Varianz des Abtrags werden durch die beiden Niederschlagsvariablen PTOT und I10 erklärt. Solch hohe Koeffizienten treten nur bei den zur Vegetationseinheit G3 gehörenden Standorten auf. Dies legt nahe, daß der Abtrag dort hauptsächlich von Niederschlagscharakteristiken gesteuert wird, da die jahreszeitliche Variation der Bodenbedeckung normalerweise gering ist.

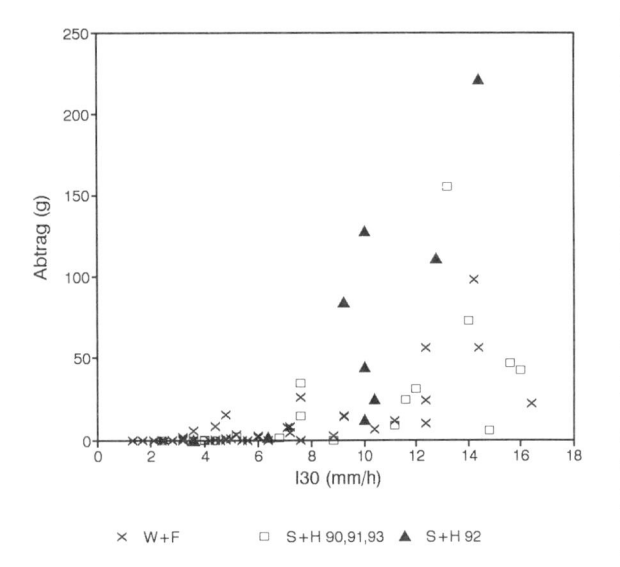

Abb. 54: Verhältnis zwischen maximaler 30-Minuten Niederschlagsintensität und Bodenabtrag des Standorts K10. Hierbei wird zwischen Abtragsereignissen, die im Sommer und Herbst (S+H), sowie im Winter und Frühjahr (W+F) fielen, unterschieden. Die Ereignisse während des Höhepunktes der Dürre (S+H 92) sind gesondert dargestellt.

5.5.5 Die Beziehung zwischen Vegetationsbedeckung und Bodenerosion

Die oben gemachten Ausführungen verdeutlichen den Einfluß der Vegetationsbedeckung auf erosive Prozesse. Für niedrig-wachsende natürliche Vegetation (nicht einbegriffen sind Ackerkulturen und Wälder) wurde von einigen Autoren das Verhältnis zwischen Krautbedeckung und Bodenabtrag als kurven-linear dargestellt. Hier seien die Studien von DUNNE, DIETRICH und BRUNENGO (1978) in Savannenlandschaften Kenias und die von ELWELL und STOCKING (1976) in Zimbabwe erwähnt. Beides sind Studien, die in semi-ariden Gebieten mit Weidenutzung durchgeführt wurden. LANG und Mc CAFFREY (1984) fanden ebenfalls eine kurven-lineare Beziehung für beweidete Parzellen in New South Wales. Diese Studien legen einen starken Anstieg des Bodenabtrags bei Unterschreitung der Vegetationsbedeckung von 40% nahe. Eine Bedeckung von 60% ist nach STOCKING (1988) nahezu so effektiv als eine vollständige.

Für natürliche bzw. semi-natürliche Pflanzengemeinschaften liegen nur wenige Arbeiten vor, die diese Beziehung durch direkte Messung von Abtragsereignissen im Gelände bestätigen. Unter Benutzung der Guadalperalón Daten wird versucht, das Verhältnis zwischen Vegetationsbedeckung und Bodenabtrag zu definieren. Hierbei werden zwei unterschiedliche Analysen durchgeführt. Zum einen werden einzelne Standorte mit ihren Abflußereignissen (A) und zum anderen die Gesamtheit der Standorte mit Abtragssummen ausgewählter Zeiträume herangezogen (B). Das jeweilige Mittel der Bodenbedeckung der ersten beiden Meter oberhalb des Ablaufblechs wird benutzt, da es im Vergleich zum gesamten Hangprofil eine engere Beziehung mit dem Abtrag aufweist.

A) Das Verhältnis zwischen Krautbedeckung und Abtrag der Parzelle K6 ist in Abbildung 55 dargestellt. Verwandt werden nur Niederschlagsereignisse, die abtragswirksam sind, das heißt mit PTOT > 5,4 mm und I30 > 4 mmh^{-1}. Die Korrelation mit exponentieller Regression liefert mit R = 0,57 den höchsten Koeffizienten (signifikant bei α - 0,001). Trotz der hohen Streuung (Standardfehler - 1,54, N - 52), die durch unterschiedliche Niederschlagscharakteristiken der Ereignisse verursacht werden, ist der kurvenlineare Charakter der Beziehung deutlich. Wird die ermittelte Regressionsgleichug

$$Y = \exp(4{,}589 - 0{,}0407X)$$

herangezogen, um den jeweiligen Abtrag für unterschiedliche Krautbedeckung als Anteil des Abtrags bei völlig nacktem Boden zu bestimmen, so ergibt sich die in Abbildung 56 dargestellte Kurve. Sie zeigt an, daß unterhalb eines Bedeckungsgrades von 50% der Abtrag stark ansteigt.

Das gleiche wird für einen Standort mit durchschnittlich geringerer Bodenbedeckung vorgestellt (K14), wobei hier der Anteil an nacktem Boden als Variable benutzt wurde. Die Streuung ist ebenfalls erheblich (Abb. 57). Der signifikante Korrelationskoeffizient R beträgt 0,55. Das resultierende Modell der Regressionsgleichung

$$Y = \exp(0{,}4056 + 0{,}0484)$$

liefert das in Abbildung 58 dargestellte Verhältnis zwischen nacktem Boden und Abtrag, mit einem starken Anstieg bei Überschreiten von 60% vegetationsfreier Fläche.

Problematisch bei dieser Untersuchung ist, daß nur relativ wenige Ereignisse bei niedrigem Bedeckungsgrad vorliegen. Darüberhinaus, wie für den Standort K14 demonstriert, lieferten die ersten Herbstereignisse bei vergleichbarer Bedeckung höhere Abträge als spätere Regenfälle. Variationen dieser Art führen zu einer größeren Streuung.

Abb. 55: Verhältnis zwischen Krautbedeckung und Abtrag des Standorts K6 mit Regressionsgeraden Y=exp(4,589-0,0407X).

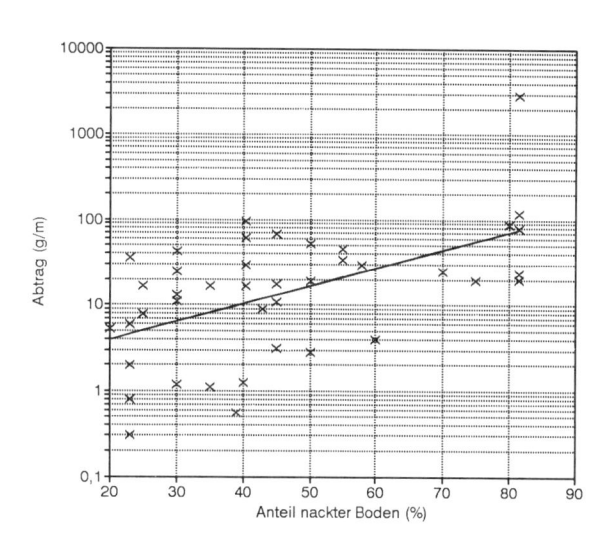

Abb. 57: Verhältnis zwischen nackter Bodenoberfläche und Abtrag des Standorts K14 mit Regressionsgeraden Y=exp(0,4056+0,0484X).

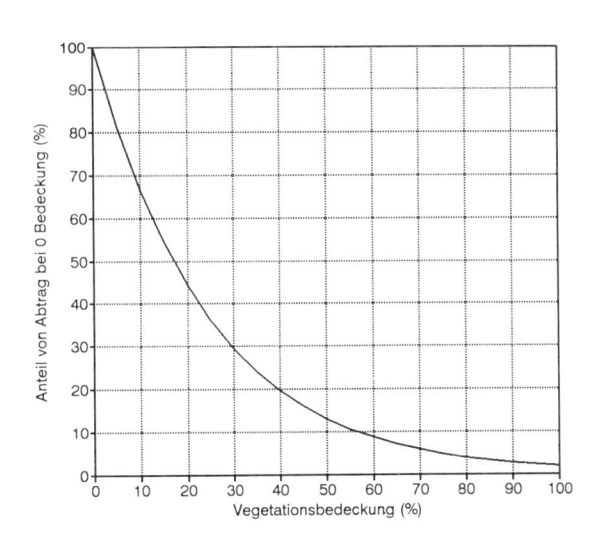

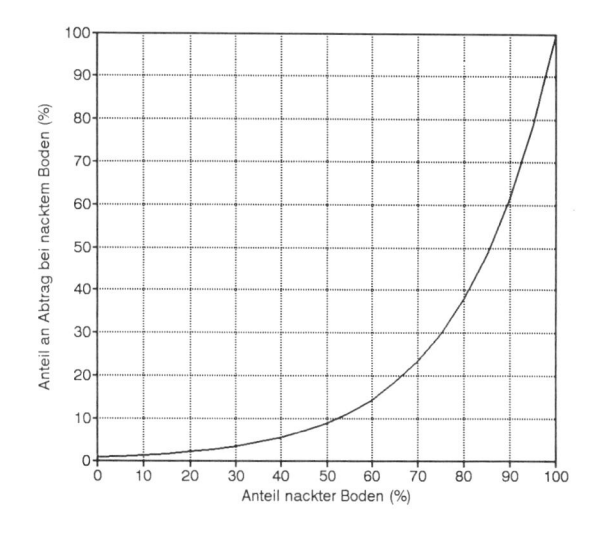

Abb. 56: Verhältnis zwischen geschätztem Abtrag als Anteil des bei vollständig nackter Bodenoberfläche produzierten und Krautbedeckung des Standorts K6.

Abb. 58: Verhältnis zwischen geschätztem Abtrag als Anteil des bei vollständig nackter Bodenoberfläche produzierten und vegetationsfreiem Anteil des Standorts K14.

B) Zwei Datengruppen wurden für die Gesamtheit der Standorte angewandt (N = 2x27 = 54), die Summe der Abträge des Sommers und Herbstes 1992 ohne das Extremereignis E38, sowie das Mittel der Sommer- und Herbstabträge von 1990, 1991 und 1993. Das Ereignis E38 wird ausgeschlossen, um die Vergleichbarkeit beider Datengruppen im Hinblick auf Niederschlagscharakteristiken zu ermöglichen. Es ist jedoch zu berücksichtigen, daß intensive Regenfälle bei der ersten Gruppe etwas häufiger auftraten, als bei der zweiten (z.B. I5 > 20,0 mmh^{-1} trat fünfmal im Vergleich zu 3,3 mal auf). Die maximalen Intensitätswerte sowie die maximalen Niederschlagsmengen sind vergleichbar.

Bei den Abtragsdaten sind grobe organische Bestandteile nicht eingeschlossen. Abbildungen 59 und 60 zeigen das Verhältnis zwischen Abtrag und nacktem Boden, wobei zum einen der Abtrag pro Hangmeter und zum anderen pro Flächeneinheit benutzt wurde. Beide Beziehungen sind hoch signifikant. Das Ergebnis der Regressionsanalysen ist in Tabelle 36 dargestellt.

Da nicht nur der Anteil nackten Bodens bei der Produktion des Abtrags, sondern auch andere Faktoren, wie Hangneigung, Boden, Einzugsgebietsgröße und Art der Vegetation (Bäume, Sträucher, Streubedeckung) eine Rolle spielen, ist die beobachtete Streuung der Daten im Vergleich verschiedener Standorte zu erwarten (Abb. 59 und 60). Die festgestellte gute Korrelation, trotz der anderen mitwirkenden Faktoren, bestätigt die starke Rolle, die die Vegetation bei den erosiven Prozessen auf Hängen spielt (HUDSON, 1981; STOCKING, 1998). Die beiden Regressionsmodelle liefern das in Abbildung 61 dargestellte Verhältnis zwischen nacktem Boden und Abtrag. Die beiden Kurven sind vergleichbar und zeigen den von anderen Autoren berichteten starken Anstieg der Bodenerosion bei Überschreiten der vegetationsfreien Fläche von 50-60%. So ist der Abtrag bei 30% nacktem Boden nur geringfügig höher, als der bei vollständiger Bedeckung.

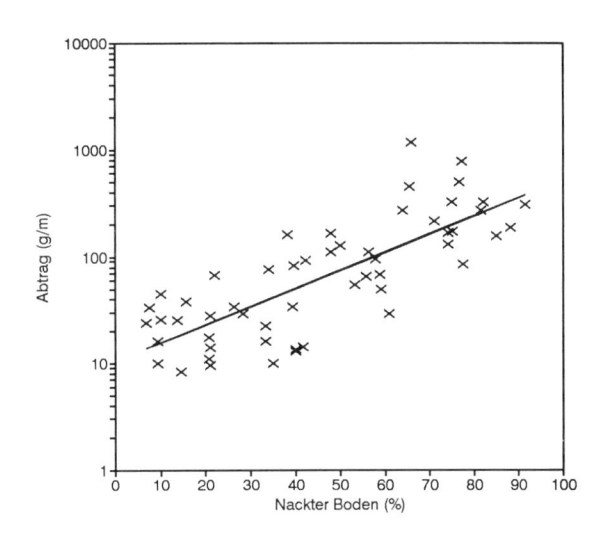

Abb. 59: Verhältnis zwischen Abtrag [gm^{-1}] (Summe des Herbstes 1992 und Mittel aus der Summe des Herbstes 1990, 1991, 1993) und Anteil an nacktem Boden (Daten Frühherbst 1991 und 1992) der 27 Parzellen.

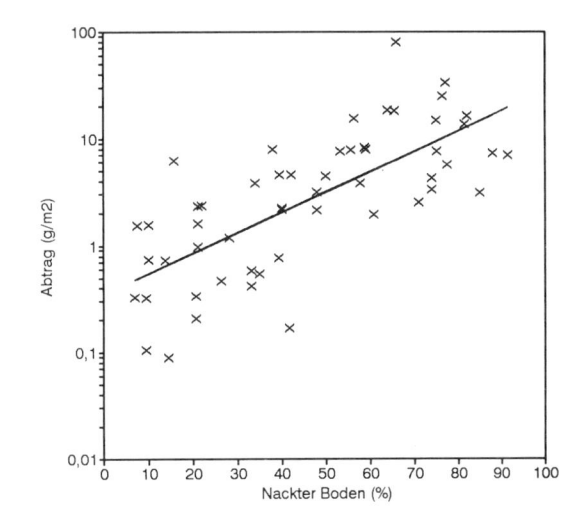

Abb. 60: Verhältnis zwischen Abtrag [gm^{-2}] (Summe des Herbstes 1992 und Mittel aus der Summe des Herbstes 1990, 1991, 1993) und Anteil an nacktem Boden (Daten Frühherbst 1991 und 1992) der 27 Parzellen.

		Standardfehler	p-Wert	Regressionsgleichung
1 - gm^{-1}	0,78	0,78	0,0000	Y=exp(2,357+0,0391X)
2 - gm^{-2}	0,72	1,06	0,0000	Y=exp(-1,037+0,0438X)

Tab. 36: Ergebnis der Regressionsanalysen zwischen Abtrag und Anteil nackter Bodenoberfläche (1 - Daten in gm^{-1}, 2 - Daten in gm^{-2}).

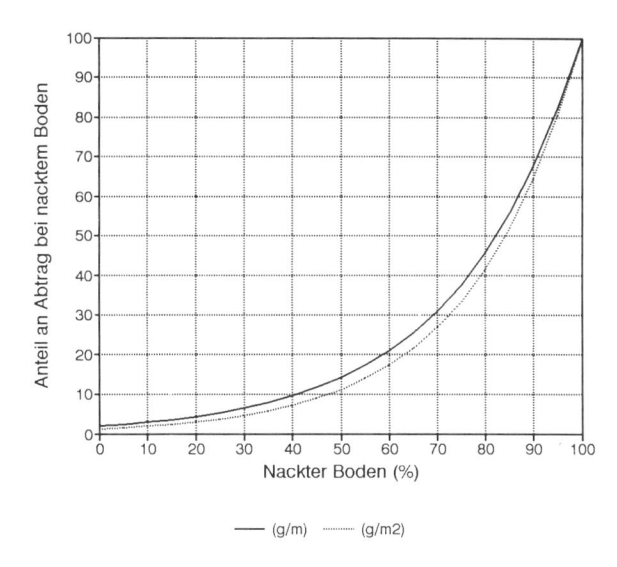

Abb. 61: Verhältnis zwischen geschätztem Abtrag (Anteil an dem bei vollständig nackter Bodenoberfläche produzierten Abtrags) und vegetationsfreier Fläche. Regressionsgleichungen siehe Tabelle 3.

5.5.6 Oberflächenabfluß und Bodenabtrag

Alle Standorte weisen eine schwache Korrelation zwischen Oberflächenabfluß und Bodenabtrag auf. Abbildung 62 zeigt dies beispielhaft für die Parzelle K14, die einen Korrelationskoeffizienten von R = 0,74, mit einem Standardfehler von 18,8, aufweist. Dieser relativ hohe Koeffizient ist irreführend, da er durch eine hohe Anzahl von Ereignissen mit geringem Abfluß und Abtrag verursacht wird. Die hohe Streuung ist zu erwarten. Einerseits ist das Verhältnis zwischen Oberflächenabfluß und Niederschlag anders, als das zwischen Abtrag und Niederschlag. Während beim Hangabfluß eine engere Korrelation mit der maximalen 2-Stunden Intensität festgestellt wurde, besteht diese beim Abtrag mit der Variablen I30. Das heißt, die kurzzeitige Intensität ist beim Erosionsgeschehen bedeutender als bei der Produktion des Abflusses. Andererseits besteht eine enge Beziehung zwischen Vegetationsbedeckung und Abtrag, die für den Oberflächenabfluß nicht nachgewiesen werden konnte.

FRANCIS & THORNES (1990) fanden ähnliche Ergebnisse bei Abflußexperimenten mit simulierten Niederschlägen in Murcia, Südspanien. Sie untersuchten die Beziehung zwischen Vegetationsbedeckung und Abfluß sowie Abtrag mit hohen und niedrigen Intensitäten. Jedoch ist anzumerken, daß die niedrigen Intensitäten dieser Experimente den hohen Intensitäten in unserem Untersuchungsgebiet entsprechen (I60 = 20 mmh^{-1}). Für diese Intensitäten konstatieren die Autoren die exponentielle Beziehung zwischen Vegetationsbedeckung und Abtrag, während beim Abfluß Vegetationsunterschiede nur einen geringen Einfluß ausübten. Bei sehr hohen Niederschlagsintensitäten, die einem 100 Jahr Ereignis entsprechen, zeigte sich hingegen ebenfalls eine exponentielle Beziehung mit dem Abfluß. Im Einzugsgebiet des Guadalperalón ist dies nicht zu erwarten, da die sehr geringmächtigen Böden, selbst bei guter Vegetationsbedeckung, bei intensiven Niederschlägen hohe Abflüsse produzieren. Es wird eher erwartet, daß bei niedrigen Intensitäten Vegetationsunterschiede zum Tragen kommen. Die auf Mergeln und Sandsteinen entwickelten Böden, bei den von FRANCIS & THORNES (1990) durchgeführten Experimenten, sind nicht mit denen des Untersuchungsgebiets zu vergleichen.

Für die definierten Vegetationseinheiten zeigt sich eine Übereistimmung zwischen mittleren Abflußkoeffizienten (siehe Kapitel 5.3) und Gesamtabtrag. Die Vegetationsgruppe mit dem höchsten mittleren Koeffizienten (G3) weist auch den höchsten Abtrag auf. Die Gruppe der Baumstandorte, die den geringsten Abfluß produziert, weist die niedrigsten Abträge auf.

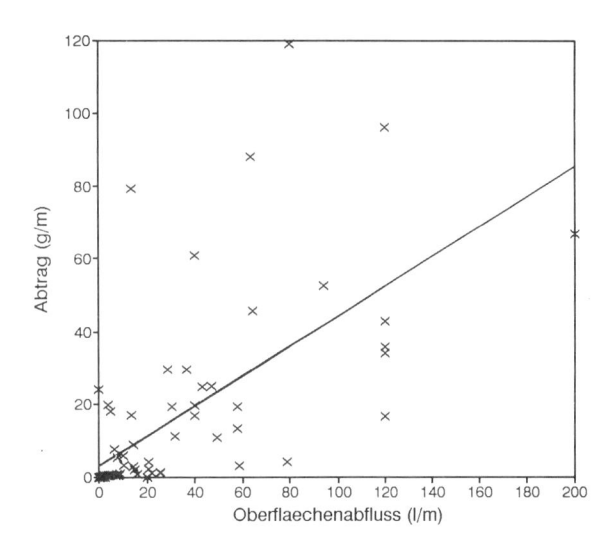

Abb. 62: Beziehung zwischen Oberflächenabfluß und Bodenabtrag des Standorts K14 mit Regressionsgeraden (Y = 2,942 + 0,413X, R = 0,65).

5.5.7 Zeitliche Variabilität der Vegetationsbedeckung und räumliche Abtragsvaritionen

In den oben gemachten Ausführungen wurde die Beziehung zwischen Bodenerosion und den Faktoren Vegetationsbedeckung und Niederschlag dargestellt. Es wurden unterschiedliche Verhältnisse beschrieben, die von den jeweiligen Standortfaktoren der verschiedenen Parzellen abhängen. Die definierten Vegetationseinheiten weisen Unterschiede im Gesamtabtrag auf, die hauptsächlich auf den Grad der Bodenbedeckung und die Abflußproduktion zurückzuführen sind. Im Folgenden soll nun untersucht werden, wie sich die zeitliche Variabilität der Vegetationsbedeckung auf die zeitliche Variabilität des Abtrags auswirkt und ob diese Beziehung räumlich variiert.

Hierfür wurde für jeden Standort der jahreszeitliche Abtrag als Anteil am Gesamtabtrag berechnet, jedoch unter Ausschluß des Ereignisses E38. Für die verschiedenen Vegetationseinheiten wurde das arithmetische Mittel dieser jahreszeitlichen Anteile bestimmt. Die Ergebnisse sind in Tabelle 37 dargestellt. Wie zu erwarten, weisen die Vegetationseinheit G3 und die Baumstandorte die geringste Variabilität auf (Abb. 63). G3 besitzt zwar, bedingt durch die Dürre, ein Maximum während des Herbstes 1992, doch wurden auch hohe Abträge zu anderen Zeiten verzeichnet. Die sekundären Maxima gehören zu Herbst 1990, Frühjahr 1992 und Herbst 1993 und stimmen mit dem Auftreten von intensiven Niederschlagsereignissen überein. Es bestätigt sich somit die für diese stärker degradierten Hänge angeführte enge Beziehung zwischen Niederschlag und Abtrag, da einerseits ihre Vegetationsbedeckung nur geringen Variationen unterliegt und andererseits, aufgrund des sehr geringmächtigen Bodens, große Mengen Abfluß produziert werden. Die beobachteten Maxima im Herbst sind eher auf das häufigere Auftreten von intensiven Niederschlägen während dieser Jahreszeit, als auf eine niedrigere Vegetationsbedeckung zurückzuführen. Dies wird deutlich im Herbst 1991, als nur wenig abtragswirksame Ereignisse stattfanden und somit der Abtrag niedrig war.

Bei den Baumstandorten wird hauptsächlich grobe organische Substanz abgetragen. Die Dürre hatte wahrscheinlich einen nur geringen negativen Einfluß auf das Erosionsgeschehen, da die Bodenoberfläche von einer Streuauflage bedeckt wird und somit vor dem direkten Aufprall der Regentropfen geschützt ist. Die höchste Variation weisen die kolluvialen Bereiche auf, wobei ca. 63% des gesamten Abtrags im Sommer und Herbst 1992 verzeichnet wurden (Abb. 64). Diese Standorte zeigen in Jahren, die keine dürrebedingte Reduktion der Krautschicht aufweisen, eine sehr geringe zeitliche Variation der Bodenerosion.

Der Verlauf der jahreszeitlichen Abträge der Gruppe G2 ist ähnlich der G3. Doch hat sich die Dürre auf diesen Standorten relativ stärker ausgewirkt, das heißt der Anteil der Abträge von Sommer und Herbst 1992 ist höher und er ist niedriger im Herbst 1990 und im Herbst 1993 (Abb. 63). Diese Standorte zeigen in normalen Jahren jahreszeitliche Schwankungen, die, wie für Parzelle K14 demonstriert wurde, wahrscheinlich auf Variationen der Vegetationsbedeckung der Sedimentverfügbarkeit (Trampeltätigkeit der Schafe) zurückzuführen sind.

Jahreszeit	G1	G2	G3	A K	B
H 90	6,3	12,8	15,9	3,9	10,1
W	1,1	1,0	1,3	0,3	2,7
F	1,0	1,3	1,7	1,2	1,2
S	2,9	2,5	2,3	2,2	4,3
H 91	6,1	5,4	5,7	2,2	6,2
W	5,8	3,2	3,3	2,2	7,4
F	9,2	6,0	5,9	6,4	6,1
S	19,0	10,7	4,8	13,9	9,2
H 92	29,6	30,9	25,8	48,6	23,4
W	7,2	5,5	5,4	6,0	7,9
F	6,9	12,9	16,2	8,5	15,4
S	0,0	0,2	0,7	0,5	0,0
H 93	4,8	7,4	11,0	4,1	6,1

Tab. 37: Anteil (%) des jahreszeitlichen Abtrags am Gesamtabtrag der verschiedenen Vegetationseinheiten.

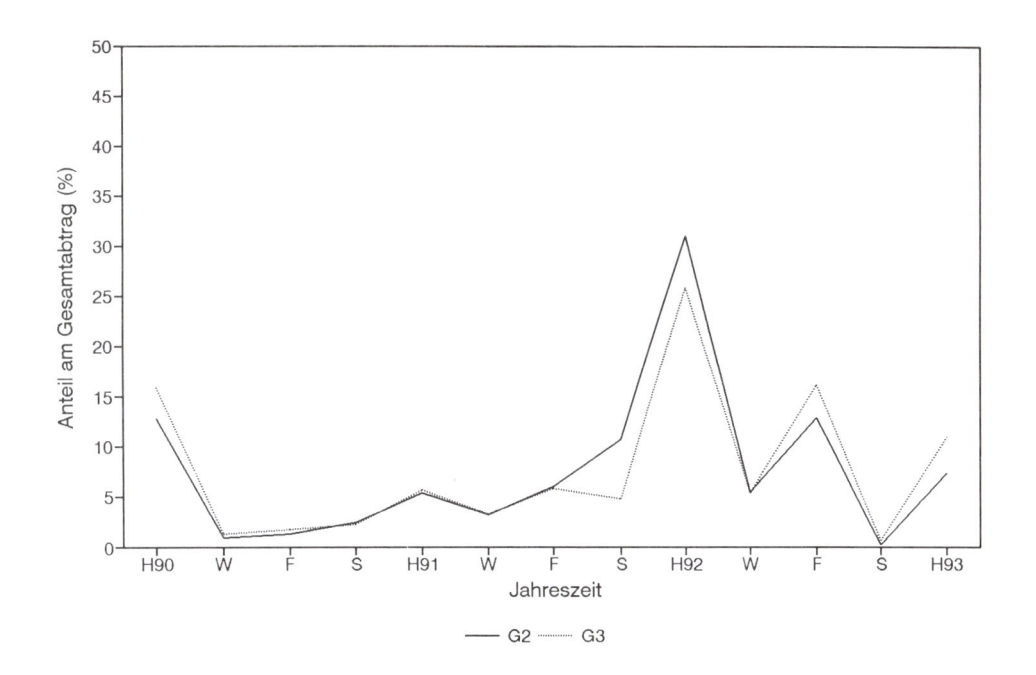

Abb. 63: Jahreszeitlicher Anteil des Abtrags am Gesamtabtrag der Vegetationseinheiten G2 und G3.

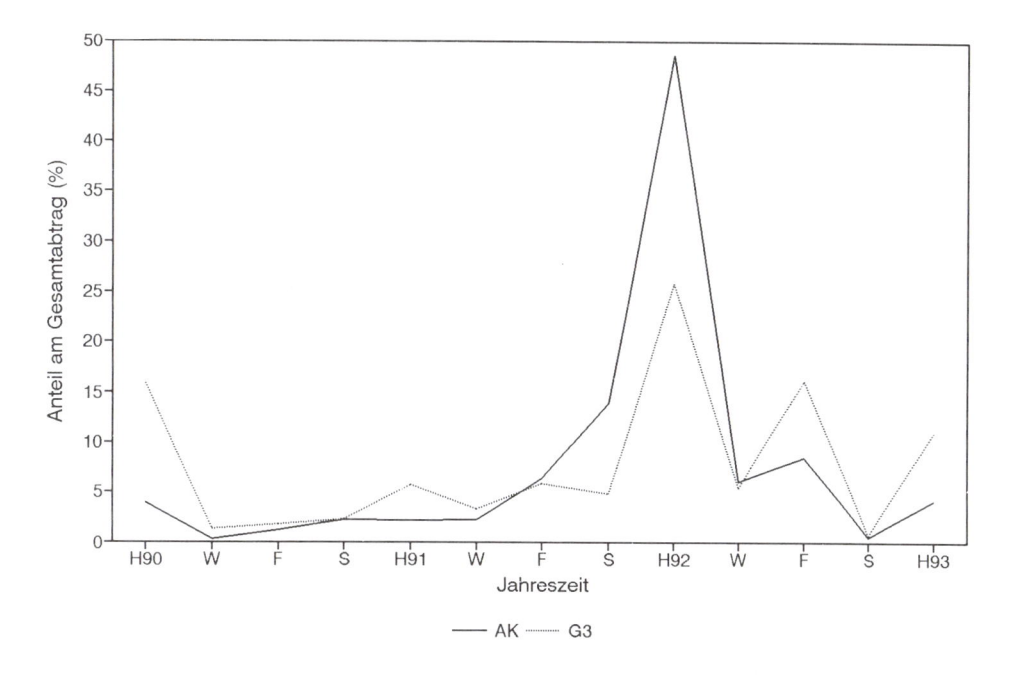

Abb. 64: Jahreszeitlicher Anteil des Abtrags am Gesamtabtrag der Vegetationseinheiten G3 und AK.

Der Anteil am Gesamtabtrag des Sommers und Herbstes 1992 der Vegetationseinheit G1 liegt mit 48,6% höher als bei G2, jedoch niedriger als bei den kolluvialen Bereichen. Die Ergebnisse verdeutlichen, daß der Faktor Vegetation in Gebieten semi-ariden Klimas nicht als konstanter Faktor betrachtet werden kann. Das Wasserdefizit während der Dürre 1991-1992 und die kontinuierliche Beweidung führten zu einer starken Reduktion der Krautbedeckung. Die Auswirkung auf die Bodenerosion wurde nachgewiesen. Der Unterschied zwischen der jährlichen Abtragsrate für den Zeitraum, der nicht von der Dürre und dem, der von der Dürre betroffen war, ist für die einzelnen Vegetationseinheiten in den Tabellen 38 und

39 dargestellt. Die Abtragsrate wurde bei G3 um das 2,3-fache und bei den kolluvialen Bereichen um das 6,3-fache erhöht (Abb. 65 und 66). Dürren dieser Intensität sind keine seltenen Erscheinungen im Untersuchungsgebiet. Sie treten im Mittel alle 7,8 Jahre auf.

Unberücksichtigt blieb bis jetzt der Starkregen vom 7.8.1992. Bei den kolluvialen Bereichen beträgt die Abtragsrate in normalen Jahren 2,5 $gm^{-2}a^{-1}$, während der Dürre 15,8 $gm^{-2}a^{-1}$ und wird unter Hinzuziehung von E38 auf 27,9 $gm^{-2}a^{-1}$ erhöht. Für G2 gilt: 6,9, 19,4 und 50,3 $gm^{-2}a^{-1}$. Die Frage ist nun, welche Auftrittswahrscheinlichkeit dieses Ereignis besitzt. Seine mittlere Häufigkeit wird zwar auf 22 Jahre geschätzt (Auftreten vergleichbarer Intensität in den Monaten Juli bis September), doch bleibt hierbei unberücksichtigt, daß es mit dem Höhepunkt einer Dürre, das heißt dem Zeitpunkt der geringsten Vegetationsbedeckung, koinzidierte. Legt man die mittlere Dürrehäufigkeit zugrunde, so ergibt sich eine Auftrittswahrscheinlichkeit von 22 * 7,8 = 171,6 Jahren. Dies ist eine sehr grobe Schätzung, doch scheint klar, daß es sich um ein Extremereignis handelt, daß wahrscheinlich nicht häufiger als einmal in 50 Jahren vorkommt.

Die mittlere Abtragsrate auf Hängen beträgt ohne das Extremereignis 20,0 $gm^{-2}a^{-1}$ (siehe Kapitel 5.5.3). E38 produzierte einen mittleren Abtrag von 107,3 gm^{-2}.

Dessen Einbeziehung, ohne Berücksichtigung seiner Häufigkeit, bedeutet eine Erhöhung um 33,0 $gm^{-2}a^{-1}$. Legt man jedoch eine Auftrittswahrscheinlichkeit von 0,02 zugrunde (einmal in 50 Jahren), so wird die mittlere Abtragsrate nur um 2,1 $gm^{-2}a^{-1}$ erhöht.

Da die Dürre, ohne die Berücksichtigung von E38, eine Erhöhung des Abtrags zur Folge hatte, ist weiterhin zu bedenken, ob der berechnete Mittelwert der langjährigen Erosionsrate entspricht. Meines Erachtens ist dies zu bejahen, da Dürren mit ungefähr acht Jahren recht häufig sind (im Vergleich mit den 3,25 Untersuchungsjahren) und außerdem, mit Ausnahme von E38, keine außergewöhnlich starken Regenereignisse stattfanden.

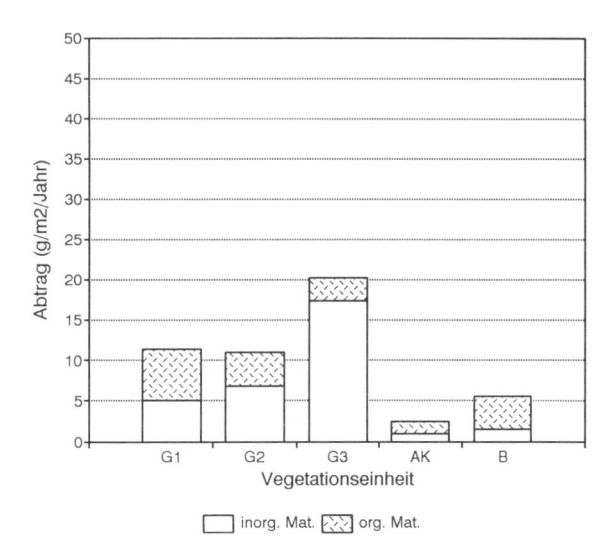

Abb. 65: Abtragsrate der Vegetationseinheiten (organisches und anorganisches Material) während des **nicht** von der Dürre betroffenen Zeitraums.

Veget.-einheit	MIN ($gm^{-1}a^{-1}$)	ORG ($gm^{-1}a^{-1}$)	MIN ($gm^{-2}a^{-1}$)	ORG ($gm^{-2}a^{-1}$)
G1	50,2	131,4	5,1	6,5
G2	154,8	104,8	6,9	4,2
G3	233,7	35,9	17,3	2,9
AK	43,6	72,3	1,0	1,5
B	59,1	166,9	1,5	4,1

Tab. 38: Abtragsrate der Vegetationseinheiten während des **nicht** von der Dürre betroffenen Zeitraums (MIN und ORG - Abtragsrate mineralischen und organischen Materials).

Veget.-einheit	MIN ($gm^{-1}a^{-1}$)	ORG ($gm^{-1}a^{-1}$)	MIN ($gm^{-2}a^{-1}$)	ORG ($gm^{-2}a^{-1}$)
G1	143,6	449,9	7,7	28,7
G2	450,4	238,8	19,4	9,2
G3	650,2	56,1	42,2	4,2
AK	199,9	525,0	4,4	11,4
B	110,8	422,3	2,7	9,9

Tab. 39: Abtragsrate der Vegetationseinheiten während des von der **Dürre** betroffenen Zeitraums (MIN und ORG - Abtragsrate mineralischen und organischen Materials).

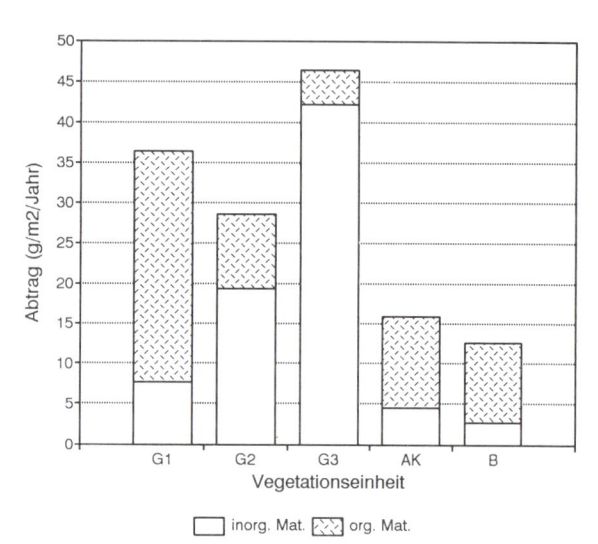

Abb. 66: Abtragsrate der Vegetationseinheiten (organisches und anorganisches Material) während des von der **Dürre** betroffenen Zeitraums.

Für die kolluvialen Bereiche, deren mittlerer Abtrag (ohne E38) auf 6,9 $gm^{-2}a^{-1}$ geschätzt wird, ohne Berücksichtigung der Dürre hingegen nur 2,5 $gm^{-2}a^{-1}$ beträgt, liegt wahrscheinlich eine Überschätzung vor. Eine Korrektur unter Hinzuziehung der Dürrefrequenz ergibt einen mittleren Abtrag von 4,2 $gm^{-2}a^{-1}$.

Somit ergibt sich für die Hänge ein mittlerer Abtrag von 22,1, im Gegensatz zu den kolluvialen Bereichen mit 5,0 $gm^{-2}a^{-1}$ (unter Einbeziehung des Extremereignisses). Unter der Annahme, daß das auf den kolluvialen Hangfußbereichen abgetragene Material der Netto-Erosion der Hänge entspricht und dieses aus dem Einzugsgebiet transportiert wird (Akkumulation im Gerinnebett findet nicht statt), kann angenommen werden, daß ein Großteil des auf Hängen erodierten Sediments am Hangfuß oder Talboden akkumuliert wird. Aus der Differenz zwischen beiden Bereichen folgt, daß 77% des auf Hängen abgetragenen Sediments nicht das Einzugsgebiet verlassen.

Die standortgemittelten Abträge zeigen die folgenden Charakteristiken:

Wird das Extremereignis nicht berücksichtigt, so produzieren im Durchschnitt zwei Ereignisse 50% und 5 Ereignisse 80% des Jahresabtrags.

Die niedrigste beobachtete Regenmenge zur Produktion von Abtrag beträgt 5,6 mm. Diese Menge produzierte bei zwei Ereignissen hohen Abtrag mit maximalen Niederschlagsintensitäten (I10) von 25,2 und 27,6 mmh^{-1}, jedoch ohne Oberflächenabfluß. Diese Bodenverluste, die während des Dürrehöhepunktes im August stattfanden, sind auf die Spritzwirkung der Regentropfen bei sehr geringer Vegetationsbedeckung zurückzuführen. Bei höherer Krautbedeckung liegt der Grenzwert der Regenmenge bei 7 mm. Ereignisse mit maximalen 30-Minuten Intensitäten von > 10 mmh^{-1} sind erosionswirksam.

Auch wenn das Ereignis E38 mehr als die im gesamten Zeitraum abgetragene Menge Sediment produzierte, so ist seine Bedeutung unter Berücksichtigung seiner Auftrittswahrscheinlichkeit gering. Der größte Anteil des ermittelten jährlichen Abtrags wurde von Niederschlägen produziert, deren jährliche Häufigkeit größer als 1 ist. Dies stimmt mit den Ergebnissen der Studien von ROMERO DIAZ et al. (1988) in Murcia, Südspanien, überein.

Auch wenn die Dauer des Untersuchungszeitraums mit 3,25 Jahren im Verhältnis zur Niederschlagsvariabilität kurz ist, so legen die Daten doch nahe, daß der größte Teil des Abtrags in mediterranen Klimagebieten nicht von Extremereignissen, sondern von relativ häufig auftretenden Starkregen produziert wird. Ähnliches wird auch für tropische Klimagebiete berichtet (ROOSE, 1967; OTHIENO & LAYCOCK; 1977; HUDSON, 1981). Dies gilt nicht für andere erosive Prozesse, wie Gully Erosion oder Massenbewegungen, wie zum Beispiel THORNES (1976) für ein Extremereignis in Südspanien zeigte.

5.5.8 Einschätzung des Ausmaßes der Bodenerosion in Guadalperalón

Beschleunigte Erosion liegt vor, wenn mehr Boden abgetragen als neugebildet wird, beziehungsweise wenn der beobachtete Abtrag höher ist als der unter natürlicher Vegetationsbedeckung (KIRKBY, 1980; MORGAN, 1986). YOUNG (1969) gibt eine Abtragsrate für moderates Relief unter natürlichen Bedingungen von 4,5 $gm^{-2}a^{-1}$ an. Erosionsraten, die bei Untersuchungen auf Parzellen in Waldstandorten ermittelt wurden, liegen in der Größenordnung von 0,4 bis 20,0 $gm^{-2}a^{-1}$, je nach Klimabereich und Relief (SMITH & STAMEY, 1965; DUNNE & LEOPOLD, 1978; MORGAN, 1986). Nicht berücksichtigt sind hierbei Standorte mit extrem steilen Hängen oder sehr hohen Niederschlägen, die selbst bei dichter Vegetationsbedeckung höhere Bodenverluste aufweisen.

KIRKBY (1980) gibt für den Südwesten der Vereinigten Staaten einen Toleranzwert von 20 $gm^{-2}a^{-1}$ an und geht hierbei von der geringen Lösung des dort vorherrschenden Gesteins bei semi-aridem Klima aus. Höhere Werte werden für humide Klimagebiete, sowie leicht löslicheres Ausgangsmaterial angegeben (KIRKBY, 1980). Dieser Toleranzwert scheint angemessen für unser Untersuchungsgebiet. Der mittlere Hangabtrag des Guadalperalón Einzugsgebiets liegt mit 22,1 $gm^{-2}a^{-1}$ somit in der Größenordnung dieses Wertes und ist nur leicht höher als die zitierten Abtragsraten für Hänge mit dichter Vegetation.

Erosionsmessungen auf Schieferstandorten unter Steineichenwald in Montseny, Katalonien, ergaben mittlere Abträge von 39 $gm^{-1}a^{-1}$ (SALA, 1988; SALA & CALVO, 1990). Die Ergebnisse dieser Untersuchung sind gut mit denen des Guadalperalón vergleichbar, da 1. die gleiche Methode angewandt wurde (offene Parzellen mit 0,5 m Gerlach Kästen), 2. es sich ebenfalls um mediterranes Klima handelt, wenn auch die Niederschläge in Katalonien erosiver sind (siehe Kapitel 2.1.4.2) und 3. die Vegetationsbedeckung der natürlichen entspricht und ebenfalls Schiefer das Anstehende bildet. Im Unterschied zu Guadalperalón sind die Hänge in Montseny steiler und weisen eine mächtigere Bodendecke auf. Der mittlere Hangabtrag in Guadalperalón ist mit 461 gm^{-1}a^{-1} um das 12-fache höher als der von SALA (1988) ermittelte. Somit kann angenommen werden, daß die Bodenerosion im Untersuchungsgebiet höher ist als unter natürlichen Ausgangsbedingungen. Dies bestätigen auch die niedrigeren beobachteten Abtragswerte bei dichterer Krautbedeckung.

Die geringmächtige oder in vielen Gebieten fehlende Bodendecke, die typisch für den größten Teil der Dehesa Landschaften ist, und die geringe aktuelle Erosion, lassen vermuten, daß der Abtrag im Einzugsgebiet in der Vergangenheit höher war. Dafür spricht auch die Sedimentfüllung der Talböden, dessen Bildung unter Annahme der geschätzten Abtragsrate nicht möglich erscheint. Werden 77% des abgetragenen Sediments in den niederen Bereichen akkumuliert, entspricht dies, bei 10% der Einzugsgebietsfläche und unter Annahme einer Dichte von 1,2 gcm^{-3}, einer Sedimentationsrate von 0,13 mma^{-1} beziehungsweise 1,3 cm in 100 Jahren. Bei dieser Sedimentationsrate wären fast 4000 Jahre notwendig, um eine Talfüllung mit einer mittleren Mächtigkeit von 0,5 m zu produzieren.

Die Bodenerosion in der Vergangenheit, insbesondere während der Zeit nach dem spanischen Bürgerkrieg bis Mitte der sechziger Jahre, war wahrscheinlich wesentlich höher als in der Gegenwart. Datierungen der Talsedimente sind notwendig, um einen Einblick in die historische Entwicklung der Bodenerosion zu erhalten. Fluvio-kolluviale Sedimente in dellenähnlichen Trockentälern sind weitverbreitet im Innern der Iberischen Halbinsel. Sie bieten eine gute Möglichkeit, um durch sedimentologische Studien, die historische Entwicklung der Bodenerosion aufzuhellen. Es ist möglich, daß weite Teile der Dehesa Landschaften geringe aktuelle Erosion aufweisen und ihre geringmächtige Bodendecke das Produkt historischer Prozesse darstellt.

Die Ergebnisse unserer Untersuchung zeigen, daß eine starke Erhöhung des Bodenabtrags stattfindet, wenn die Vegetationsbedeckung deutlich reduziert wird. Dies geschah als Auswirkung einer langanhaltenden Dürre und der kontinuierlichen Beweidung. Eine Reduzierung der Viehdichte hätte wahrscheinlich eine weit geringere Degradation der Krautschicht zur Folge gehabt. Die Viehdichte war somit zu hoch für das während dieser Zeit vorhandene Futterangebot. Die Anpassung der Viehzahl an klimabedingte Variationen der Krautproduktion sind notwendig, um erhöhten Bodenabtrag zu vermeiden. Es ist jedoch schwierig, dies in die Praxis umzusetzen, da es entweder den Verkauf von Vieh oder den Zukauf von großen Mengen Futters bedeutet. Eine weitere Möglichkeit stellt die heute sehr stark in Rückgang begriffene Transhumanz dar. Das Vieh wird gegen Ende des Frühjahrs auf die feuchteren, nördlich gelegenen Weiden getrieben und kommt zu Beginn des Herbstes zurück in die niederen Bereiche Extremaduras. Bei diesem Nutzungssystem wird, insbesondere während Dürreperioden, vermieden, daß die Krautschicht stark reduziert wird.

5.6 Gully Erosion

Die Vermessung der topographischen Profile wurde jährlich durchgeführt. Eine Ausnahme bildete das Jahr 1992, als nach zwei Starkregenereignissen im August eine weitere Messung stattfand. Diese beiden Zeiträume werden im folgenden 1991-92A und 1992A-92B bezeichnet.

5.6.1 Prozesse

Abtrag entlang des untersuchten Gerinneabschnitts ist sehr variabel. Abbildung 67 zeigt die Gesamtmenge von Erosion bzw. Akkumulation der verschiedenen Querprofile, die zwischen fast -10.000 cm^2 und +1.185

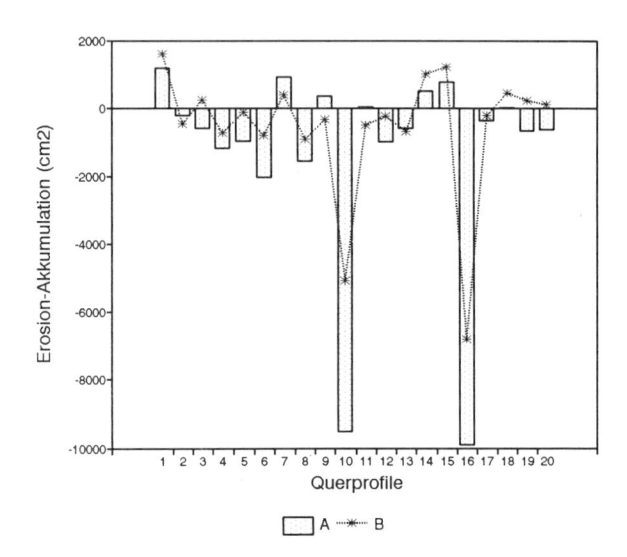

Abb. 67: Erosion und Akkumulation der verschiedenen Gully Querprofile, A - Abtrag von 1990 bis 1993, B - Abtrag produziert von Starkregenereignis im August.

cm² liegt. Die beiden Maxima verzeichnen Profile 10 und 16, die ungefähr 1,5 m unterhalb einer Stufe des Gerinnebetts liegen.

Vergleicht man das Längsprofil des Gerinnes mit den Werten der Erosion der verschiedenen Standorte, so zeigt sich Netto-Akkumulation unterhalb des stark erodierenden Profils 16, gefolgt von einem Bereich mit nur leichter Netto-Erosion (Profile 11-13, Abb. 68). Die Entwicklung der Profile gibt Aufschluß über die wichtigsten erosiven Prozesse. Es ist zum einen Erosion im Bereich der Knickpunkte. Der untere Teil der Stufe wird durch die hier auftretenden Wasserwirbel stärker erodiert, als der obere Bereich ("plunge pool effect"), wodurch dieser überhängt und nachfolgend zusammenbricht (Photo 17). Abbildung 69 veranschaulicht die Entwicklung in einem solchen Abschnitt des Gullies. Während des Jahres 1990-91 dominierte die Tiefeneinschneidung, gefolgt von einer teilweisen Auffüllung im Jahr 1991-92. Die beiden Regenereignisse vom August 1992 führten zu starker Abtragung mit einer erheblichen Verbreiterung und einer lateralen Unterschneidung der beiden Bänke von 37 und 40 cm. Dies führte im darauffolgenden Jahr zum Einstürzen dieser Bereiche. Während 1993-94 betrug die Unterschneidung der rechten Seite 18 cm und die linke Seite wurde durch Kollapsieren um 10 cm verbreitert. Jedoch wird zum erstenmal während des Untersuchungszeitraums Netto-Akkumulation verzeichnet, da das Sediment des Einsturzes zum größten Teil noch nicht weggeführt wurde und Akkumulation im Gerinnebett stattfand.

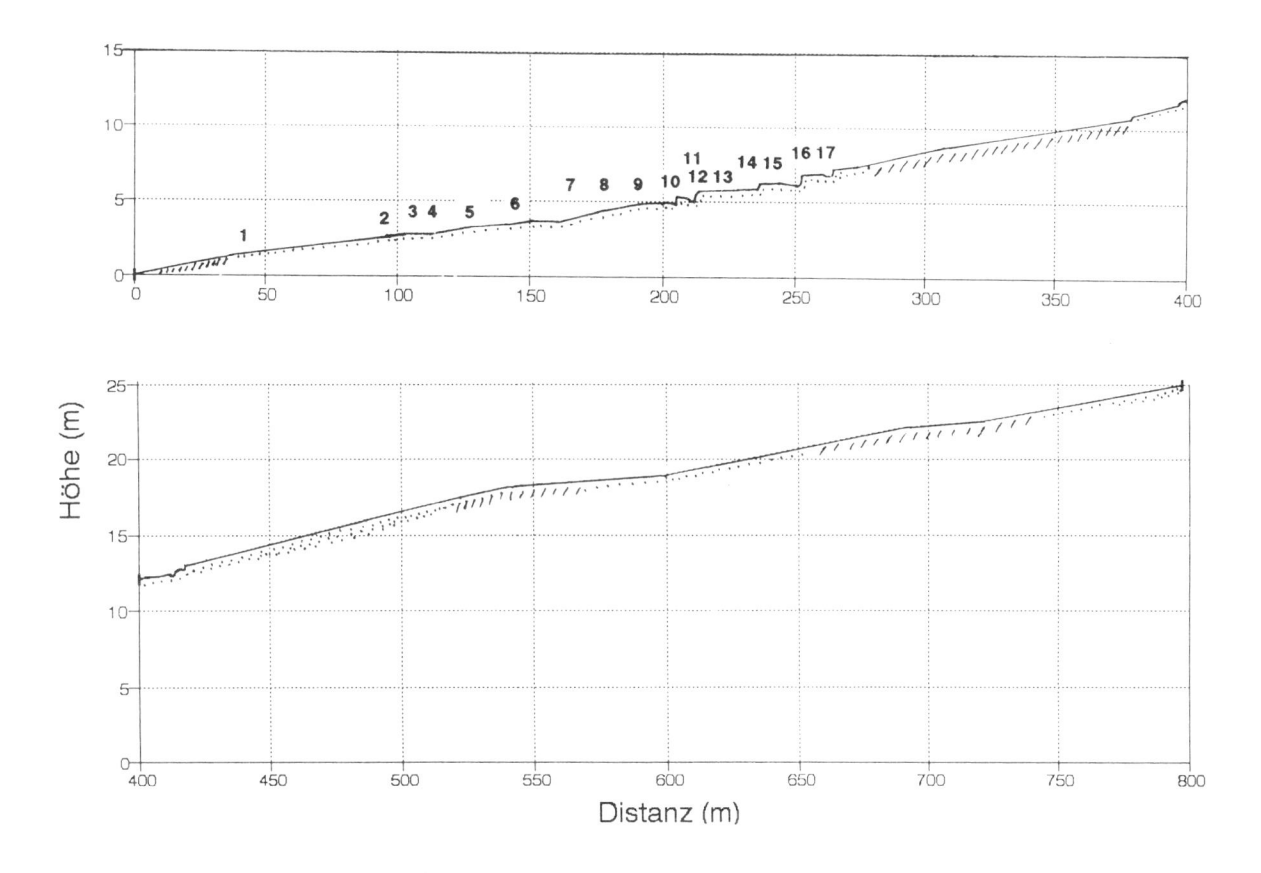

Abb. 68: Längsprofil des Gerinnebetts bzw. Talbodens. Die Nummern zeigen die Lage der Querprofile (schraffiert - freiliegender Schiefer, punktiert - Lockersediment).

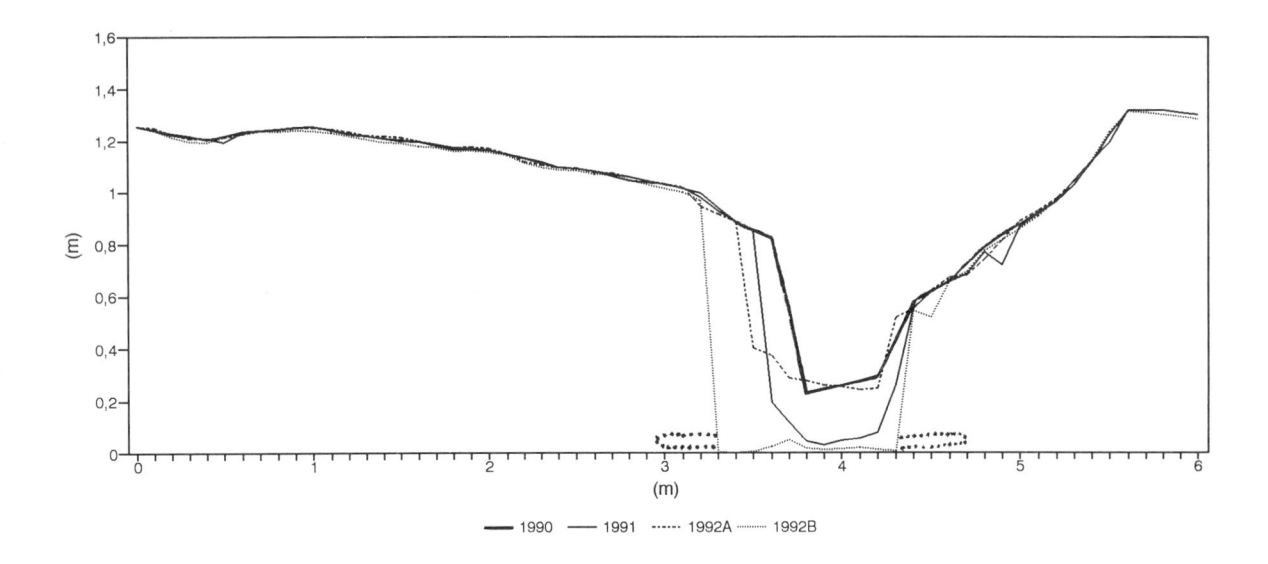

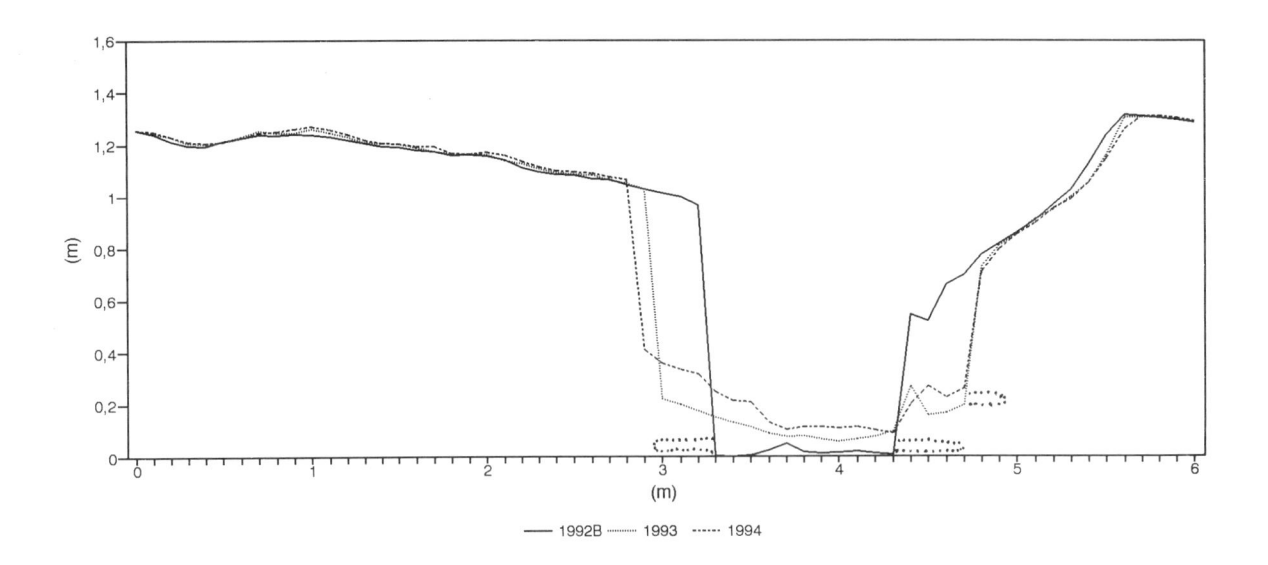

Abb. 69: Entwicklung des Querprofils 10 mit Unterschneidung und folgendem Zusammenbruch der Uferböschung.

Die oben beschriebenen Prozesse verursachen eine rückschreitende Erosion mit zunächst vorherrschender linearer Erosion, gefolgt von einer Verbreiterung des Gullies verursacht durch laterale Unterschneidung mit folgendem Zusammenbruch des Uferhangs (Photos 18 bis 20). Das Längsprofil direkt unterhalb der Knickpunkte ist übertieft. Durch die Verlagerung einer Stufe bachaufwärts wird diese Übertiefung aufgefüllt. Profil 16 zeigt diese Entwicklung (Abb. 70). Eine Sequenz von drei benachbarten Profilen veranschaulicht die Entwicklung des Gullies (Abb. 70):

Profil 17 (Abb. 70A), das 7 m oberhalb der Stufe liegt, gibt die Ausgangssituation, d.h. vor rezenter Einschneidung, wieder. Es zeigt eine abgerundete Form und ist, mit Ausnahme des steilen Teils der Uferböschung und der Hangschultern, mit Gräsern und Kräutern bewachsen. Die Breite des Gullies beträgt 3,5 m und seine maximale Tiefe 0,8 m. Abbildung 70B zeigt, daß die Form des Gerinnes vor rezenter Einschneidung ähnlich der oben beschriebenen war. Rückverlagerung des Knickpunktes führte zu einer Tiefeneinschneidung von ungefähr 1 m (1990). Die

Photo 17: Stufe im Gerinnebett, die aktive rückschreitende Erosion verzeichnet (oberhalb Querprofil 10).

maximale Tiefe des Gullies wurde 1993 mit 1,7 m erreicht. Rückschreitende Erosion während dieser drei Jahre betrug im Mittel 0,23 ma^{-1}. Im Verlaufe des Jahres 1993 kommt es zu einer beträchtlichen Verbreiterung und Auffüllung des Profils. Die laterale Unterschneidung der linken Uferböschung von 0,6 m wird zu seiner weiteren Verbreiterung beitragen. Die Form des Profils wird dann sehr ähnlich, wie die des 3,67 m unterhalb gelegenen Profils 15 von 1990 sein (Abb. 70C). Profil 15 wies im Mittel eine geringe Nettoakkumulation von 0,02 m^2 auf. Es zeigt zum einen Verbreiterung verursacht durch Einstürzen der Uferböschung und Auffüllen des Gullybodens. Ergebnis ist ein Querprofil mit Rechteckform, d.h. flachem Bett und steilen Hängen. Das Gerinnebett ist teilweise mit Vegetation bewachsen. Das 4,5 m unterhalb gelegene Profil wies, mit Ausnahme einer leichten Akkumulation in einem Teil des Gerinnebetts, keine Veränderung auf. Es zeigt sich somit eine Tendenz der Stabilisierung des Gullies mit der Besiedlung von Vegetation. Ein eher rundliches Profil des Gerinnes kann durch den Einsturz des Hangs ohne vollständige Wegfuhr der Sedimente und mit schneller Vegetationsbesiedlung erklärt werden (Pflanzensamen

Photo 18 und 19: Aktivster Bereich des Gully mit rückschreitender Erosion der Knickpunkte, laterale Bankunterschneidung und Einsturz der Uferböschung (oben - Spätsommer 1990, unten - April 1991).

Photo 20: Aktivster Bereich des Gully mit eingestürzter Uferböschung (Dezember 1994). Vergleiche mit vorhergehenden photographischen Aufnahmen.

sind im kollapsierten Material bereits vorhanden). Auf der rechten Seite des Profils 15 ist eingestürztes Ufersediment mit Kräutern bedeckt (Abb. 70C).

Im Gerrineabschnitt, der unterhalb der stark erodierenden Zone liegt, wurde ebenfalls laterale Unterschneidung mit Zusammenbruch der Uferböschung beobachtet. Doch wurde zwischen 1990 und 1993 nur ein Profil (Nr. 4) davon betroffen. An drei Stellen, die nicht im Bereich der Querprofile lagen, fand Einstürzen des Uferbereichs statt. Die Gesamtmenge des auf diese Weise abgetragenen Materials wird auf ungefähr einen Kubikmeter geschätzt, wobei der größte Teil des Sediments wegtransportiert wurde.

Der größte Teil der Abtragung im unteren Gerinneabschnitt ist jedoch auf Erosion der Uferböschung und Hangschultern zurückzuführen, die wahrscheinlich vom Oberflächenabfluß der Hänge verursacht wird (Abb. 71). Daß diese räumlich variiert, mag teilweise an der Variabilität der Menge des Oberflächenwassers liegen. An vielen Stellen entlang des Gerinnes liegt die Hangschulter höher als der benachbarte Bereich mit Viehgangeln. Viehtritt bewirkt eine Bodenverdichtung und eine Zerstörung der Vegetationsbedeckung. Das Produkt sind Viehgangeln entlang des Talbodens, die stärker erodiert werden als die benachbarten Flächen. Oberflächlich abfließendes Hangwasser wird in diesen abgeleitet und gelangt in konzentrierter Form ins Gerinne.

Die Vegetationsbedeckung im Gully spielt ebenfalls eine Rolle bei diesen Abtragsprozessen. Höhere Erosion verzeichneten die vegetationsfreien Hangbereiche des Gerinnes. Einige Profile wiesen Nettoakkumulation auf, wobei sich das im Gerinnebett abgelagerte Sediment hauptsächlich aus Sand und Kies zusammensetzt.

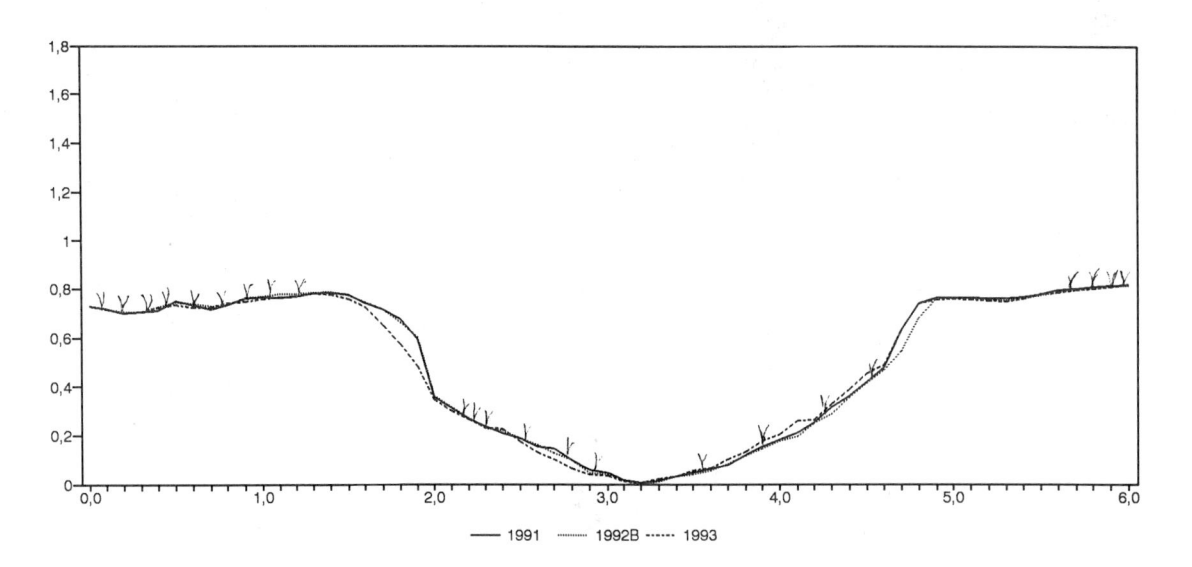

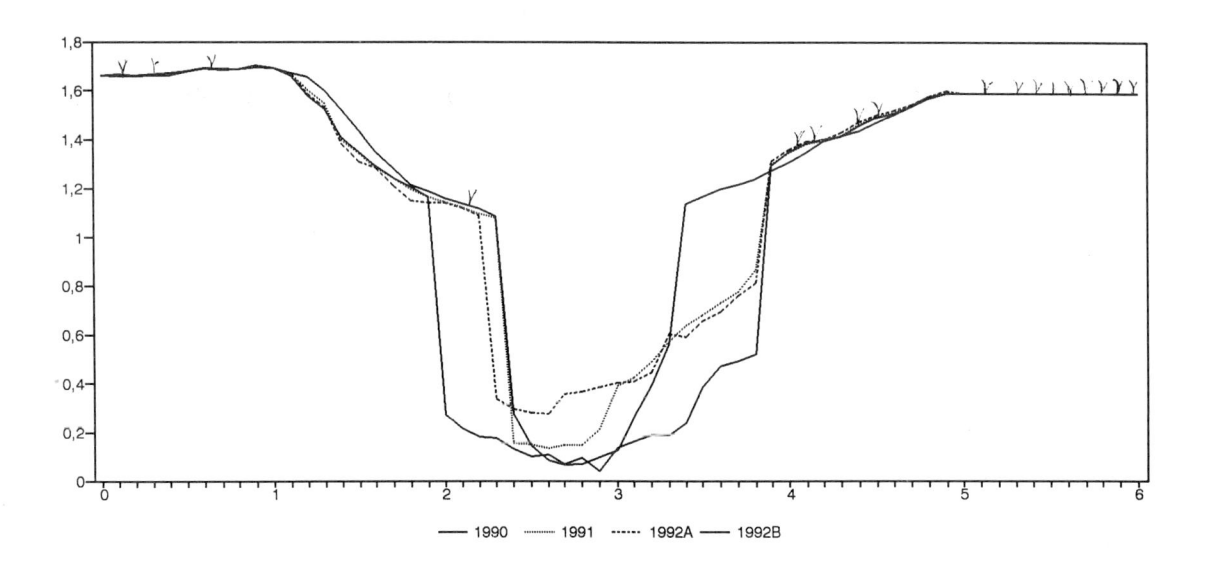

Abb. 70: Entwicklung des Gullys: A) vor rezenter Einschneidung (oberhalb des Knickpunktes, Profil 17), B) unmittelbar unterhalb der Stufe, mit starker Erosion (Profil 16), C) teilweise Auffüllung des Grundes und Verbreiterung, mit Abnahme der Erosionsrate (Profil 15), die Vegetationsbedeckung ist ebenfalls dargestellt (/ /), Fortsetzung nächste Seite.

109

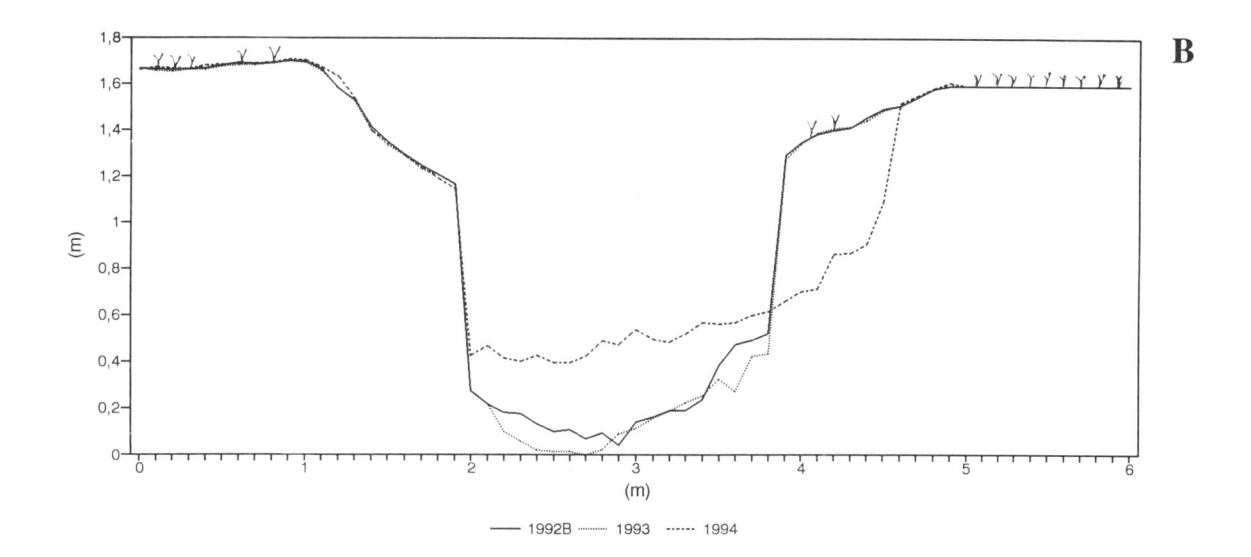

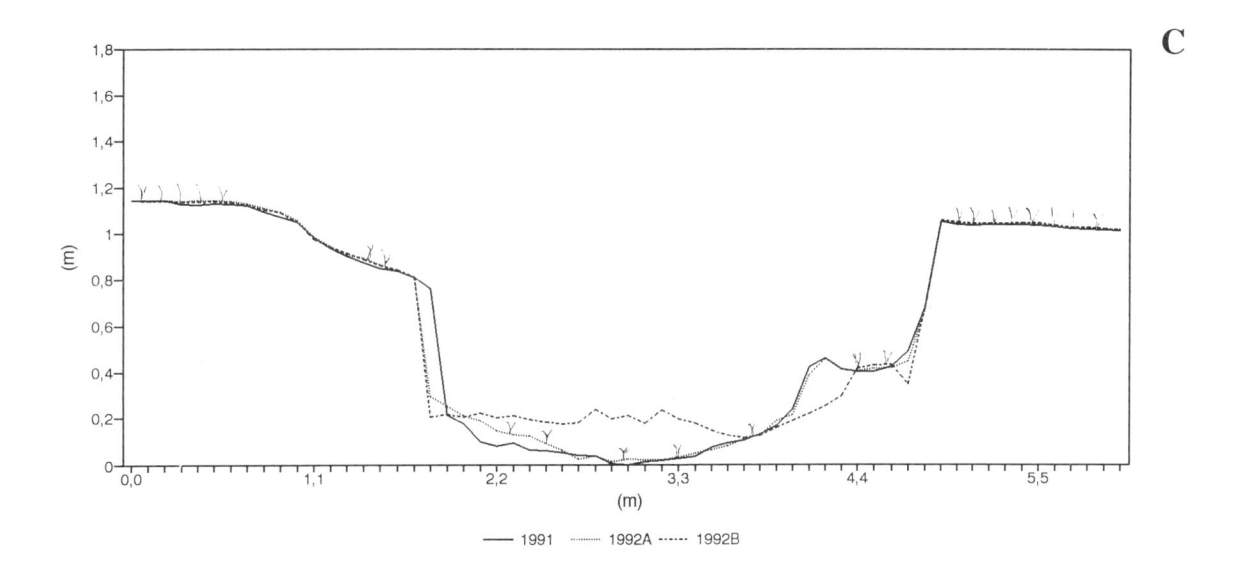

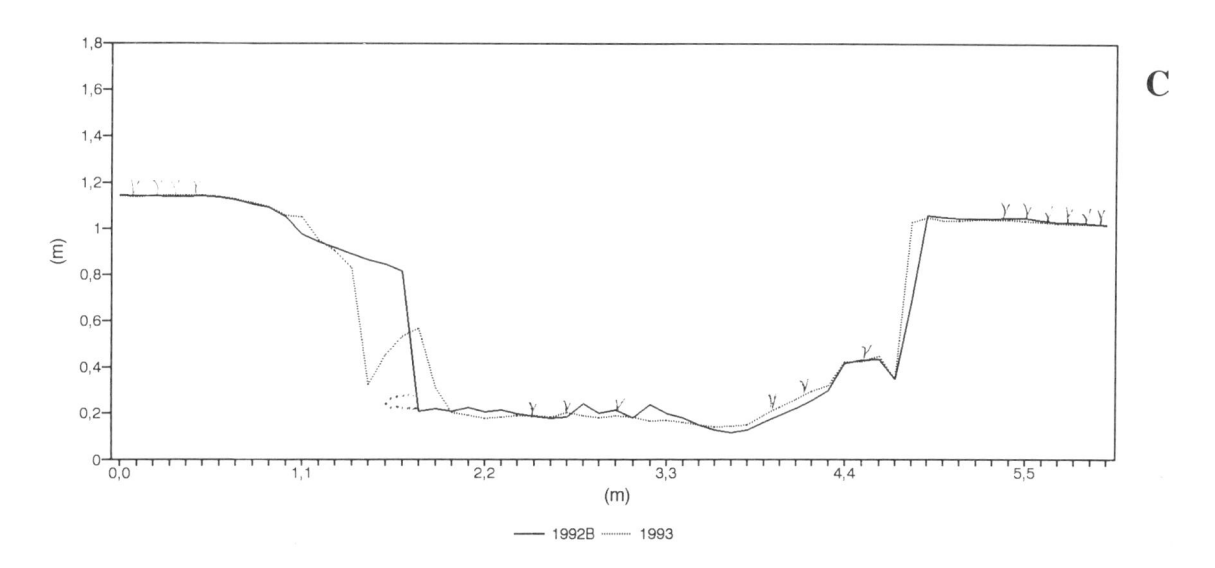

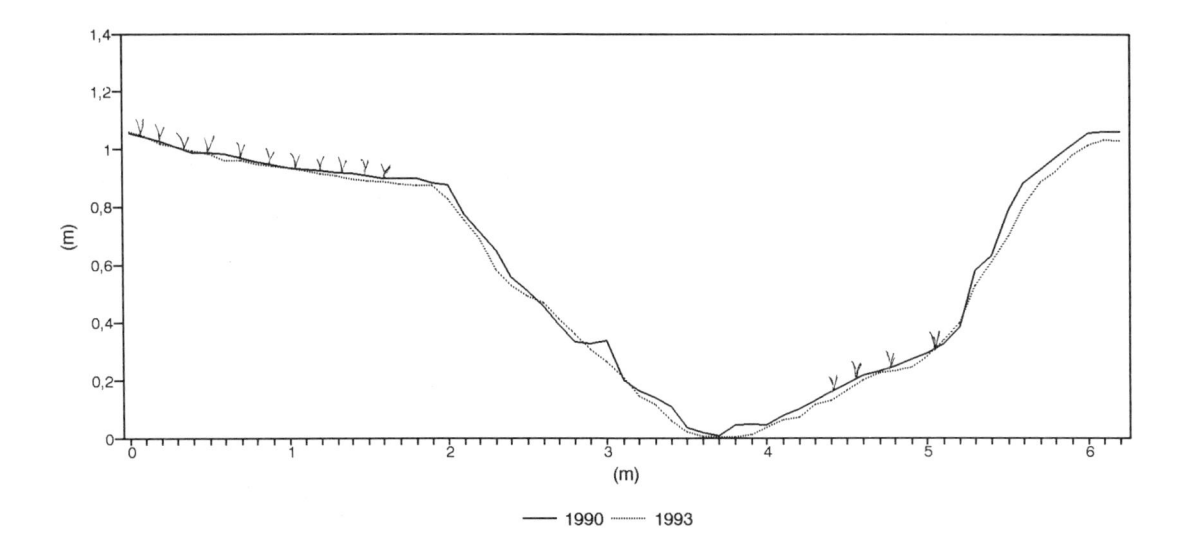

Abbildung 71: Profil 8 mit Vegetationsbedeckung während des Jahres 1992-93.

5.6.2. Rückschreitende Erosion der Knickpunkte

Im Längsprofil des Gully, im Bereich von 200 bis 270 m, waren 5 Knickpunkte ausgebildet, wobei nur drei von ihnen rückschreitende Erosion verzeichneten, die in Tabelle 40 dargestellt ist. Es zeigt sich eine Abnahme der Rate der rückschreitenden Erosion bachaufwärts. Der erste Knickpunkt, im Jahr 1990 7,33 m unterhalb des zweiten gelegen, verzeichnete eine mittlere Geschwindigkeit von 2,44 ma^{-1}, wobei die größte Erosion während der Starkregenereignisse im August 1992 stattfand. Im Verlaufe des Jahres 1992-93 verschwand diese Stufe. Dies führte zur Erhöhung der Rückverlegung der Stufe 2, da diese jetzt die unterste ist.

Von den 10 kleinen Depressionen, die im Talboden auf einer Höhe des Längsprofils von 400-470 m ausgebildet sind, konnte die rückschreitende Entwicklung bei 7 gemessen werden, da nur sie eine klare Stufe aufweisen. Photo 21 zeigt einige von diesen Vertiefungen, die eine Länge von ungefähr einem Meter aufweisen. Die mittlere jährliche Rückschrittsrate beträgt nur 3,8 cm, mit einer Schwankungsbreite von 0 - 11 cma^{-1}.

Dieser Bereich des Tales weist eine Neigung von 4,7% auf, das heißt, er ist steiler als der untere Teil des Gerinnes (siehe Längsprofil in Abb. 68). Da außerdem die beiden oberen Seitentäler hier zusammentreffen, ist dieser Abschnitt des Tales potentiell gefährdet für Gully Erosion.

Die Entstehungsweise dieser kleinen Depressionen kann durch ein lokales Fehlen der, normalerweise dichten, Krautschicht erklärt werden (hervorgerufen z.B. durch die Aktivität von Ameisen). Dies konnte an einer Stelle beobachtet werden, wo nach einem Starkregen eine nur wenige Zentimeter tiefe, vegetationslose Vertiefung mit einem Durchmesser von rund 50 cm erzeugt wurde, die jedoch wieder von Kräutern besiedelt wurde.

	1	2	4
1990-91	0,31	0,23	0,35
1991-92A	0,72	0,15	0,30
1992A-92B	4,10	0,00	0,03
1992B-93	2,20	0,15	0,00
1993-94	-	0,98	0,50
Summe	7,33	1,51	1,18
Jährliches Mittel	2,44	0,38	0,30

Tabelle 40: Rückschreitende Erosion von drei Knickpunkten (m) während der verschiedenen Untersuchungszeiträume und jährliches Mittel (ma^{-1}).

Die Depressionen sind nach Abflußereignissen mit Wasser gefüllt, so daß die rückschreitende Erosion der hangaufwärts gelegenen Stufe erschwert wird. Der Auskolkungseffekt, der den nachfolgenden Zusammenbruch der Stufe bewirkt, scheint nur möglich zu sein während intensiver Regenereignisse, die auftreten, wenn die Vertiefungen nicht mit Wasser gefüllt sind. Dies beschränkt die Möglichkeit der Erosion auf nur wenige Ereignisse im Jahr. Wird eine Tieferlegung des Ausgangs der Depression bewirkt, d.h. ein Abfluß gewährleistet, kann eine Beschleunigung der Erosion und die Bildung eines Gully erwartet werden.

5.6.3 Zeitliche Variabilität

Die Gesamtmenge der Erosion bzw. Akkumulation betrug für die untersuchten Zeiträume (m^3):

1990	-	1991	- 7,124
1991	-	1992A	+ 4,179
1992A	-	1992B	-12,749
1992B	-	1993	-11,097

Die Werte können, mit Ausnahme von 1992A-92B (Starkregen im August), als jährliche Abtragsmengen betrachtet werden. Zur Untersuchung der Ursache der zeitlichen Variabilität der Gully Erosion (Abb. 72) wird diese mit den Abflußdaten der Pegelstation verglichen. Tabelle 41 zeigt die wichtigsten Abflußereignisse, die leider nur für die beiden Jahre 1991-92 und 1992-93 vorliegen. Während des Zeitraums 1991-92A fanden nur wenige statt, mit zudem niedrigen maximalen Abflußmengen (5-Minuten Maxima, ls^{-1}). Das Gerinne verzeichnete Nettoakkumulation.

Der Starkregen vom 7. 8. 1992 verursachte mehr Erosion als die anderen, wesentlich längeren Beobachtungszeiträume. Während des Jahres 1992-93 fand ebenfalls hohe Erosion statt, die mit einer vergleichbar größeren Anzahl von Abflußereignissen und zwei Ereignissen mit hohen Abflußspitzen (29.10.92 und 24.4.93) korrespondiert. Da ein positives Verhältnis zwischen Abfluß und Niederschlagsintensität besteht, ist anzunehmen, daß während des ersten Jahres Abflüsse mit niedrigen Spitzen stattfanden, da die Niederschlagsereignisse geringere

Photo 21: Zwei der Depressionen in fluvio-kolluvialen Sedimenten des Talbodens.

als das Jahr 1992-93 aufwiesen. Dies stimmt mit dem vergleichsweise niedrigeren Abtrag während dieses Zeitraums überein. Es zeigt sich demnach eine Beziehung zwischen Abfluß und Gully Erosion. Diese, zusammen mit der Bedeutung, die die laterale Unterschneidung mit folgendem Einsturz der Uferböschung, sowie die rückschreitende Erosion der Knickpunkte für den Gesamtabtrag des Gerinnes spielen, legen die fluviale Erosion als dominanten Prozeß zur Erklärung des Abtrags nahe.

Andere, in der Literatur erwähnte Prozesse, scheinen hingegen von untergeordneter Bedeutung zu sein. Sie sind:
1. Piping (THORNES, 1980) ist auszuschließen, da es im Einzugsgebiet nicht beobachtet wird.
2. Wassersättigung des Sediments wird als Ursache der Erosion der Uferböschung und Knickpunkte angeführt (PIEST et al., 1975). Eine gewisse Bedeutung des Wassergehalts des Ausgangsmaterials kann nicht ausgeschlossen werden, zumal die Uferbänke durch ein periodisches Schwanken des Feuchtigkeitsgehalts feine Risse aufweisen. Ein hoher Wassergehalt während der feuchten Jahreszeit kann vielleicht den Zusammenbruch der Uferböschung begünstigen. Ein Hinweis dafür ist auch, daß dieser während der Sommermonate, mit Ausnahme des Augusts 1992, nicht beobachtet

wurde. Dieser Prozeß ist meiner Ansicht nach von sekundärer Bedeutung, da zum einen der höchste Abtrag verzeichnet wurde, als das Sediment nicht wassergesättigt war (August 1992) und Einstürzen der Uferböschung nur bei vorheriger Unterschneidung stattfindet, das heißt, der fluviale Prozeß bestimmend ist.

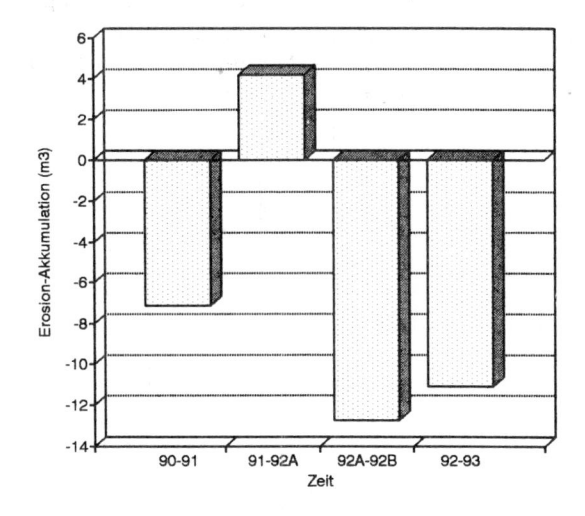

Abb. 72: Nettoerosion bzw. -akkumulation im Gerinne während der verschiedenen Untersuchungszeiträume.

Datum	Precip (mm)	I-10 (mm/h)	I-30 (mm/h)	Q (m³)	Q-max (l/s)
30/03/92	15,6	25,2	12,4	88,6	49,5
01/12/91	30,2	9,6	7,6	228,6	41,9
02/04/92	10,1	8,4	7,9	49,1	17,0
19/02/92	19,6	4,8	4,8	33,5	6,3
15/06/92	15,4	15,6	12,4	13,6	3,0
02/04/92	20,2	8,4	4,4	18,6	2,5
07/08/92	21,6	60,0	32,8	884,6	860,0
24/04/93	20,4	24,0	14,2	280,7	295,0
29/10/92	15,8	28,8	14,4	347,2	226,3
26/09/92	26,4	19,2	12,8	215,9	86,9
14/04/93	7,8	33,6	14,4	145,4	74,2
19/10/92	19,0	9,6	8,0	198,7	73,5
16/10/92	12,2	16,8	9,2	79,7	69,3
11/10/92	9,2	15,6	5,4	149,4	62,2
15/12/92	10,8	10,8	8,8	42,4	28,4
03/05/93	9,2	20,4	16,4	59,3	24,1
26/05/93	9,4	21,6	10,4	49,1	17,0
04/12/92	9,4	22,8	12,4	38,7	17,0
19/12/92	10,2	8,4	7,2	34,9	14,7
30/04/93	13,8	4,8	4,8	27,1	2,7

Tab. 41: Die wichtigsten Abflußereignisse während der Jahre 1991-92 und 1992-93. Precip - Gesamtniederschlag, I-10 und I-30 - maximale 10-Minuten und 30-Minuten Intensität, Q - Gesamtabfluß, Q-max - maximaler 5-Minuten Abfluß (die Daten sind für das jeweilige Jahr nach Q-max geordnet).

Die Gully Erosion im Einzugsgebiet ist demnach auf kurzzeitige Abflüsse mit hohen Spitzen zurückzuführen, die im Zusammenhang mit der schnellen und hohen Produktion von Oberflächenabfluß auf den Hängen stehen. Sie sind auf einige wenige Ereignisse im Jahr beschränkt. Hauptursache der Erosion im Gerinne ist demnach die geringe Infiltrationskapazität der Böden, die große Mengen von Oberflächenabfluß auf den Hängen zur Folge hat.

5.6.4 Kritische Betrachtung der Berechnung der mittleren Abtragsrate

Der Gesamtabtrag während des dreijährigen Untersuchungszeitraums wird auf **26,79 m³** geschätzt. Jedoch erscheint die zur Bestimmung der Gesamterosion benutzte Methode wegen der starken räumlichen Variabilität fragwürdig. Zur Berechnung des Volumens des abgetragenen Materials wird das Mittel der Nettoerosion von zwei benachbarten Profilen mit der Distanz zwischen beiden multipliziert. Da der Abtrag eines Querprofils, welches unmittelbar unterhalb eines Knickpunktes liegt, viel höher ist, als jene Bereiche, die sich in größerer Entfernung der Stufe befinden, ergibt sich eine Überschätzung des Gesamtabtrags. Eine, wenn auch geringere Überschätzung tritt auf, wenn ein Zusammenbruch der Uferböschung in einem Profil erfaßt wird.

Deshalb wird eine konservative Berechnung vorgenommen, die den Abstand zwischen den stark erodierenden Profilen 10 und 16 bis zur oberhalb davon gelegenen Stufe zur Bestimmung des Volumens benutzt. Außerdem wurde eine Korrektur für den Zusammenbruch der Uferbank eines Profils vorgenommen (Überschätzung 0,552 m³). Einstürze der Gully Wände, die in Abschnitten stattfand, die nicht von der Vermessung erfaßt wurden, sind ebenfalls berücksichtigt worden.

Es ergibt sich ein Gesamtabtrag von **15,59 m³**, der sich wie folgt zusammensetzt (m³):

Bereich 0 - 205 m:

    3,788 - Erosion der Uferbank und -schultern
    1,000 - Einstürzen der Uferbänke nach Unterschneidung

Bereich 205 - 265 m:

    10,802 - Erosion im Bereich der Knickpunkte

Diese konservative Berechnung ergibt eine **mittlere Abtragsrate von 5,20 m³a⁻¹**, die 73% niedriger ist, als die vorhergehende Schätzung.

Ein weiteres Problem der Bestimmung der jährlichen Erosion ist die zeitliche Variabilität. Hierbei ist folgendes zu bedenken:
1. Das Starkregenereignis vom August 1992 kann zwar nicht als Extremereignis betrachtet werden, doch koinzidierte es mit dem Gipfel einer Dürreperiode. Da während des Untersuchungszeitraums kein vergleichbar intensives Ereignis zu einer anderen Jahreszeit auftrat, können keine weiteren Rückschlüsse gezogen werden.
2. Es ist nicht bekannt, wie hoch der Abtrag in einem feuchten Jahr oder während sehr intensiver Niederschläge ist.

Sowohl die räumliche, als auch die zeitliche Variabilität der Erosion im Gerinne erschweren somit die Abschätzung einer mittleren Abtragsrate. Die Vermessung der Querprofile wird für mindestens zwei weitere Jahre durchgeführt werden, was die Genauigkeit der geschätzten mittleren Erosionsrate verbessern wird.

5.6.5 Entstehung des Gully

Zur Abschätzung des Alters des Gully wurde die Gesamtmenge des Sediments, die aus diesem abgetragen wurde, bestimmt. Hiefür wurde für jedes einzelne Querprofil, die Gesamtfläche (m²) der Vermessung des Jahres 1990 bestimmt. Das Gesamtvolumen wurde auf dieselbe Weise, wie zur Bestimmung der Nettoerosion berechnet. Das Volumen beträgt 628 m³. Legt man eine mittlere Erosion von 5,20 m³a⁻¹ zugrunde, ergibt sich ein Zeitraum von 121 Jahren (628 / 5,2 ≅ 121). Dies bedeutet, daß der Gully vor 121 Jahren gebildet wurde. Es ist zu berücksichtigen, daß hierbei die Annahme zugrunde liegt, daß der mittlere Abtrag für den Gesamtzeitraum dem geschätzten entspricht. Die beobachtete Rate der rückschreitenden Erosion der Stufen läßt diesen Wert möglich erscheinen. Geht man von 2 ma⁻¹ aus, so ergibt sich ein Rückschritt von 200 m in 100 Jahren, was der Länge des Gerinneabschnitts bis zur Stelle der heute stark erodierenden Zone entspricht.

Jedoch ist möglich, daß die Intensität der Gully Erosion Schwankungen unterlag. Zum Beispiel ist denkbar, daß im Talboden ein relativ stabiles Gerinne mit geringer Tiefe und U-Form ausgebildet war, ähnlich dem Abschnitt der durch Profil 17 repräsentiert wird (Abb. 70). Nimmt man die Fläche, die von Profil

17 eingenommen wird als repräsentativ für den gesamten Gerinneabschnitt an, ergibt sich ein Gesamtvolumen von 392 m³. Zieht man diesen Wert vom Gesamtvolumen des heutigen Gully (1990) ab (628 - 392), so ergibt sich ein Volumen von 236. Es sei nun angenommen, daß dies dem Abtrag einer rezenten, beschleunigten Erosion entspricht. Legt man die geschätzte mittlere Abtragsrate zugrunde, ergibt sich eine Initiierung der rezenten Erosion von 45 Jahren, d.h. 1945. Dieser Zeitpunkt stimmt in etwa mit dem Beginn der Nachkriegszeit des spanischen Bürgerkriegs (1936-1939) überein, als eine Intensivierung der Landnutzung im Einzugsgebiet stattfand.

Es wird angenommen, daß die Bodenerosion auf den Hängen seit 1965 abnahm, die jedoch nicht mit einer Erhöhung der Infiltrationskapazität der Böden einherging. Somit blieb die Menge und Intensität des Abflusses im Gerinne unverändert. Da außerdem die Sedimentzufuhr geringer ist, also die Sedimentkonzentration des Oberflächenabflusses geringer ist, kann sogar von einer erhöhten Erosionskapazität ausgegangen werden (TRIMBLE, 1974, 1977). Deshalb ist möglich, daß die Gully Erosion in der Gegenwart (während der letzten 28 Jahre) ein Maximum erreicht hat.

Betrachtet man das Längsprofil (Abb. 68) so zeigt sich, daß die Neigung des Gerinnebetts bzw. Talbodens unregelmäßig ist. In Teilen des Talbodens ist der anstehende Schiefer freigelegt. Die Akkumulation von Sediment schuf einen gewissen Ausgleich des Längsprofils. Dies ist deutlich bei ungefähr 270 m zu erkennen, wo eine abrupte Versteilung des Profils im anstehenden Schiefer vorhanden ist. Gully Erosion bewirkt eine Erniedrigung der Neigung des Gerinnebetts. Jedoch wird diese gebremst werden, wenn die rückschreitende Erosion den Punkt bei 270 m erreicht, wo keine weitere Tiefenerosion aufgrund des harten Ausgangsgesteins möglich ist. Da dies eine stufenartige Versteilung des Längsprofils in diesem Punkt zur Folge hat, ergibt sich die Frage, ob eine zukünftige Akkumulation von Sediment, das heißt ein erneutes Auffüllen zum Ausgleich des Profils stattfinden wird. Die Frage ist weiterhin, ob eine Abnahme der Abtragung im gesamten Gully oder sogar eine Stabilisierung desselben zu erwarten ist.

Eine Abnahme der Abtragsrate ist durchaus möglich, da die rückschreitende Erosion der Knickpunkte limitiert ist und in diesem Bereich gegenwärtig die höchste Erosion stattfindet. Für eine Stabilisierung gibt es jedoch keinen Hinweis, da Einstürzen der Uferböschung an mehreren Stellen entlang des gesamten Gerinnes beobachtet wird. Dies schließt natürlich nicht aus, daß eine Stabilisierung des Gully nach Ablauf eines längeren Zeitraums stattfindet.

Die Übereinstimmung zwischen der geschätzten Initiierung der Gully Erosion und dem Wechsel der Landnutzung, lassen die anthropogene Beeinflussung als Ursache der beschleunigten fluvialen Erosion im Talboden möglich erscheinen.

6. ZUSAMMENFASSUNG

Hauptziel dieser Arbeit ist die Einschätzung der aktuellen Bodenerosion in den sogenannten Dehesas, offene immergrüne Eichenwälder mit silvo-pastoraler Landnutzung, die im Westen und Südwesten Spaniens sowie in angrenzenden Gebieten Portugals verbreitet sind. Weitere Fragestellungen stehen im Zusammenhang mit der Erklärung der Beziehungen, die zwischen den erosiven und hydrologischen Prozessen und der beteiligten Faktoren bestehen. Von besonderer Bedeutung sind räumliche und zeitliche Variationen der Faktoren, die verantwortlich für die Variabilität des Prozeßgeschehens sind.

In einem kleinen Flußeinzugsgebiet, daß repräsentativ für die in dieser Region weitverbreiteten Peniplains ist, wurden zwischen September 1990 und November 1993 Geländemessungen zur Quantifizierung des Bodenabtrags durchgeführt. Zwei erosive Prozesse sind von Bedeutung, flächenhafte Abtragung auf den Hängen und Gully Erosion im Talboden.

Zur Kontrolle des **Oberflächenabflusses und Abtrags auf Hängen** wurden 27 Gerlach Kästen installiert, deren Verteilung in Verbindung mit der landschaftlichen Ausstattung des Einzugsgebiets steht. Die während des hydrologischen Jahres 1991-92 durchgeführte Untersuchung der Bodenbedeckung erlaubt die Definition von **Vegetationseinheiten**, die im Zusammenhang mit Relief- und Bodeneigenschaften stehen. Ihre Charakteristiken und räumliche Verbreitung im Untersuchungsgebiet sind im folgenden zusammengefaßt:

Die Hänge der Einheit G3, die 30% der Gesamtfläche einnimmt, sind baumlos, der anstehende Schiefer ist an vielen Stellen freigelegt, Lavendelbüsche dominieren und die Krautschicht ist spärlich. Über 50% der Bodenoberfläche ist selbst im Frühjahr frei von Vegetation.

G2 ist, mit 50% des Einzugsgebiets, die wichtigste Einheit. Sie ist mit Steineichen bedeckt. Dies gilt auch für G1, die im unteren Teil des Untersuchungsgebiets liegt und nur 8% der Gesamtfläche einnimmt. Im Unterschied zu G2 besitzt sie aber eine höhere Krautbedeckung, die wahrscheinlich auf ein traditionelles System der Weideverbesserung zurückzuführen ist (Einpferchen der Schafe während der Nacht in mobilen kleinen Zäunen, siehe Seite 92). Während der Anteil nackten Bodens im Frühjahr 1992 nur 15% betrug, so lag dieser Wert für G2 bei 45%.

Eine weitere Einheit bilden die fluvio-kolluvialen Bereiche in den Talböden (AK), deren Anteil an der Gesamtfläche 12% beträgt. Sie sind baumlos und von einer dichten Krautschicht bedeckt.

Von entscheidendem Einfluß auf die Vegetation ist die Mächtigkeit des Bodens, die bei AK mehr als 0,5 m beträgt. Bei G1 und G2 liegt sie bei 10-20 cm und bei G3 sind nur fleckenmäßig Reste eines Bodens vorhanden. Bei AK kommt hinzu, daß, bedingt durch die topographische Lage, zusätzlich zum Niederschlag Wasser von den Hängen bereitgestellt wird, und somit die Pflanzen über mehr Wasser als in den restlichen Gebieten verfügen.

Von Bedeutung ist weiterhin die starke kleinräumige Variation der Bodenbedeckung. Hervorgerufen wird sie durch die Mikromorphologie, die eine auf kleinstem Raum variierende Bodenmächtigkeit verursacht. Weiterhin ist der Einfluß der Steineichen von Bedeutung, da sie Schatten spenden und dem Boden organisches Material zuführen.

Die verschiedenen Standorte produzieren unterschiedliche Mengen Oberflächenabfluß und Sediment. Zur Erklärung dieser Variabilität wurden die Daten mit Parametern der Bodenbedeckung korreliert (z. B. mittlerer Anteil der Krautschicht auf dem Hang). Hierfür wurden die Daten von 70 Niederschlagsereignissen herangezogen, die für die jeweiligen Gerlach Kästen gemittelt wurden. Die resultierenden Regressionen sind nur schwach, da andere Einflußgrößen eine Rolle spielen. Zu nennen sind die unterschiedliche Einzugsgebietsgröße der Auffangkästen, Boden und Hangneigung. Am besten wird die räumliche Variabilität durch die arithmetischen Mittel der definierten Vegetationseinheiten erklärt, wobei die Standorte, deren unterer Teil des Einzugsgebiets im direkten Einflußbereich einer Baumkrone liegt, eine eigene Gruppe (B) bilden.

Der **mittlere Abflußkoeffizient** (%) bei 70 Niederschlagsereignissen beträgt für die Gruppen:

B	0,9
AK	1,3
G1	5,2
G2	5,7
G3	10,6

Die **Abtragsrate** ($gm^{-2}a^{-1}$) für den gesamten Untersuchungszeitraum beträgt:

B	9,2
AK	19,0
G1	45,1
G2	51,4
G3	58,5

Abtrag und Abfluß sind am geringsten in den kolluvialen Bereichen und im direkten Einflußbereich einer Baumkrone. Dies steht bei AK hauptsächlich mit der dichten Krautbedeckung und der höheren Infiltrationskapazität des Bodens im Zusammenhang. Bei B ist vermutlich die geringe Abflußproduktion auf die Interzeption des Regenwassers durch die Baumkrone, die geringere Niederschlagsintensität und die höhere Infiltration des Bodens zurückzuführen. Die niedrige Bodenerosionsrate steht wahrscheinlich mit der schützenden Streuschicht und der geringen Abflußproduktion im Zusammenhang.

Am meisten Abfluß verzeichnen die stark degradierten Bereiche G3, gefolgt von G2. Hingewiesen sei an dieser Stelle nochmals auf die Unterschätzung des Abflusses bei diesen beiden Gruppen, da mehrmals deren Auffangbehälter überliefen. Die Unterschiede zwischen den Vegetationseinheiten sind bei der Erosionsrate geringer als beim Oberflächenabfluß. Die Variabilität der Abträge in Abhängigkeit von Standortfaktoren kommt jedoch deutlicher zum Ausdruck, wenn deren zeitliche Variationen berücksichtigt werden.

Bei der **zeitlichen Variabilität** der Prozesse auf den Hängen wurden zwei Einflußgrößen näher untersucht, Niederschlag und Vegetation. Die Analyse der langjährigen Daten der nahegelegenen meteorologischen Station in Cáceres erlaubt eine Beurteilung der Regenverhältnisse während des Beobachtungszeitraums. Für unterschiedliche Niederschlagsintensitäten wurde die Auftrittwahrscheinlichkeit und die jährliche Verteilung bestimmt. Die Irregularität der Regenmenge wurde durch Häufigkeitsanalysen charakterisiert, wobei besonders die Betrachtung langanhaltender Trockenperioden zu nennen ist.

Die Niederschlagsvariable, die die engste Beziehung mit dem Abfluß aufweist, ist die 2-Stunden Intensität (H2). Bei den Standorten G3 und G2 wird bei Erreichen von 2,7 bzw. 3,2 mmh^{-1} immer Oberflächenabfluß produziert. Dieser Wert ist deutlich höher bei den Gruppen G1, B und AK (5,2, 5,6, 5,8 mmh^{-1}). Es zeigt sich somit auch hier der Erfolg der Gruppenbildung zur Erklärung der räumlichen Variabilität. Die durchgeführten Regressionsanalysen zwischen Niederschlagsvariablen und Oberflächenabfluß zeigen höhere Korrelationskoeffizienten für die stark degradierten Bereiche, wobei die Niederschlagsmenge und H2 am besten den Abfluß erklären. Im Gegensatz dazu weisen die Standorte mit einer etwas mächtigeren Bodendecke (G2 und AK) eine geringere Beziehung mit der Niederschlagsmenge auf und die 30-Minuten Intensität (I30) besitzt höhere Korrelationskoeffizienten. Die Baumstandorte weisen nur geringe Beziehung mit Niederschlagscharakteristiken auf, da wahrscheinlich die Interzeption des Regens durch die Baumkrone ein komplexeres Verhältnis zwischen Niederschlag und Abfluß bewirkt.

Die erklärte Varianz der Regressionen zwischen Abfluß und Niederschlagsvariablen liegt, mit Ausnahme der zu B und G3 gehörenden Standorte, bei nur 50 bis 60%. Unter Ausschluß von Fehlern, die auf räumliche Variationen des Niederschlags im Einzugsgebiet zurückzuführen sind (Standorte in unmittelbarer Nähe des Regenschreibers), wurde versucht, die schwachen Korrelationen zu erklären. Hierbei sind prinzipiell zwei Ursachengruppen zu berücksichtigen: 1. die Niederschlagsereignisse und 2. variierende Interzeption und Infiltration.

1. Die Niederschlagsereignisse. Möglicherweise erklären die benutzten Variablen nicht in ausreichendem Maße die Variationen der Niederschläge, die große Unterschiede in ihrer inneren Struktur aufweisen (Kontinuität, Anzahl von Niederschlagsspitzen, etc.). Der Einfluß dieser Parameter, deren Bedeutung von MOTZER (1988) und SEUFFERT et al. (1992) für den Mediterranraum nachgewiesen wurde, ist für Guadalperalón weniger deutlich. Dies mag zwar an der beschränkten Probengröße liegen, doch produzierten sehr ähnliche Niederschläge unterschiedliche Abflußmengen, so daß angenommen werden kann, daß andere Faktoren eine Rolle spielen. Es wird empfohlen, den von OLLESCH & SEUFFERT (1995) auf Meßparzellen in Sardinien entwickelten Heterogenitäts Index, der eine verbesserte Beschreibung des Niederschlagsgeschehens im Zusammenhang mit Abfluß und Erosion herstellt, auf seine Anwendbarkeit in unserem Untersuchungsgebiet zu überprüfen.

2. Infiltration und Interzeption an einem Punkt kann variieren. Abbildung 73 zeigt ein vereinfachtes Schema der zeitlichen Variationen und ihr Einfluß auf das Prozeßgeschehen im Einzugsgebiet, wobei keine langzeitigen Veränderungen (mehr als einige Jahrzehnte) in die Betrachtung eingeschlossen sind. Die durchgezogenen Pfeile zeigen die in dieser Arbeit nachgewiesenen Beziehungen zwischen der Variation der Faktoren und der Variabilität der Prozesse, sowie deren Relation untereinander. Die punktierten Pfeile stellen mögliche Beziehungen dar, die jedoch nicht klar nachgewiesen werden konnten. Niederschlag ist durch drei Gruppen repräsentiert a) **Regenereignisse**, deren Charakteristiken von klarem Einfluß auf alle untersuchten Prozesse ist. b) **Mittlere Variationen des Niederschlags während eines Jahres** bewirkt die jahreszeitliche Entwicklung der Krautschicht. Es wird angenommen, daß dies von nur sehr geringem Einfluß auf die Abflußproduktion ist. c) **Interannuale Variationen** sind von großer Bedeutung für die Entwicklung der Vegetation, insbesondere bei Weidenutzung, wie die starke Zunahme der nackten Bodenoberfläche als Auswirkung der Dürre bestätigt. Es gibt zwar Hinweise für erhöhten Abfluß während der Dürre, doch kann dies auch im Zusammenhang mit Änderungen der Bodeneigenschaften stehen.

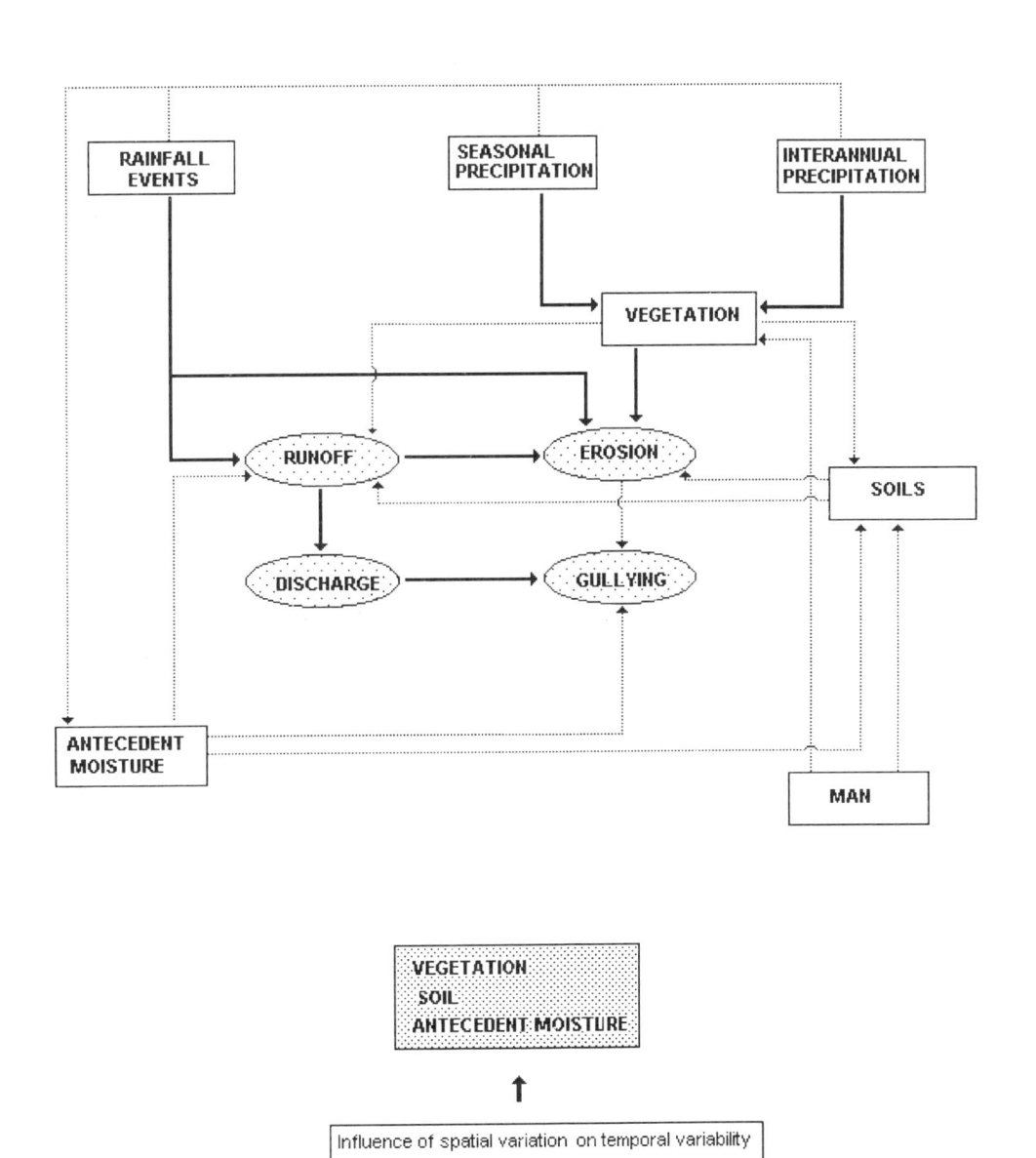

Abb. 73: Schema der raum-zeitlichen Variationen und ihr Einfluß auf das Prozeßgeschehen im Einzugsgebiet (Rechtecke stellen Faktoren und Ovale Prozesse dar; siehe Erklärung im Text).

Für das Abflußgeschehen sind zwei Bodencharakteristiken von Bedeutung, zum einen die Bodenfeuchte und zum anderen die Eigenschaften der Oberfläche des Bodens. Andere Eigenschaften, wie Textur und Struktur sind keinen kurzzeitigen Änderungen unterworfen. Da keine Bodenfeuchtemessungen vorliegen, wurde die vor dem Ereignis gefallene Regenmenge benutzt, um den Einfluß der antezedenten Bodenfeuchte nachzuweisen. Es konnte keine Beziehung festgestellt werden. Dies gilt ebenso für die anderen untersuchten Prozesse. Jedoch wird angenommen, daß der antezedente Wassergehalt, insbesondere der fluvio-kolluvialen Bereiche, von großer Bedeutung für den Abfluß im Gerinne ist. Hierbei können sowohl jahreszeitliche, als auch interannuale Schwankungen der Regenmenge von großer Bedeutung sein (Abb. 73). Mögliche Variationen der Bodenoberfläche können durch Krustenbildung und die Trampeltätigkeit des Viehs gegeben sein. Diese stehen auch im Zusammenhang mit der Vegetationsbedeckung.

Der einzige Hinweis, daß variierende Bodeneigenschaften einen Einfluß auf das Prozeßgeschehen im Untersuchungsgebiet haben, ist der bei einigen Standorten beobachtete erhöhte Abtrag während des ersten wichtigen Niederschlagsereignisses im Herbst. Es wird vermutet, daß der Viehtritt auf der trockenen und mit reduzierter Vegetation bestandenen Bodenoberfläche leicht erodierbares Material zur Verfügung stellt. Jüngst initiierte Untersuchungen zeigen an, daß der Boden im Sommer wasserabweisende Eigenschaften ('water repelency') besitzt. Da ungenügende Kenntnisse über den Faktor Boden bestehen, werden Infiltrationsexperimente mit künstlichem Regen und Untersuchungen der Aggregatstabilität während unterschiedlicher Jahreszeiten in der Fortsetzung dieses Projektes durchgeführt. Darüberhinaus wird die Bodenfeuchte in kurzen, regelmäßigen Abständen gemessen, um den Einfluß der antezedenten Feuchte auf die Prozesse zu erklären.

Das Verhältnis zwischen Bodenabtrag auf Hängen und den Niederschlagsvariablen ist schwächer als beim Abfluß. Den höchsten Korrelationskoeffizienten weißt bei allen Standorten die maximale 30-Minuten Intensität auf. **Das wichtigste Abtragsereignis** wurde von Starkregen (E38) im August 1992 verursacht, mit einer maximalen 10-Minuten Intensität von 60,0 mmh^{-1} und einer Regenmenge von 21,6 mm. Es produzierte mehr als die im gesamten Untersuchungszeitraum abgetragene Menge Sediment. Es handelt sich bei der verzeichneten Niederschlagsintensität nicht um ein seltenes Ereignis, doch ist seine Auftrittswahrscheinlichkeit während der Monate Juli bis September, wenn die Bodenbedeckung gering ist, nur schätzungsweise 22 Jahre. Mit Ausnahme dieses Ereignisses, wurden keine außergewöhnlich starken Niederschläge verzeichnet.

Das Ereignis E38 geschah als die Krautbedeckung im gesamten Untersuchungsgebiet in Folge der langanhaltenden **Dürre** sehr gering war. Es konnte gezeigt werden, daß der extrem hohe Abtrag auf das Zusammentreffen hoher Niederschlagsintensitäten und den hohen Anteil unbedeckten Bodens zurückzuführen war. Der Einfluß der interannualen Niederschlagsvariationen auf die Vegetationsbedeckung und in dessen Folge auf die Bodenerosion konnte nachgewiesen werden. **Während der Dürre wurde auf Hängen im Mittel 33,7 gm^{-2}a^{-1} und während der Zeit, die nicht von ihr betroffen war nur 12,3 gm^{-2}a^{-1} ermittelt** (ausgeschlossen ist E38, um eine Vergleichbarkeit im Hinblick auf Regenintensitäten zu gewährleisten).

Die Auswirkungen der Reduktion der Bodenbedeckung auf den Bodenabtrag sind standortabhängig. So zeigen die am stärksten degradierten Hänge G3 die geringste Zunahme und die fluvio-kolluvialen Bereiche, die sich in normal-feuchten Jahren durch die dichteste Krautbedeckung auszeichnen, die stärkste Zunahme. Während des nicht von der Dürre betroffenen Zeitraums betrug der Abtrag nur 2,1 gm^{-2}a^{-1}, während der Trockenperiode hingegen 15,4 gm^{-2}a^{-1}. Dürren mit vergleichbarer Intensität treten recht häufig auf, im Mittel alle 8 Jahre.

Jahreszeitliche Variabilität des Abtrags, mit einem Maximum im Herbst, ist, insbesondere bei Standorten mit normalerweise dichter Bodenbedeckung, auf das häufigere Auftreten intensiver Regenfälle zurückzuführen. Die Vegetationsbedeckung scheint eine untergeordnete Rolle zu spielen. Die im Sommer vorhandene trockene Krautschicht mindert den Bodenabtrag ebenso wirkungsvoll wie die grünen Kräuter.

Die mittlere Nettoerosion im Gerinne betrug für die drei Untersuchungsjahre 5,20 m^{3}a^{-1}. Der größte Abtrag wird von den Prozessen Bankunterschneidung mit nachfolgendem Einsturz der Uferböschung sowie der rückschreitenden Erosion der Knickpunkte verursacht. Diese stehen im Zusammenhang mit kurzzeitigen Abflüssen mit hohen Spitzen, die in Verbindung mit der Produktion von Oberflächenabfluß auf den Hängen stehen. Sie sind auf einige wenige Ereignisse im Jahr beschränkt. Hauptursache der Erosion im Gerinne ist somit die geringe Infiltrationskapazität der Böden, die bei intensiven

Regenfällen große Mengen oberflächlich abfließenden Wassers bereitstellt.

Die aktuelle Bodenerosionsrate auf Hängen in Guadalperalón wird auf 22,1 $gm^{-2}a^{-1}$ geschätzt. Hinzu kommen ungefähr 19,3 $gm^{-2}a^{-1}$, die durch Gully Erosion produziert werden. Der oberflächenhafte Abtrag auf Hängen ist nur geringfügig höher als der für natürliche Bedingungen angenommene. Jedoch wird hoher Abtrag bei einer Abnahme der Vegetationsbedeckung beobachtet, der im Zusammenhang mit langanhaltenden Trockenperioden und der gleichzeitigen Beweidung steht. Eine Regenerierung der stark degradierten Böden in der Region ist, wenn überhaupt, nur möglich, wenn für eine dichte Vegetationsbedeckung gesorgt wird. Um hohe Bodenverluste zu vermeiden, sollte eine Bedeckung von ungefähr 50 Prozent nicht unterschritten werden.

Die Gully Erosion ist nur schwierig zu bremsen, da sie eine Erhöhung der Infiltration auf den Hängen erfordert. Bautechnische Maßnahmen sind wegen der hohen Kosten und der geringen wirtschaftlichen Schäden, die dieser Abtragsprozeß verursacht, nicht realisierbar.

7. SUMMARY

The main objective of this study is to assess present soil erosion in the *Dehesas* (open evergreen oak woodland with silvo-pastoral landuse) which are widely distributed in western and southwestern Spain and neighbouring areas of Portugal. Further aspects concern the explanation of the relationships between erosional and hydrological processes and the factors involved. Of special importance are spatial and temporal variations of the factors responsible for the variability of the processes.

In a small watershed, representative of the widely distributed peneplains in this region, measurements were carried out between September 1990 and November 1993 in order to quantify soil loss. Two different erosional processes are of importance, sheetwash at hillslopes and gully erosion in the valley bottom.

Runoff and soil erosion at hillslopes was monitored at 27 open plots, equipped with Gerlach-type sediment troughs. Selection of the plot sites was based on the characteristics of the catchment. The investigation of the soil cover, carried out during the 1991-92 hydrological year allowed the definition of four **vegetation units**, which are related to soil and relief. Their characteristics and spatial distribution in the study area are summarized below:

The hillslopes of the unit G3, representing 30% of the basin, are treeless. The parent material (schist) crops out at many places. The shrub *Lavandula pedunculata* is the dominant plant species and the herbaceous cover is poor. More than 50% of the soil surface is bare, even during spring, when vegetation growth reaches its maximum.

G2, occupying 50% of the total area, is the most important unit. Hillslopes are covered by *Quercus ilex* trees, as are the slopes in unit G1. The latter lies in the lower part of the catchment, representing only 8% of the area. G1 shows a denser herbaceous cover than G2, probably owing to a traditional management system of pasture improvement (mobile fences, where sheep are kept one or two nights; see page 92). During spring 1992 the average percentage of bare soil amounted to only 15 % at G1, in contrast to a value of 45% at G2.

The fluvio-colluvial areas at footslopes and in the valley bottoms form a further unit (AK), which constitutes 12% of the basin. They are treeless and usually densely covered by herbs and grasses.

Soil thickness plays a major role in the development of the vegetation, which at AK amounts to more than 0.5 m. At G1 and G2 it is about 10-20 cm and at G3 only patches of shallow soil are present. In the unit AK water availability for plants is higher than in other areas, not only because of a thicker soil, but also because it receives water from upslope in the form of surface and subsurface flow.

Of importance with respect to the vegetation cover is

also the strong variation of soil depth caused by the micro-morphology of the slopes. An additional factor is the presence of holm oaks. The area below their canopy is shaded and receives organic matter in the form of leaves and branches.

The **different plot sites** produced varying amounts of runoff and sediment. In order to explain this variability, data were related to soil surface cover (for example mean herbaceous cover of hillslope). For each site the mean of 70 rainfall events was used for this analysis. The resulting correlations are poor, because other factors are of importance also, such as different catchment size of the sediment troughs, soil characteristics, and slope gradients. The spatial variability of runoff and soil loss is best explained using the mean of each vegetation unit. In addition to the four units described above, plots in the direct influence of a tree canopy form a separate group (B).

The **mean runoff coefficient** (%) of 70 rainfall events for each group is as follows:

B	0.9
AK	1.3
G1	5.2
G2	5.7
G3	10.6

The **mean erosion rate** ($gm^{-2}a^{-1}$) for the study period is:

B	9.2
AK	19.0
G1	45.1
G2	51.4
G3	58.5

Soil loss and overland flow are lowest at colluvial sites and below the holm oak canopies. At AK this is connected with the dense herbaceous cover and the higher infiltration capacity of the soils in this area. The low runoff production at B is probably caused by rainfall interception of the canopy, lower rainfall intensity and higher infiltration of the soil in comparison with uncovered sites. The lower erosion rate at tree sites is the result of the protective litter layer and the lower runoff production.

Highest surface flow is registered at the most degraded sites (G3), followed by G2. At this point it should be mentioned again that overflow of the water containers at plot sites belonging to these two groups was much more frequent than at the other sites. This means that their runoff coefficients are even higher than the values shown above.

The differences between the vegetation units are less pronounced with respect to erosion rates than with respect to runoff. However, the variability of soil loss in relation to site factors is better understood if temporal variations are considered.

With regard to the **temporal variability** of hillslope processes, two factors were investigated more closely, precipitation and vegetation. The analysis of longterm data of a nearby meteorological station (Cáceres city) permitted the evaluation of the rainfall conditions observed during the study period. The recurrence interval of different rainfall intensities was estimated. The irregularity of rainfall amounts was characterized by means of frequency analysis, including a study of the occurrence of prolonged dry periods.

The precipitation variable most closely related to runoff is the maximum 2-hour intensity (H2). Reaching an intensity of 2.7 and 3.2 mm h^{-1}, overland flow is produced at the sites G3 and G2, respectively. Values are clearly higher at units G1, B and AK (5.2, 5.6, 5.8 mm h^{-1}). This also demonstrates the success of group formation for explaining spatial variability.

Regression analysis between rainfall variables and runoff shows higher correlation coefficients for the more degraded sites. There, surface flow production is best explained by precipitation amount (PTOT) and H2. In contrast, sites with thicker soil cover (G2 and AK) have lower correlation coefficients with PTOT, but higher ones using the maximum 30-minute intensity (I30). Tree sites are only weakly related to rainfall characteristics, probably because interception creates a more complex relationship between precipitation and runoff.

The explained variance of the regressions between rainfall variables and runoff lies between 50 and 60 per cent. At the sites B and G1 the values are even lower. Excluding errors, related to the variability of rainfall in the catchment (using only plots close to the meteorological station), th attempt was made to explain these poor correlations. For this, two basic groups of causes were considered: 1. the rainfall events and 2. varying interception and infiltration.

1. The rainfall events. It is possible that the variables applied in this study do not explain sufficiently the variations of rainfall, which exhibit great differences with respect to their inner structure (continuity, number of peaks, etc.). The influence of this parameter, shown to be of significance for the

Mediterranean area by MOTZER (1988) and SEUFFERT et al. (1992), is less demonstrable at Guadalperalón. Although this might be due to the limited sample size (70), very similar rainfall events produced different amounts of runoff. This gives rise to the assumption that other factors also play a role. It is recommended to check the applicability of the "Heterogeneity Index" developed by OLLESCH & SEUFFERT (1995) for closed plots in Sardinia, which achieves a better description of the characteristics of precipitation events.

2. Infiltration and interception can vary at the same point. Figure 73 shows a simplified scheme of the interrelation between the temporal variations of factors and hydrological and erosional processes in the catchment, whereby longterm changes (more than several decades) are not considered. The continuous arrows show the relations demonstrated in this study. In contrast, the dotted arrows represent possible relations, which could not be proven. Rainfall is represented by three groups: **A) rainfall events**, their characteristics are of clear influence on soil loss and overland flow. **B) Mean variations of precipitation during the year**, causes the seasonal development of the herbaceous cover. Presumably of little influence on runoff production. **C) Interannual variations** are of great importance for the development of the vegetation, especially if the land is used for grazing. This was demonstrated by the strong increase of the percentage of bare soil as a consequence of the drought. There are some indications of increased runoff due to the drought, but this may also be related to temporal changes of **soil properties**.

Two soil characteristics with possible temporal variations are of importance for the runoff processes: antecedent humidity and the characteristics of the soil surface. Other soil properties, such as texture and structure, do not undergo shortterm changes. Because no soil moisture data are available, the amount of rainfall registered before the event was used to investigate the influence of antecedent moisture conditions. However, no relationship could be determined. This is also true for discharge production in the channel and soil loss at hillslopes. However it is assumed that the water content of the fluvio-colluvial areas is of great importance for discharge production. Seasonal as well as interannual fluctuations of the rainfall amount probably are important factors of control (see fig. 73).

Possible variations of the soil surface properties are likely to be caused by crusting and the consequences of trampling by livestock. They can also be related to changes of the vegetation cover. The only indication that varying soil conditions are of importance for the processes is the observed, relatively higher soil loss registered during the first important rainfall event after the summer dry period at several sites. It is assumed that animal trampling on the dry and less protected soil surface (lower herbaceous cover) provides easily erodible material. Recently initiated investigations in the catchment indicate that the soil is strongly hydrophobic during summer. Plot experiments with simulated rainfall and studies about aggregate stability of the soil will be carried out in the future during different times of the year because there is insufficient knowledge about the hydrological and erosional response of the soil and its temporal variability. Furthermore, soil water content will be monitored at regular intervals in order to explain the role of antecedent moisture conditions in the investigated processes.

The relationship between soil loss at hillslopes and rainfall variables is even poorer than with runoff. The highest coefficient of correlation shows the maximum 30-minute intensity. **The most important soil loss event** was caused by a rainstorm (E38) during August of 1992, with a maximum 10-minute intensity of 60,0 mm h^{-1} and an amount of 21,6 mm. It produced more sediment than registered during the whole observation period. The registered rainfall intensity does not constitute a rare event. However, during the period from July until September, when the vegetation cover is lower, its occurrence is less frequent. For this case the recurrence interval is estimated to be 22 years. With the exception of this event no remarkably intense rainstorms were observed.

The event E38 occurred when the herbaceous cover in the whole basin was strongly reduced as a consequence of the prolonged **drought**. It was shown that the extremely high soil loss was the result of the coincidence of high rainfall intensities and a high percentage of unprotected soil. The influence of interannual rainfall variations on the vegetation cover and as a result its influence on soil erosion were demonstrated. **During the drought mean soil loss at hillslopes amounted to 33.7 g m^{-2} a^{-1}, and during the time before and after the drought, it was significantly lower (12.3 g m^{-2} a^{-1}).** This estimation does not include E38 in order to ensure the comparability of the two considered data groups (drought - no drought) in relation to rainfall intensity.

The relationship between the reduction of herbaceous cover and soil loss is site dependent. The most degraded areas (G3) registered the lowest increase of soil loss. The fluvio-colluvial sites, which are characterized by a dense herb cover during years of mean or above average precipitation, showed the strongest increase. There, sediment loss amounted to only 2.1 g m^{-2} a^{-1} before and after the drought, in contrast to 15.4 g m^{-2} a^{-1} during the drought. Prolonged dry periods of comparable intensity are quite frequent in the region, on average they occur once every 8 years.

The seasonal distribution of soil erosion shows a maximum during autumn (not considering the above mentioned interannual variability). This is mainly caused by the greater frequency of high intensity storms. Seasonal variations of the plant cover appear to be of less importance. The cover of dry herbs during summer and at the beginning of autumn seem to reduce soil erosion as effectively as green herbs.

Mean net-erosion in the channel for the three years of observation was 5.20 m^3 a^{-1}. Greatest losses are caused by lateral undercutting with subsequent collapse of the channel banks and gully headcut retreat. Erosion is related to channel flow of short duration and high peaks caused by overland flow events at the hillslopes. Water output of the catchment consists of stormflow. Baseflow was not observed. Only a few events during a year produce channel flow.

The main cause of gully erosion in the valley bottom is therefore the high runoff produced at hillslopes owing to the low infiltration capacity of the soils, giving rise to large amounts of surface water during high intensity storms.

The present soil erosion rate at hillslopes is estimated to be 22.1 g m^{-2} a^{-1}. Gully erosion produces an additional mean loss of 19.3 g m^{-2} a^{-1}. Surface wash at hillslopes is only slightly higher than values reported for natural erosion. However, high soil loss is produced when the vegetation cover is reduced as a result of prolonged dry periods and the grazing pressure of livestock. Regeneration of the strongly degraded soils in the region is only possible, if at all, if the vegetation is dense during the whole year. In order to avoid high soil losses the percentage of plant cover should not fall below 50 percent.

It is very difficult to control gully erosion. For this it is necessary to decrease peak discharge flows in the channel, i.e. to increase infiltration at the hillslopes. In the short term it is impossible to improve the infiltration capacity of the strongly degraded soils. Another possibility would be engineering measures. However, they are not economically viable, because of the low productivity of the dehesa areas.

8. Resumen

El **objetivo principal** del presente estudio es la evaluación del la erosión actual del suelo en las *dehesas* (bosque esclerófito abierto con un aprovechamiento silvo-pastoral) que cubren extensas áreas en el suroeste español, al igual que en zonas vecinales de Portugal. Otros aspectos tratan de explicar la relación entre los procesos hidrológicos y erosivos y los factores que influyen en ellos. De especial importancia son las variaciones espaciales y temporales de estos factores, responsables de la variabilidad de los procesos.

En una cuenca hidrográfica pequeña, representativa de las extensas penillanuras del suroeste español, se han realizado mediciones entre setiembre de 1990 y noviembre 1993 para cuantificar la pérdida de suelo. Dos procesos erosivos son actualmente importantes:

erosión laminar en las laderas y erosión en cárcava en los fondos de valle.

La escorrentía superficial y la erosión del suelo en las vertientes se han monitorizado a través de 27 parcelas abiertas, equipadas con colectores de tipo Gerlach. El emplazamiento de las parcelas se ha efectuado según las características de la cuenca. El estudio de la cobertura del suelo, llevado a cabo durante el año hidrológico 1991-92, permitió establecer las **unidades de vegetación**, que están relacionadas con los suelos y el relieve. Las características y la distribución espacial en la zona de estudio se resume a continuación:

Las vertientes desarboladas de la unidad G3 representan alrededor del 30% de la cuenca. Los afloramientos del sustrato (pizarras) son frecuentes. El arbusto *Lavandula pedunculata* es la especie dominante y la cobertura herbácea es muy pobre. Más del 50% de la superficie está desnuda aun en primavera, cuando el crecimiento vegetal alcanza su máxima.

G2, que ocupa un 50% del total del área, es la unidad más importante. Las laderas están en su mayoría cubiertas por *Quercus ilex*, al igual que la unidad G1, que está situada en la parte inferior de la cuenca y representa solamente un 8% del área. G1 posee una cubierta herbácea más densa que G2, que se debe probablemente a un sistema de mejora de pasto tradicional (el redileo, véase pág. 92). Durante la primavera de 1992 el promedio de suelo desprovisto de vegetación no superó el 15% en G1, mientras en G2 alcanzó el 45%.

Las zonas fluvio-coluviales de pie de vertiente y fondos de valle forman la unidad AC, que constituye el 12% del área de la cuenca. Con la ausencia de árboles estas zonas poseen una cubierta densa de hierbas y gramíneas.

La profundidad de los suelos juega un papel importante en el desarrollo de la vegetación. En la unidad AK la profundidad supera 0,5 metros, en G1 y G2 es de unos 20 centímetros, y en G3 existen solamente manchas de suelo poco profundo. En la unidad AK la disponibilidad de agua para las plantas supera a la de las otras zonas, no solamente por su mayor espesor de suelo, sino también porque recibe agua superficial y subsuperficial de las vertientes.

De importancia para la cobertura vegetal es también la variación del espesor de los suelos debido a la micromorfología de las laderas, así como la presencia de árboles, cuyas copas dan sombra y aportan materia orgánica al suelo en forma de hojas y ramas.

Las parcelas se distinguen en la producción de escorrentía superficial y sedimento. Para explicar esta variabilidad, se han relacionado los datos con la cobertura del suelo (por ejemplo el promedio de cubierta herbácea de la vertiente). Para el análisis se ha usado la media de 70 sucesos de precipitación. Los coeficientes de correlación son pobres ya que pueden influir otros factores, como el tamaño del área que contribuye escorrentía al colector, la pendiente y las características edáficas. La variabilidad espacial se explica mejor usando las medias para cada unidad de vegetación. Las parcelas que se encuentran bajo influencia directa de las copas de encina forman un grupo adicional (B).

La media del **coeficiente de escorrentía** (%) de 70 eventos de precipitación para cada unidad es:

B	0,9
AK	1,3
G1	5,2
G2	5,7
G3	10,6

La **tasa media de erosión** ($gm^{-2}a^{-1}$) para el período de estudio es:

B	9,2
AK	19,0
G1	45,1
G2	51,4
G3	58,5

La pérdida de suelo y escorrentía son más bajas en las zonas fluvio-coluviales y debajo de las copas de árboles. En AK este hecho se debe a la cubierta densa de pasto y a la mayor capacidad de infiltración de los suelos. La baja escorrentía en B está pobablemente causada por la interceptación de lluvia de las copas, la menor intensidad de la precipitación y la mayor infiltración en comparación con las áreas abiertas. La baja erosión es la consecuencia de la baja producción de escorrentía y del efecto protector de una cubierta de hojarasca.

El flujo superficial es mayor en las zonas degradadas (G3), seguido por G2. Aquí se debe mencionar otra vez el hecho de que los bidones de agua pertenecientes a estos dos grupos se desbordaron con mayor frecuencia que las de las otras unidades. Esto significa que los coeficientes de escorrentía son aún mayores que los valores citados anteriormente.

Las diferencias entre las unidades de vegetación son menos pronunciadas con respecto a las tasas de erosión que con respecto al flujo superficial. No obstante, la variabilidad de la pérdida de suelo se explica mejor considerando su variación temporal.

En relación con la **variabilidad temporal** dos factores se han investigado en profundidad: precipitación y vegetación. El análisis de la serie de datos de precipitación de la estación meteorológica de Cáceres ciudad ha permitido evaluar las condiciones de lluvia durante el tiempo de estudio. Se han estimado los períodos de retorno de diferentes intensidades de lluvia. La irregularidad de la precipitación se ha caracterizado mediante el análisis de frecuencias, incluyendo un estudio sobre sequías.

La variable de precipitación pue posee mayor relación con la escorrentía superficial es la intensidad máxima registrada en dos horas (H2). Con un valor de 2,7 y 3,2 mmh^{-1} se produce flujo superficial en G3 y G2, respectivamente. Los valores son más altos para G1, B y AK (5,2, 5,6, 5,8 mm h^{-1}). Este hecho ilustra también el éxito de la formación de las unidades para explicar la variabilidad espacial.

El análisis de regresión entre variables de precipitación y escorrentía ofrece una mayor explicación para las áreas degradadas, donde los mayores coeficientes de correlación se dan con la cantidad de precipitación (PTOT) y H2. Los sitios con mayor espesor de suelo ofrecen relaciones más pobres con PTOT y coeficientes más altos usando la intensidad máxima en 30 minutos (I30). Las parcelas bajo la influencia directa de una copa de encina poseen relaciones insignificantes con las características de precipitación, probablemente por la inteceptación que crea una relación más compleja entre lluvia y escorrentía.

Las máximas de las varianzas explicadas son del 50 al 60%. Para analizar estas correlaciones pobres se han considerado dos grupos básicos de causas: 1. los sucesos de precipitación y 2. variaciones de interceptación de lluvia e infiltración. Para excluir errores que puden ser causados por la variabilidad de la precipitación en la cuenca, se han considerado sobre todo aquellas parcelas situadas cerca del pluviómetro.

1. Eventos de precipitación. Es posible que las variables usadas en este estudio no expliquen suficientemente las variaciones de la precipitación, que poseen grandes diferencias en relación con su distribución temporal (continuidad, número de picos, etc.). Aunque MOTZER (1988) y SEUFFERT et al. (1992) demostraron que este parámetro es significativo para el área mediterráneo, en Guadalperalón no se ha podido detectar con claridad. Sucesos de precipitación muy similares han producido cantidades de escorrentía diferentes. Este hecho hace sospechar que otros factores son también de importancia. No obstante, se recomienda comprobar la utilidad del "Índice de Heterogeneidad" desarrollado por OLLESCH & SEUFFERT (1995) con parcelas cerradas en Cerdeña.

2. La infiltración e interceptación pueden variar en el mismo punto. La figura 73 ilustra un esquema simplificado de las interrelaciones entre las variaciones temporales de los factores y los procesos hidrológicos y erosivos, sin considerar cambios a largo plazo (superior a varias décadas). En el gráfico las flechas contínuas representan relaciones que han podido ser comprobadas en este estudio, y las flechas interrumpidas representan posibles relaciones que no han sido comprobadas. Se consideran tres características de la precipitación: **A) El suceso de precipitación,** cuyas propiedades tienen una influencia evidente sobre el flujo superficial y la pérdida de suelo. **B) La distribución anual media** que causa el desarrollo estacional de la cubierta herbácea, es supuestamente de influencia insignificante sobre la producción de escorrentía. **C) Las variaciones interanuales** se han demostrado de gran importancia para el desarrollo de la vegetación, especialmente cuando el terreno es aprovechado por ganado. El incremento fuerte del porcentaje de suelo desnudo a consecuencia de una sequía ha ilustrado este hecho. Hay algunas indicaciones de un incremento de la escorrentía como consecuencia de la sequía, pero este hecho también puede estar relacionado con cambios temporales de las **propiedades del suelo**.

Dos características edáficas con posibles variaciones temporales pueden ser de importancia para los procesos de escorrentía: la humedad antecedente y el estado de la superficie del suelo. Otras propiedades edáficas, como textura o estructura, no están afectadas por cambios a corto plazo. Puesto que no se disponía de datos de humedad del suelo, se ha usado para los análisis la cantidad de precipitación caída con anterioridad al evento considerado. No se ha podido detectar una relación entre la humedad antecedente y los procesos estudiados. No obstante, se supone que el contenido de agua de las zonas fluvio-coluviales es de gran importancia para la descarga acuosa de la cuenca. Las variaciones estacionales e interanuales son probablemente factores importantes para la producción de caudal (véase fig. 73).

Las posibles variaciones de las propiedades de la superficie del suelo consisten en la formación de costras y en las consecuencias del pisoteo de ganado. Sus relaciones con los procesos estudiados solamente se han podido demostrar con la erosión. Las pérdidas de suelo son mayores durante la primera lluvia importante de otoño, indicando que el pisoteo del ganado durante el período seco estival, y con una superficie menos protegida por vegetación, pone a disposición mayores cantidades de sedimento facilmente erosionables. Investigaciones iniciadas recientemente en la cuenca demuestran una alta hidrofobia de los suelos durante el verano. En el futuro se llevarán a cabo experimentos en parcelas con lluvia simulada para estudiar la respuesta hidrológica del suelo durante diferentes épocas del año. Además, se monitorizará el contenido de humedad del suelo a intervalos regulares para poder explicar su papel en los procesos de escorrentía y erosión.

La relación entre la pérdida de suelo en las vertientes y la precipitación es aún más pobre que en el caso del flujo superficial. Los coeficientes más altos se dan con la máxima intensidad en 30 minutos. **El suceso más importante de pérdida de suelo (E38) ha sido** causado por una tormenta durante agosto de 1992, con una intensidad máxima en 10 minutos de 60,0 mm h^{-1} y una cantidad de 21,6 mm. Se originó una cantidad de sedimento que excedía la producida durante todo el período de observación. La intensidad de lluvia registrada no constituye un evento extremo. Su presencia es, no obstante, menos frecuente durante julio y setiembre, cuando la cobertura herbácea es menor. A excepción de este evento no se han registrado lluvias particularmente intensas.

El evento E38 ocurrió cuando el pasto había sido muy degradado como consecuencia de una prolongada **sequía**. Se ha comprobado que las pérdidas extremadamente altas durante este suceso fueron el resultado de la coincidencia de intensidades altas de precipitación con el estado desprovisto de la superficie del suelo. Así se ha podido demostrar la influencia de las variaciones interanuales de precipitación sobre la cobertura vegetal y su influencia sobre la erosión del suelo. **La tasa media de erosión ha sido 33,7 g m^{-2} a^{-1} durante el período de sequía, y ha sido significativamente menor antes y despúes de la sequía (12,3 g m^{-2} a^{-1})**. Esta estimación no incluye las pérdidas de E38 para asegurar la comparabilidad de los dos grupos de datos (sequía - no sequía) respecto a la intensidad de lluvia.

Las consecuencias de la sequía han sido diferentes en la cuenca. Las áreas más degradadas (G3) registraron un menor incremento de pérdida de suelo. Las zonas fluvio-coluviales (AK), que se caracterizan por una cubierta densa de pasto durante años de precipitaciones medias o altas, se han visto muy afectadas por la falta de lluvia. En esta unidad, la pérdida de sedimento durante el tiempo no afectado por la sequía fue de 2,1 g m^{-2} a^{-1}, y alcanzó una tasa de 15,4 g m^{-2} a^{-1} durante la sequía, es decir un incremento unas 7 veces superior. Los períodos secos prolongados son relativamente frecuentes en la región, y se dan con un promedio de 8 años.

La distribución estacional de la pérdida de suelo posee su máxima en otoño (sin considerar la variación intraanual). Esto es debido, sobre todo, a la mayor frecuencia de lluvias intensas. Las variaciones estacionales de la cubierta vegetal parecen ser de menor importancia. La cubierta de hierbas secas durante el verano e inicio del otoño probablemente reducen la erosión tan efectivamente como las hierbas verdes.

La erosión media en el cauce para los tres años de estudio es de 5,2 m^3 a^{-1}. Las pérdidas grandes están causadas por la incisión lateral con el siguiente colapso de los márgenes y el retroceso de la cabecera de la cárcava. La erosión está relacionada con caudales de corta duración y picos fuertes causados por sucesos de escorrentía en las vertientes. La descarga acuosa de la cuenca está relacionada con la producción de escorrentía superficial en consecuencia de lluvias intensas. Flujo de basa no ha sido observado. Solamente unas pocas veces al año se produce flujo en el cauce. La causa principal de la erosión en cárcava es, por lo tanto, la alta producción de escorrentía en las laderas debida a la baja capacidad de infiltración de los suelos, que producen grandes cantidades de agua superficial durante tormentas de alta intensidad.

La tasa de erosión actual se estima en 22,1 g m^{-2} a^{-1}. La erosión en cárcava produce una pérdida media adicional de 19,3 g m^{-2} a^{-1}. La erosión laminar en las vertientes es sólo un poco más alta que los valores citados de erosión natural. No obstante, se producen pérdidas altas cuando la cubierta vegetal se reduce durante las épocas de sequía en conjunción con la presión del ganado. Una regeneración de los suelos degradados de la región solamente es posible, si se garantiza una cubierta de vegetación densa durante todo el año. Para evitar pérdidas altas de suelo la cobertura no debe bajar del 50 por ciento.

El control de la erosión en cárcava es tárea difícil. Es necesario disminuir los picos de caudal en el cauce, lo que significa la necesidad de aumentar la infiltración de los suelos en las vertientes. Aunque esto es imposible a corto plazo. Otra posibilidad la constituyen medidas de ingeniería, pero que no son económicamente viables, dada la baja productividad de las dehesas.

9. LITERATURVERZEICHNIS

ALMARZA MATA, C. (1984): Fichas hídricas normalizadas y otros parámetros hidrometeorológicos. Instituto Nacional de Meteorología, Madrid.

AMARAL, F., ROXO, F.A. & CASIMIRO, P. (1990): Autumn rainfall and red schist soils erosion, the 1989 extreme event. Paper presented at the ESSC Seminar on Interaction between Agricultural Systems and Soil Erosion in the Mediterranean Belt, Lisboa, 4-8 September 1990.

BAUER, E. (1980): Los montes de España en la historia. Ministerio de Agricultura, Pesca y Alimentación, Madrid.

BERNET HERGUIJUELA, R. (1994): La cubierta herbácea en sistemas de dehesa degradada. Unveröffentlichte Abschlußarbeit, Dpto. Geografía, Universidad de Extremadura, Cáceres.

BOCCO, G. (1991): Gully erosion: processes and models. - Progress in Physical Geography 15: 392-406.

BORMANN, F.H. & LIKENS, G.E. (1979): Pattern and process in a forested ecosystem. Springer Verlag, Berlin.

BRÜCKNER, H. (1986): Man's impact on the physical environment in the Mediterranean Region in historical times. - GeoJournal 13: 7-17.

BRÜCKNER, H. & HOFFMANN, G. (1992): Human-induced erosion processes in mediterranean countries, evidences from acheology, pedology and geology. - Geoöko Plus 3: 97-110.

CALABUIG, E.L., GAGO GAMALLO, M.L. & GOMEZ GUTIERREZ, J.M. (1978): Influencia de la encina (Quercus rotundifolia Lam.) en la distribución del agua de lluvia. - Anuario del Centro de Edafología y Biología Aplicadas, 4: 143-159.

CAMPOS PALACIN, P. (1993): Valores comerciales y ambientales de las dehesas españolas. - Agricultura y Sociedad no. 66: 9-41.

CAMPOS PALACIN, P. & MARTIN BELLIDA, M. (Hrsg.) (1987): Conservación y desarrollo de las dehesas portuguesa y española. Ministerio de Agricultura, Pesca y Alimentación, Madrid.

CHAPMAN, G. (1958): Size of raindrops and their striking force at the soil surface in a red pine plantation. - Transactions of the American Geophysical Union 29: 664-670.

COELHO, C. (1995): Proceedings of the Conference on Erosion and Land Degradation in the Mediterranean (IGU Study Group Erosion and Desertification in Regions of Mediterranean Climate), Juni 1995, Aveiro, Portugal.

COSTA, M. et al. (1990): La evolución de los bosques en la Península Ibérica: una interpretación basada en datos paleobiogeográficos. - Ecología, Fuera de Serie no. 1: 31-58.

COUTINHO, M.A. & TOMAS, P. 1990: Applying the Universal Soil Loss Equation to the southern part of Portugal. Paper presented at the ESSC Seminar on Interaction between Agricultural Systems and Soil Erosion in the Mediterranean Belt, Lisboa, 4-8 September 1990.

CSIC (Consejo Superior de Investigaciones Científicas) (1970): Suelos, estudio agrobiológico de la provincia de Cáceres. Centro de Edafología y Biología Aplicada de Salamanca, Salamanca.

DE PLOEY, J. & D. GABRIELS (1980): Measuring soil loss and experimental studies. In: M.J. KIRKBY & R.P.C. MORGAN (Hrsg.): Soil Erosion, 63-108. John Wiley and Sons, Chichester.

DI CASTRI, F. & MOONEY, H.A. (Hrsg.)(1973): Mediterranean Type Ecosystems: Origin and Structure. Springer Verlag, Berlin.

DIETRICH, W.B. & DUNNE, T. (1978): Sediment budget for a small catchment in mountainous terrain. - Zeitschrift für Geomorphologie, Supplementband 29: 191-206.

DORRONSORO FERNANDEZ, C. (1992): Suelos. In: J.M. GOMEZ GUTIERREZ, El libro de las dehesas salmantinas, 71-121. Junta de Castilla y Leon, Salamanca.

DREGNE, H.E. (1983): Desertification of arid lands. Harwood Academic Publishers, London.

DUBREUIL, P.L. (1985): Review of field observations of runoff generation in the tropics. - Journal of Hydrology 80: 237-264.

DUNNE, T. (1978): Field studies of hillslope flow processes. In: M.J. KIRKBY (Hrsg.): Hillslope hydrology, 227-293. John Wiley & Sons, Chichester.

DUNNE, T. (1979): Sediment yield and land use in tropical catchments. - Journal of Hydrology 42: 281-300.

DUNNE, T. (1983): Relation of field studies and modelling in the prediction of storm runoff. - Journal of Hydrology 65: 25-48.

DUNNE, T., DIETRICH, W.E. & BRUNENGO, M.J. (1978): Recent and past erosion rates in semi-arid Kenya. - Zeitschrift für Geomorphologie, Suppl. Bd. 29: 130-140.

DUNNE, T. & LEOPOLD, L.B. (1978): Water in Environmental Planning. W.H. Freeman and Company, New York.

ELWELL, H.A. & STOCKING, M.A. (1976): Vegetal cover to estimate soil erosion hazard in Rhodesia. - Geoderma 15: 61-70.

ELIAS CASTILLO, F. & RUIZ BELTRAN, L. 1979: Precipitaciones máximas en España. Ministerio de Agricultura, Madrid.

ESCARRE ESTEVE, A. et al. (1986): Balance hídrico, meteorización y erosión en una pequeña cuenca de encinar mediterráneo. In: Instituto Nacional para la Conservación de la Naturaleza, Proyecto LUCDEME II: 57- 115. Ministerio de Agricultura, Pesca y Alimentación, Madrid.

EVANS, R. (1980): Mechanics of water erosion and their spatial and temporal controls: an empirical viewpoint. In: M.J. KIRKBY & R.P.C. MORGAN (Hrsg.): Soil Erosion, 109-128. John Wiley and Sons, Chichester.

FAO (Food and Agriculture Organization) (1990): Soil Map of the World 1:5.000.000. Revised legend. Rom.

FARRES, P. (1978): The role of time and aggregate size in the crusting process. - Earth Surface Processes 3: 243-254.

FONT TULLOT, I. (1983): Climatología de Espana y Portugal. Instituto de Meteorología, Madrid.

FRANCIS, C.F. & THORNES, J.B. (1990): Runoff hydrographs from three mediterranean vegetation cover types. In: J.B. THORNES (Hrsg.): Vegetation and erosion; 363-384, John Wiley & Sons, Chichester.

GALLART, F., LLORENS, P. & LATRON, J. (1994): Studying the role of old agricultural terraces on runoff generation in a small Mediterranean mountainous basin. - Journal of Hydrology 159: 291-303.

GODDIN, J.R. & McKELL, C.M. (1971): Shrub productivity: A reappraisal of arid lands. In: W.G. McGINNIES, et al. (Hrsg.): Food, fibre and the arid lands; 235-246, University of Arizona, Tucson.

GERLACH, T. (1967): Hillslope troughs for measuring sediment movement. Révue Géomorphologie Dynamique 4: 173.

GOMEZ AMELIA, D. (1985): La penillanura cacereña. Estudio geomorfológico. Universidad de Extremadura, Cáceres.

GOMEZ GUTIERREZ, J.M. (Hrsg.) (1992): El libro de las dehesas salmantinas. Junta de Castilla y León, Salamanca.

GONZALEZ DE TANAGO, A. (1984): Mejora de pastos en secanos semiáridos de suelos ácidos. Ministerio de Agricultura, Pesca y Alimentación, Madrid.

GRANDA LOSADA, M. (1981): Mejora de la dehesa extremeña. Instituto Nacional de Investigaciones Agrarias, Madrid.

GUTIERREZ ELORZA, M. (1994): Geomorfología de España. Editorial Rueda, Madrid.

HARVEY, A.M. & SALA, M. (Hrsg.) (1988): Geomorphic processes in environments with strong seasonal contrasts, II: Geomorphic systems. - Catena Suppl. 13.

HORTON; R.E. (1919): Rainfall interception. - Monthly Weather Review 47: 603-623.

HORTON, R.E. (1933): The role of infiltration in the hydrologic cycle. - Transactions of the American Geophysical Union, 14: 446-460.

HORTON, R.E. (1940): An approach towards a physical interpretation of infiltration capacity. - Proceedings of the Soil Science Society of America 4: 399-417.

HUDSON, N.W. (1981): Soil conservation. Batsford, London.

ICONA (Instituto para la Conservación de la Naturaleza) (1975): Inventario forestal nacional. Ministerio de Agricultura, Madrid.

IMESON, A.C. (1988): Una vía de ataque eco-geomorfológico al problema de la degradación y erosión del suelo. In: MOPU: Desertificación en Europa, 161-181, Madrid.

IMESON, P. & SALA, M. (Hrsg.) (1988): Geomorphic Processes in environments with strong seasonal contrasts, I: Hillslope processes. - Catena Suppl. 12.

INM (Instituto Nacional de Meteorología) (1991): Calendario meteorológico 1992. Madrid.

INM (1992): Calendario Meteorológico 1993. Madrid.

INM (1993): Calendario Meteorológico 1994. Madrid.

ITGE (Instituto Geotecnológico y Minero) (1980): Memoria Mapa Téctonico de la Península Ibérica y Baleares. 1:1.000.000. Madrid.

JOSUE MARTINEZ, T.G. & GONZALEZ; M.H. (1971): Influencia de la condición de pastizal en la infiltración de agua en el suelo. - Boletín Pastizales 2(2): 2-5.

KIRKBY, M.J. (1980): The problem. In: M.J. KIRKBY & R.P.C. MORGAN (Hrsg.): Soil erosion, 1-16; John Wiley & Sons, Chichester.

KIRKBY, M.J. & R.P.C. MORGAN (Hrsg.) (1980): Soil Erosion. John Wiley & Sons, Chichester.

KUBIENA, W.L. (1953): Bestimmungsbuch und Systematik der Böden Europas. Enke, Stuttgart.

LAL, R. (Hrsg.) (1988): Soil Erosion Research Methods. Soil and Water Conservation Society, Ankeny, Iowa.

LANG, R.D. & McCAFFREY, L.A.H. (1984): Ground cover: its effects on soil loss from grazed runoff plots, Gunnedah. - Journal of the Soil Conservation Service of New South Wales 40: 56-61.

LEOPOLD, L.B., WOLMAN, M.G. & MILLER, J.P. (1964): Fluvial processes in geomorphology. W.H. Freeman and Company, New York.

LEWIS, D.C. (1968): Annual hydrologic response to watershed conversion from oak woodland to annual grassland. - Water Resources Research 4: 59-72.

LIKENS, G.E. et al. (1977): Biogeochemistry of a forested ecosystem. Springer Verlag, New York.

LLORENS, P. & GALLART, F. (1991): Short-term sediment budget for a small drainage basin in a mountainous abandoned farming area. - In: Sediment and Stream Water Quality in a Changing Environment: Trends and Explanation. IAHS Publ. no. 203: 63-71.

LLORENS, P. & GALLART, F. (1992): Small basin response in a Mediterranean mountainous abandoned farming area: research design and preliminary results. - Catena 19: 309-320.

LOPEZ BERMUDEZ, F., ROMERO DIAZ, M.A. & MARTINEZ FERNANDEZ, J. (1991): Soil erosion in a semi-arid mediterranean environment. El Ardal experimental field. In: M. Sala, J.L. Rubio & J.M. GARCIA RUIZ (Hrsg.): Soil erosion studies in Spain; 137-152. Geoforma Ediciones, Logroño.

LOUGHRAN, R.J. (1989): The measurement of soil erosion. - Progress in Physical Geography, 13: 216-233.

LUIS CALABUIG, E.L., GAGO GAMAYO, M.L. & GOMEZ GUTIERREZ, J.M. (1978): Influencia de la encina (*Quercus rotundifolia Lam.*) en la distribución de lluvia. - Anuario del Centro de Edafología y Biología Aplicada de Salamanca 4: 143-159.

McINTYRE, D.S. (1958): Permeability measurements of soil crusts formed by raindrop impact. - Soil Science 85: 185-189.

MENDUIÑA FERNANDEZ, J. (1978): Hipótesis sobre la téctonica global de la Península Ibérica. Boletín Geológico y Minero 89: 15-21.

MONTOYA OLIVER, J.M. (1983): Pastoralismo mediterráneo. Instituto Nacional para la Conservación de la Naturaleza, Madrid.

MONTOYA OLIVER, J.M. et al. (1988): Una dehesa testigo. Instituto Nacional para la Conservación de la Naturaleza, Madrid.

MORGAN, R.P.C. (1980): Implications. In: M.J. KIRKBY & R.P.C. MORGAN (Hrsg.): Soil Erosion; 253-301, John Wiley & Sons, Chichester.

MORGAN, R.P.C. (1986): Soil Erosion and Conservation. Longman, Essex.

MORIN, J. et al. (1981): The effect of raindrop impact on the dynamics of soil surface crusting and water movement in the profile. - Journal of Hydrology, 52: 321-336.

MOSLEY, M.P. (1982): The effect of a New Zealand beech forest canopy on the kinetic energy of water drops on surface erosion. - Earth Surface Processes and Landforms 7: 103-107.

MOTZER, H. (1988): Niederschlagsdifferenzierung und Bodenerosion. - Darmstädter Geographische Studien, Heft 8.

MÜLLER-HOHENSTEIN, K. (1972): Die anthropogene Beeinflussung der Wälder im westlichen Mittelmeerraum unter besonderer Berücksichtigung der Aufforstungen. - Erdkunde 27: 55-68.

OLLESCH, G. & SEUFFERT, O. (1995): The impact of rainfall variability on runoff and erosion in pasture ecosystems. In: C. COELHO (Hrsg.): Proceedings of the Conference on erosion and land degradation in the Mediterranean, 115-124. Aveiro, Portugal.

OTHIENO, C.O. & LAYCOCK, D.H. (1977): Factors affecting soil erosion within tea fields. - Tropical Agriculture 54: 323-330.

PEINADO LORCA, M. & RIVAS MARTINEZ, S. (Hrsg.) (1987): La vegetación de España. Universidad de Alcalá de Henares, Madrid.

PIEST, R.F., BRADFORD, J.M. & SPOMER, R.G. (1975): Mechanisms of erosion and sediment movement from gullies. In: Present and prospective technology for predicting sediment yields and sources. USDA Agriculture Research Service Publications ARS-40: 162-176.

PILGRIM, D.H., CHAPMAN, T.G. & DORAN, D.G. (1988): Problems of rainfall-runoff modelling in arid and semiarid regions. - Journal of Hydrological Sciences 33: 379-400.

PIÑOL, J. LLEDO, M.J. & ESCARRE, A. (1991): Hydrological balance of two Mediterranean forested catchments (Prades, northeast Spain). - Journal of Hydrological Sciences 36: 95-107.

RICKSON, R.J. (Hrsg.) (1994): Conserving soil resources, European perspectives. Selected papers from the First International Congress of the European Society for Soil Conservation, April 1992, Silsoe, Great Britain. CAB International, Wallingford.

RIVAS GODAY, S. & RIVAS MARTINEZ, S. (1963): Estudios y clasificación de los pastizales españoles. Ministerio de Agricultura, Pesca y Alimentación, Madrid.

RIVAS-MARTINEZ, S. (1987): Mapa y memoria de las series de vegetación de España. Instituto Nacional para la Conservación de la Naturaleza, Madrid.

RODIER, J. (1975): Evaluation of annual runoff in tropical African Sahel. ORSTOM Document No. 145.

ROMERO DIAZ, M.A. et al. (1988): Variability of overland flow erosion rates in a semi-arid mediterranean environment und matorral cover, Murcia Spain. - Catena Suppl. 12(II): 1-11.

ROOSE, E.J. (1967): Dix années de mesure de l'érosion et du ruisellement au Sénégal. - L'Agronomie Tropicale 22: 123-152.

ROOSE, E.J. (1971): Influnce des modifications du milieu naturel sur l'érosion: le bilan hydrique et chimique suite à la mise en culture sous climat tropical. ORSTOM, Adiopodoumeé, Elfenbeinküste.

SALA, M. (1988): Slope runoff and sediment production in two mediterranean mountain environments. - Catena Suppl. 12(I): 13-29.

SALA, M. & CALVO, A. (1990): Response of four different mediterranean vegetation types to runoff and erosion. In: J.B. THORNES (Hrsg.): Vegetation and erosion; 347-362, John Wiley & Sons, Chichester.

SALA, M. RUBIO, J.L. & GARCIA RUIZ, J.M. (Hrsg.) (1991): Soil erosion studies in Spain. Geoforma Ediciones, Logroño.

SANCHEZ MUÑOZ, A. & VALDES REYNA, J. (1975): Infiltración de agua en dos tipos vegetativos relacionando suelo-vegetación. - Boletín Pastizales 6(5): 2-6.

SANCHEZ TORIBIO, M.J. (1992): Métodos para el estudio de la evaporación y evapotranspiración. Geoforma Ediciones, Logrono.

SCHUMM, S.A. (1967): Erosion measured by stakes. - Revue Géomorphologie Dynamique 4: 161-162.

SEUFFERT, O. (1992): The project "Geoökodynamik" in Southern Sardinia. - GEOÖKOplus 3: 111-128.

SEUFFERT, O. et al. (1992): Rainfall and erosion. - GEOÖKOplus 3: 129-137.

SHAW, E.M. (1988): Hydrology in practice. Van Nostrand Reinhold, London.

SHAW, G. & WHEELER, D. (1985): Statistical techniques in geographical analysis. John Wiley and Sons, Chichester.

SMITH, R.M. & STAMEY, W.L. (1965): Determining the range of tolerable erosion. -Soil Sciences 100: 414-424.

STOCKING, M.A.(1988): Assessing vegetative cover and management effects. In: R. LAL (Hrsg.): Soil erosion research methods, 163-187. Soil and Water Conservation Society, Ankeny, Iowa.

THORNTHWAITE, C.W. (1948): An approach towards a rational classification of climate. - Geographical Review 38: 55-94.

THORNES, J.B. (1976): Semi-arid erosional systems. London School of Economics, Department of Geography, Occasional Papers, No. 7.

THORNES, J.B. (1980): Erosional processes of running water and their spatial and temporal controls: a theoretical viewpoint. In: M.J. KIRKBY & R.P.C. MORGAN (Hrsg.): Soil Erosion, 129-182. John Wiley and Sons, Chichester.

THORNES, J.B. (1990): The interaction of erosional and vegetational dynamics in land degradation: spatial outcomes. In: J.B. THORNES (Hrsg.): Vegetation and erosion; 41-65, John Wiley and Sons, Chichester.

TOMAS, P.P. & COUTINHO, M.A. (1994): Comparison of observed and computed soil loss, using the USLE. In: R.J. RICKSON (Hrsg.): Conserving soil recources; 178-200, CAB International, Wallingford.

TRIMBLE, S.W. (1974): Man induced soil erosion on the Southern Piedmont 1700-1970. Soil Conservation Society of America, Ankeny, Iowa.

TRIMBLE, S.W. (1977): The fallacy of stream equilibrium in contemporary denudation studies. - American Journal of Science 277: 876-887.

TRIMBLE, S.W. (1990): Geomorphic effects of vegetation cover and management: some time and space considerations in prediction of erosion and sediment yield. In: J.B. THORNES (Hrsg.): Vegetation and erosion; 55-65, John Wiley and Sons, Chichester.

UNESCO (1979): Carte de la répartition mondiale des régions arides. Not. Tech. MAB 7, Paris.

U.S. DEPARTMENT OF AGRICULTURE (1979): Field Manual of Research in Agricultural Hydrology. Agriculture Handbook, No. 224.

VEGAS, R. (1971): Geología de la región comprendida entre la Sierra Morena occidental y las sierras del norte de la provincia de Cáceres (Extremadura española). - Boletín Geologíco y Minero 82: 351-358.

WIERSUM, K.F. (1985): Effects of various vegetation layers of an *Acacia auriculiformis* forest plantation on surface erosion in Java, Indonesia. In: D.A. EL-SWAIFY, W.C. MOLDENHAUER & A. LO (Hrsg.): Soil erosion and conservation, 79-89. American Society of Soil Science.

YOUNG, A. (1969): Present rate of land erosion. - Nature 224: 851-852.

10. KARTOGRAPHISCHES MATERIAL

Topographische Karte 1:50.000, Aldea de Trujillo Cartografía Militar de España, Serie L. Hoja nº 12-27 (1959). Servicio Geográfico del Ejército, Madrid.

Geologische Karte 1:50.000, Aldea de Trujillo, Mapa Geológico de España, Hoja nº 12-27 (1987). Instituto Geotecnológico y Minero de España, Madrid.

Berliner Geographische Abhandlungen
Im Selbstverlag des Institutes für Geographische Wissenschaften der Freien Universität Berlin,
Altensteinstraße 19, D-14195 Berlin, Fax 0049|030|8386263 (Preise zuzüglich Versandspesen)

Heft 1: HIERSEMENZEL, Sigrid-Elisabeth (1964)
Britische Agrarlandschaften im Rhythmus des landwirtschaftlichen Arbeitsjahres, untersucht an 7 Einzelbeispielen. - 46 S., 7 Karten, 10 Diagramme.
ISBN 3-88009-000-9 *(vergriffen)*

Heft 2: ERGENZINGER, Peter (1965)
Morphologische Untersuchungen im Einzugsgebiet der Ilz (Bayerischer Wald). - 48 S., 62 Abb.
ISBN 3-88009-001-7 *(vergriffen)*

Heft 3: ABDUL-SALAM, Adel (1966)
Morphologische Studien in der Syrischen Wüste und dem Antilibanon. - 52 S., 27 Abb. im Text, 4 Skizzen, 2 Profile, 2 Karten, 36 Bilder im Anhang.
ISBN 3-88009-002-5 *(vergriffen)*

Heft 4: PACHUR, Hans-Joachim (1966)
Untersuchungen zur morphoskopischen Sandanalyse. - 35 S., 37 Diagramme, 2 Tab., 21 Abb.
ISBN 3-88009-003-3 *(vergriffen)*

Heft 5: Arbeitsberichte aus der Forschungsstation Bardai/Tibesti. I. Feldarbeiten 1964/65 (1967)
65 S., 34 Abb., 1 Karte.
ISBN 3-88009-004-1 *(vergriffen)*

Heft 6: ROSTANKOWSKI, Peter (1969)
Siedlungsentwicklung und Siedlungsformen in den Ländern der russischen Kosakenheere. - 84 S., 15 Abb., 16 Bilder, 2 Karten.
ISBN 3-88009-005-X (DM 15,-)

Heft 7: SCHULZ, Georg (1969)
Versuch einer optimalen geographischen Inhaltsgestaltung der topographischen Karte 1 : 25 000 am Beispiel eines Kartenausschnittes. - 28 S. 6 Abb. im Text, 1 Karte im Anhang.
ISBN 3-88009-006-8 *(vergriffen)*

Heft 8: Arbeitsberichte aus der Forschungsstation Bardai/Tibesti. II. Feldarbeiten 1965/66 (1969)
82 S., 15 Abb., 27 Fig., 13 Tafeln, 11 Karten.
ISBN 3-88009-007-6 (DM 15,-)

Heft 9: JANNSEN, Gert (1970)
Morphologische Untersuchungen im nördlichen Tarso Voon (Zentrales Tibesti). - 66 S., 12 Abb., 41 Bilder, 3 Karten.
ISBN 3-88009-008-4 (DM 15,-)

Heft 10: JÄKEL, Dieter (1971)
Erosion und Akkumulation im Enneri Bardague-Araye des Tibesti-Gebirges (zentrale Sahara) während des Pleistozäns und Holozäns. - Arbeit aus der Forschungsstation Bardai/Tibesti, 55 S., 13 Abb., 54 Bilder, 3 Tab., 1 Nivellement (4 Teile), 60 Profile, 3 Karten (6 Teile).
ISBN 3-88009-009-2 *(vergriffen)*

Heft 11: MÜLLER, Konrad (1971)
Arbeitsaufwand und Arbeitsrhythmus in den Agrarlandschaften Süd- und Südostfrankreichs: Les Dombes bis Bouches-du-Rhône. - 64 S., 18 Karten, 26 Diagramme, 10 Fig., zahlreiche Tabellen.
ISBN 3-88009-010-6 *(vergriffen)*

Heft 12: OBENAUF, K. Peter (1971)
Die Enneris Gonoa, Toudoufou, Oudingueur und Nemagayesko im nordwestlichen Tibesti. Beobachtungen zu Formen und Formung in den Tälern eines ariden Gebirges. - Arbeit aus der Forschungsstation Bardai/Tibesti. 70 S., 6 Abb., 10 Tab., 21 Photos, 34 Querprofile, 1 Längsprofil, 9 Karten.
ISBN 3-88009-011-4 (DM 20,-)

Heft 13: MOLLE, Hans-Georg (1971)
Gliederung und Aufbau fluviatiler Terrassenakkumulation im Gebiet des Enneri Zoumri (Tibesti-Gebirge). - Arbeit aus der Forschungsstation Bardai/Tibesti. 53 S., 26 Photos, 28 Fig., 11 Profile, 5 Tab., 2 Karten.
ISBN 3-88009-012-2 (DM 10,-)

Heft 14: STOCK Peter (1972)
Photogeologische und tektonische Untersuchungen am Nordrand des Tibesti-Gebirges, Zentral-Sahara, Tchad. - Arbeit aus der Forschungsstation Bardai/Tibesti. 73 S., 47 Abb., 4 Karten.
ISBN 3-88009-013-0 (DM 15,-)

Heft 15: BIEWALD, Dieter (1973)
Die Bestimmungen eiszeitlicher Meeresoberflächentemperaturen mit der Ansatztiefe typischer Korallenriffe. - 40 S., 16 Abb., 26 Seiten Fig. und Karten.
ISBN 3-88009-015-7 (DM 10,-)

Heft 16: Arbeitsberichte aus der Forschungsstation Bardai/Tibesti. III. Feldarbeiten 1966/67 (1972)
156 S., 133 Abb., 41 Fig., 34 Tab., 1 Karte.
ISBN 3-88009-014-9 (DM 45,-)

Berliner Geographische Abhandlungen

Im Selbstverlag des Institutes für Geographische Wissenschaften der Freien Universität Berlin,
Altensteinstraße 19, D-14195 Berlin, Fax 0049|030|8386263 (Preise zuzüglich Versandspesen)

Heft 17: PACHUR, Hans-Joachim (1973)
Geomorphologische Untersuchungen im Raum der Serir Tibesti (Zentralsahara). - Arbeit aus der Forschungsstation Bardai/ Tibesti. 58. S., 39 Photos, 16 Fig. und Profile, 9 Tab., 1 Karte.
ISBN 3-88009-016-5 (DM 25,-)

Heft 18: BUSCHE, Detlef (1973)
Die Entstehung von Pedimenten und ihre Überformung, untersucht an Beispielen aus dem Tibesti-Gebirge, Republique du Tchad. - Arbeit aus der Forschungsstation Bardai/Tibesti. 130 S., 57 Abb., 22 Fig., 1 Tab., 6 Karten.
ISBN 3-88009-017-3 (DM 40,-)

Heft 19: ROLAND, Norbert W. (1973)
Anwendung der Photointerpretation zur Lösung stratigraphischer und tektonischer Probleme im Bereich von Bardai und Aozou (Tibesti-Gebirge, Zentral-Sahara). - Arbeit aus der Forschungsstation Bardai/Tibesti. 48 S., 35 Abb., 10 Fig., 4 Tab., 2 Karten.
ISBN 3-88009-018-1 (DM 20,-)

Heft 20: SCHULZ, Georg (1974)
Die Atlaskartographie in Vergangenheit und Gegenwart und die darauf aufbauende Entwicklung eines neuen Erdatlas. - 59 S., 3 Abb., 8 Fig., 23 Tab., 8 Karten.
ISBN 3-88009-019-X (DM 35,-)

Heft 21: HABERLAND, Wolfram (1975)
Untersuchungen an Krusten, Wüstenlacken und Polituren auf Gesteinsoberflächen der nördlichen und mittleren Sahara (Libyen und Tchad). - Arbeit aus der Forschungsstation Bardai/Tibesti. 71 S., 62 Abb. 24 Fig., 10 Tab.
ISBN 3-88009-020-3 (DM 50,-)

Heft 22: GRUNERT, Jörg (1975)
Beiträge zum Problem der Talbildung in ariden Gebieten, am Beispiel des zentralen Tibesti-Gebirges (Rep. du Tchad). - Arbeit aus der Forschungsstation Bardai/Tibesti. 96 S., 3 Tab., 6 Fig., 58 Profile, 41 Abb., 2 Karten.
ISBN 3-88009-021-1 (DM 35,-)

Heft 23: ERGENZINGER, Peter Jürgen (1978)
Das Gebiet des Enneri Misky im Tibesti-Gebirge, République du Tchad - Erläuterungen zu einer geomorphologischen Karte 1 : 200 000. - Arbeit aus der Forschungsstation Bardai/Tibesti. 60 S., 6 Tab., 24 Fig., 24 Photos, 2 Karten.
ISBN 3-88009-022-X (DM 40,-)

Heft 24: Arbeitsberichte aus der Forschungsstation Bardai/Tibesti. IV. Feldarbeiten 1967/68, 1969/70, 1974 (1976)
24 Fig., 79 Abb., 12 Tab., 2 Karten.
ISBN 3-88009-023-8 (DM 30,-)

Heft 25: MOLLE, Hans-Georg (1979)
Untersuchungen zur Entwicklung der vorzeitlichen Morphodynamik im Tibesti-Gebirge (Zentral-Sahara) und in Tunesien. - Arbeit aus der Forschungsstation Bardai/Tibesti. 104 S., 22 Abb., 40 Fig., 15 Tab., 3 Karten.
ISBN 3-88009-024-6 (DM 35,-)

Heft 26: BRIEM, Elmar (1977)
Beiträge zur Genese und Morphodynamik des ariden Formenschatzes unter besonderer Berücksichtigung des Problems der Flächenbildung am Beispiel der Sandschwemmebenen in der östlichen Zentralsahara. - Arbeit aus der Forschungsstation Bardai/Tibesti. 89 S., 38 Abb., 23 Fig., 8 Tab., 155 Diagramme, 2 Karten.
ISBN 3-88009-025-4 (DM 25,-)

Heft 27: GABRIEL, Baldur (1977)
Zum ökologischen Wandel im Neolithikum der östlichen Zentralsahara. - Arbeit aus der Forschungsstation Bardai/Tibesti. 111 S., 9 Tab., 32 Fig., 41 Photos, 2 Karten.
ISBN 3-88009-026-2 (*vergriffen*)

Heft 28: BÖSE, Margot (1979)
Die geomorphologische Entwicklung im westlichen Berlin nach neueren stratigraphischen Untersuchungen. - 46 S., 3 Tab., 14 Abb., 25 Photos, 1 Karte.
ISBN 3-88009-027-0 (*vergriffen*)

Heft 29: GEHRENKEMPER, Johannes (1978)
Rañas und Reliefgenerationen der Montes de Toledo in Zentralspanien. - 81 S., 68 Abb., 3 Tab., 32 Photos, 2 Karten.
ISBN 3-88009-028-9 (DM 20,-)

Heft 30: STÄBLEIN, Gerhard (Hrsg.) (1978)
Geomorphologische Detailaufnahme. Beiträge zum GMK-Schwerpunktprogramm I. - 90 S., 38 Abb. und Beilagen, 17 Tab.
ISBN 3-88009-029-7 (*vergriffen*)

Heft 31: BARSCH, Dietrich & LIEDTKE, Herbert (Hrsg.) (1980)
Methoden und Anwendbarkeit geomorphologischer Detailkarten. Beiträge zum GMK-Schwerpunktprogramm II. - 104 S., 25 Abb., 5 Tab.
ISBN 3-88009-030-0 (DM 17,-)

Berliner Geographische Abhandlungen

Im Selbstverlag des Institutes für Geographische Wissenschaften der Freien Universität Berlin,
Altensteinstraße 19, D-14195 Berlin, Fax 0049|030|8386263 (Preise zuzüglich Versandspesen)

Heft 32: Arbeitsberichte aus der Forschungsstation Bardai/Tibesti. V. Abschlußbericht (1982)
182 S., 63 Fig. und Abb., 84 Photos, 4 Tab., 5 Karten.
ISBN 3-88009-031-9 (DM 60,-)

Heft 33: TRETER, Uwe (1981)
Zum Wasserhaushalt schleswig-holsteinischer Seengebiete. - 168 S., 102 Abb., 57 Tab.
ISBN 3-88009-033-5 (DM 40,-)

Heft 34: GEHRENKEMPER, Kirsten (1981)
Rezenter Hangabtrag und geoökologische Faktoren in den Montes de Toledo. Zentralspanien. - 78 S., 39 Abb., 13 Tab., 24 Photos, 4 Karten.
ISBN 3-88009-032-7 (DM 20,-)

Heft 35: BARSCH, Dietrich & STÄBLEIN, Gerhard (Hrsg.) (1982)
Erträge und Fortschritte der geomorphologischen Detailkartierung. Beiträge zum GMK-Schwerpunktprogramm III. - 134 S., 23 Abb., 5 Tab., 5 Beilagen.
ISBN 3-88009-034-3 (DM 30,-)

Heft 36: STÄBLEIN, Gerhard (Hrsg.) (1984):
Regionale Beiträge zur Geomorphologie. Vorträge des Ferdinand von Richthofen-Symposiums, Berlin 1983. - 140 S., 67 Abb., 6 Tab.
ISBN 3-88009-035-1 (DM 35,-)

Heft 37: ZILLBACH, Käthe (1984)
Geoökologische Gefügemuster in Süd-Marokko. Arbeit im Forschungsprojekt Mobilität aktiver Kontinentalränder. - 95 S., 61 Abb., 2 Tab., 3 Karten.
ISBN 3-88009-036-X (DM 18,-)

Heft 38: WAGNER, Peter (1984)
Rezente Abtragung und geomorphologische Bedingungen im Becken von Ouarzazate (Süd-Marokko). Arbeit im Forschungsprojekt Mobilität aktiver Kontinentalränder. - 112 S., 63 Abb., 48 Tab., 3 Karten.
ISBN 3-88009-037-8 (DM 18,-).

Heft 39: BARSCH, Dietrich & LIEDTKE, Herbert (Hrsg.) (1985)
Geomorphological Mapping in the Federal Republic of Germany. Contributions to the GMK priority program IV. - 89 S., 16 Abb., 5 Tab.
ISBN 3-88009-038-6 (DM 22,50)

Heft 40: MÄUSBACHER, Roland (1985)
Die Verwendbarkeit der geomorphologischen Karte 1 : 25 000 (GMK 25) der Bundesrepublik Deutschland für Nachbarwissenschaften und Planung. Beiträge zum GMK-Schwerpunktprogramm V. - 97 S., 15 Abb., 31 Tab., 21 Karten.
ISBN 3-88009-039-4 (DM 18,-)

Heft 41: STÄBLEIN, Gerhard (Hrsg.) (1986)
Geo- und biowissenschaftliche Forschungen der Freien Universität Berlin im Werra-Meißner-Kreis (Nordhessen). Beiträge zur Werra-Meißner-Forschung I. - 265 S., 82 Abb., 45 Tab., 3 Karten.
ISBN 3-88009-040-8 (DM 28,-)

Heft 42: BARSCH, Dietrich & LESER, Hartmut (Hrsg.) (1987)
Regionale Beispiele zur geomorphologischen Kartierung in verschiedenen Maßstäben (1 : 5 000 bis 1 : 200 000). Beiträge zum GMK-Schwerpunktprogramm VI. - 80 S., 10 Abb., 9 Beilagen.
ISBN 3-88009-041-6 (DM 35,-)

Heft 43: VAHRSON, Wilhelm-Günther (1987)
Aspekte bodenphysikalischer Untersuchungen in der libyschen Wüste. Ein Beitrag zur Frage spätpleistozäner und holozäner Grundwasserbildung. - 92 S., 12 Abb., 56 Fig., 7 Tab., 1 Karte.
ISBN 3-88009-042-4 (DM 18,-)

Heft 44: PACHUR, Hans-Joachim & RÖPER, Hans-Peter (1987)
Zur Paläolimnologie Berliner Seen. - 150 S., 42 Abb., 28 Tab.
ISBN 3-88009-043-2 (*vergriffen*)

Heft 45: BERTZEN, Günter (1987)
Diatomeenanalytische Untersuchungen an spätpleistozänen und holozänen Sedimenten des Tegeler Sees. - 150 S., 19 Fig., 2 Tab., 38 Abb., 7 Anlagen
ISBN 3-88009-044-0 (DM 30,-)

Heft 46: FRANK, Felix (1987)
Die Auswertung großmaßstäbiger Geomorphologischer Karten (GMK 25) für den Schulunterricht. Beiträge zum GMK-Schwerpunktprogramm VII. - 100 S., 29 Abb., Legende der Geomorphologischen Karte 1 : 25 000 (GMK 25).
ISBN 3-88009-045-9 (DM 18,-)

Heft 47: LIEDTKE, Herbert (Hrsg.) (1988)
Untersuchungen zur Geomorphologie der Bundesrepublik Deutschland - Neue Ergebnisse der Geomorphologischen Kartierung. Beiträge zum GMK-Schwerpunktprogramm VIII. - 225 S., 77 Abb., 12 Tab.
ISBN 3-88009-046-7 (DM 60,-)

Berliner Geographische Abhandlungen

Im Selbstverlag des Institutes für Geographische Wissenschaften der Freien Universität Berlin, Altensteinstraße 19, D-14195 Berlin, Fax 0049|030|8386263 (Preise zuzüglich Versandspesen)

Heft 48: MÖLLER, Klaus (1988)
Reliefentwicklung und Auslaugung in der Umgebung des Unterwerra-Sattels (Nordhessen). - 187 S., 55 Abb., 20 Tab., 2 Karten.
ISBN 3-88009-047-5 (DM 25,-)

Heft 49: SCHMIDT, Karl-Heinz (1988)
Die Reliefentwicklung des Colorado Plateaus. - 183 S., 50 Abb., 17 Photos, 20 Tab., 2 Karten.
ISBN 3-88009-048-3 (DM 60,-)

Heft 50: STÜVE, Peter (1988)
Die Schneeschmelze eines nordskandinavischen Einzugsgebietes ermittelt über die räumlich-zeitliche Variation des Strahlungs- und Energiehaushalts. - 119 S., 42 Abb., 13 Tab., 21 Karten.
ISBN 3-88009-050-1 (DM 30,-)

Heft 51: BÖSE, Margot (1989)
Methodisch-stratigraphische Studien und paläomorphologische Untersuchungen zum Pleistozän südlich der Ostsee. - 114 S., 54 Abb., 17 Tab., 1 Bild.
ISBN 3-88009-051-3 (vergriffen)

Heft 52: WALTHER, Michael (1990)
Untersuchungsergebnisse zur jungpleistozänen Landschaftsentwicklung Schwansens (Schleswig-Holstein). - 143 S., 60 Abb., 4 Tab., 9 Fotos.
ISBN 3-88009-052-1 (DM 20,-)

Heft 53: KARRASCH, Heinz (Hrsg.) (1990)
Prozeßabläufe bei der Landschafts- und Landesentwicklung: Methoden, Ergebnisse, Anwendungen. Festschrift für Wilhelm Wöhlke zum 65. Geburtstag. - 300 S., 121 Abb., 35 Tab.
ISBN 3-88009-053-X (DM 80,-)

Heft 54: KRÖPELIN, Stefan (1993)
Zur Rekonstruktion der spätquartären Umwelt am Unteren Wadi Howar (Südöstliche Sahara/NW-Sudan). In Vorbereitung.
ISBN 3-88009-055-6

Heft 55: WÜNNEMANN, Bernd (1993)
Ergebnisse zur jungpleistozänen Entwicklung der Langseerinne Südangelns in Schleswig-Holstein. - 167 S., 59 Abb., 8 Tab., 15 Bilder.
ISBN 3-88009-056-4 (DM 20,-)

Heft 56: JACOBSHAGEN, Volker, MÖLLER, Klaus & JÄKEL, Dieter (Hrsg.) (1993)
Hoher Meißner und Eschweger Becken. Geowissenschaftliche und vegetationskundliche Charakteristik einer Nordhessischen Landschaft. - 300 S., 94 Abb., 23 Tab., 5 Kartenbeilagen.
ISBN 3-88009-057-2 (DM 80,-)

Heft 57: HOFMANN, Jürgen (1993)
Geomorphologische Untersuchungen zur jungquartären Klimaentwicklung des Helan Shan und seines westlichen Vorlandes (Autonomes Gebiet Innere Mongolei/VR China). - 187 S., 46 Abb., 23 Tab., 85 Photos, 7 Beilagen.
ISBN 3-88009-058-0 (DM 25,-)

Heft 58: SCHULZ, Georg (1995)
Die pleistozäne Vergletscherung der Anden Perus und Boliviens abgeleitet aus Formen einer flächendeckend-integrativen Höhenlinienanalyse.
ISBN 3-88009-059-9 (DM 68,-)

Heft 59: DE JONG, Carmen (1995)
Temporal and spatial interactions between river bed roughness, geometry, bedload transport and flow hydraulics in mountainstreams - examples form SquawCreek, Montana (USA) and Lainbach/Schmiedlaine, Upper Bavaria (Germany). 229 S., 225 Abb., 7 Tab.
ISBN 3-88009-060-2 (DM 60,-)

Heft 60: ROWINSKY, Volkmar (1995)
Hydrologische und stratigraphische Studien zur Entwicklungsgeschichte von Brandenburger Kesselmooren.
155 S., 38 Abb., 28 Tab., 2 Photos, 7 Anlagen.
ISBN 3-88009-061-0 (DM 25,-)

Heft 61: SCHMIDT, Jürgen (1996)
Entwicklung und Anwendung eines physikalisch begründeten Simulationsmodells für die Erosion geneigter landwirtschaftlicher Nutzflächen. - 148 S., 87 Abb., 34 Tab.
ISBN 3-88009-062-9 (DM 30,-)

Heft 62: SCHNABEL, Susanne (1996)
Untersuchungen zur räumlichen Variabilität hydrologischer und erosiver Prozesse in einem kleinen Einzugsgebiet mit silvo - pastoraler Landnutzung (Extremadura, Spanien). - 130 S., 73 Abb., 41 Tab., 21 Photos.
ISBN 3-88009-063-7 (DM 30,-)